先驱体转化陶瓷纤维与复合材料丛书

碳化硅微纳纤维

Silicon Carbide Micro/Nanofibers

王 兵 吴 楠 王应德 著

科 学 出 版 社

北 京

内 容 简 介

　　微纳纤维的制备及其应用是科学研究的前沿和热点之一。碳化硅微纳纤维具有耐高温、耐腐蚀、抗氧化、强度高以及载流子迁移速率快等优点,是一种具有广阔应用前景的结构与功能材料。本书较为全面地总结了作者十多年来在碳化硅微纳纤维及其应用方面的研究成果,系统介绍了常规 SiC 超细纤维、多孔 SiC 超细纤维、SiC 纳米纤维、梯度结构 ZrO_2/SiC 复合超细纤维以及分级结构金属氧化物/SiC 超细纤维等系列 SiC 微纳纤维的制备及其在隔热、传感和催化等方面的应用等内容。

　　本书可为从事高性能陶瓷和微纳材料教学、科研、产品研发相关人员以及从事功能纤维设计与应用的相关人员提供参考。

图书在版编目(CIP)数据

　碳化硅微纳纤维 / 王兵,吴楠,王应德著. —北京:
科学出版社,2020.11
　(先驱体转化陶瓷纤维与复合材料丛书)
　ISBN 978 - 7 - 03 - 066833 - 2

　Ⅰ. ①碳… Ⅱ. ①王… ②吴… ③王… Ⅲ. ①碳化硅纤维 Ⅳ. ①TQ343

中国版本图书馆 CIP 数据核字(2020)第 220562 号

责任编辑:徐杨峰 / 责任校对:谭宏宇
责任印制:黄晓鸣 / 封面设计:殷　靓

科 学 出 版 社 出版
北京东黄城根北街 16 号
邮政编码:100717
http://www.sciencep.com

南京展望文化发展有限公司排版
江苏凤凰数码印务有限公司印刷
科学出版社发行　各地新华书店经销

*

2020 年 11 月第 一 版　开本:B5(720×1000)
2020 年 11 月第一次印刷　印张:21 1/2
字数:356 000

定价:160.00 元
(如有印装质量问题,我社负责调换)

丛 书 序

在陶瓷基体中引入第二相复合形成陶瓷基复合材料,可以在保留单体陶瓷低密度、高强度、高模量、高硬度、耐高温、耐腐蚀等优点的基础上,明显改善单体陶瓷的本征脆性,提高其损伤容限,从而增强抗力、热冲击的能力,还可以赋予单体陶瓷新的功能特性,呈现出"1+1>2"的效应。以碳化硅(SiC)纤维为代表的陶瓷纤维在保留单体陶瓷固有特性的基础上,还具有大长径比的典型特征,从而呈现出比块体陶瓷更高的力学性能以及一些块体陶瓷不具备的特殊功能,是一种非常适合用于对单体陶瓷进行补强增韧的第二相增强体。因此,陶瓷纤维和陶瓷基复合材料已经成为航空航天、武器装备、能源、化工、交通、机械、冶金等领域的共性战略性原材料。

制备技术的研究一直是陶瓷纤维与陶瓷基复合材料研究领域的重要内容。1976 年,日本东北大学 Yajima 教授通过聚碳硅烷转化制备出 SiC 纤维,并于1983 年实现产业化,从而开创了有机聚合物制备无机陶瓷材料的新技术领域,实现了陶瓷材料制备技术的革命性变革。多年来,由于具有成分可调且纯度高、可塑性成型、易加工、制备温度低等优势,陶瓷先驱体转化技术已经成为陶瓷纤维、陶瓷涂层、多孔陶瓷、陶瓷基复合材料的主流制备技术之一,受到世界各国的高度重视和深入研究。

20 世纪 80 年代初,国防科技大学在国内率先开展陶瓷先驱体转化制备陶瓷纤维与陶瓷基复合材料的研究,并于 1998 年获批设立新型陶瓷纤维及其复合材料国防科技重点实验室(Science and Technology on Advanced Ceramic Fibers and Composites Laboratory,简称 CFC 重点实验室)。三十多年来,CFC 重点实验室在陶瓷先驱体设计与合成、连续 SiC 纤维、氮化物透波陶瓷纤维及复合材料、纤维增强 SiC 基复合材料、纳米多孔隔热复合材料、高温隐身复合材料等方向取得一系列重大突破和创新成果,建立了以先驱体转化技术为核心的陶瓷纤维和陶瓷基复合材料制备技术体系。这些成果原创性强,丰富和拓展了先驱体转化技术领域的内涵,为我国新一代航空航天飞行器、高性能武器系统的发展提供了强有力的支撑。

  CFC重点实验室与科学出版社合作出版的"先驱体转化陶瓷纤维与复合材料丛书",既是对实验室过去成绩的总结、凝练,也是对该技术领域未来发展的一次深入思考。相信这套丛书的出版,能够很好地普及和推广先驱体转化技术,吸引更多科技工作者以及应用部门的关注和支持,从而促进和推动该技术领域长远、深入、可持续的发展。

中国工程院院士
北京理工大学教授

2016 年 9 月 28 日

前　言

　　碳化硅(SiC)是一种特种陶瓷材料,具有耐高温、耐腐蚀、抗氧化、强度高、击穿电压高、热导率高以及抗辐射能力强等优点,作为结构材料在航空航天等领域得到广泛研究和应用,同时作为第三代半导体材料,在电子工业等领域也具有广阔的应用前景。近年来,伴随纳米科学与技术的迅速发展,研究者们对 SiC 材料的研究也不断深入,发现微纳尺度的 SiC 展现出许多体材料所不具备的特性,这不仅打开了人们认识 SiC 微观世界的大门,也使 SiC 微纳材料成为学者们的研究热点。

　　一维或准一维的微纳纤维具有长径比高、比表面积大、表面功能和组成便于调节等优良性质,有关微纳纤维的研究一直十分活跃。2008 年,Riu 等以聚碳硅烷为原料,通过静电纺丝法制备出直径为 $1\sim3\ \mu m$ 的 SiC 超细纤维。此后,研究者们围绕 SiC 微纳纤维的制备与性能开展了广泛的研究,在静电纺丝法的基础上,发展出模板法、共混法等多种制备方法,SiC 微纳纤维的应用也从传统的结构材料领域拓展到面向催化和传感等应用的功能材料领域。随着对 SiC 微纳纤维的认识不断深入,SiC 微纳纤维必将受到更多国内外研发和应用人员的关注,其制备方法和应用研究也将不断丰富和发展。

　　国防科技大学陶瓷纤维与先驱体团队从 1980 年就开始从事先驱体转化法制备 SiC 纤维基础研究,在 SiC 纤维制备与应用方面积累了丰富的理论和实践基础。团队自 2009 年开始开展 SiC 微纳纤维研究,是国际上最早开展 SiC 微纳纤维制备及其应用研究的单位之一,率先采用先驱体转化法结合静电纺丝技术,先后制备了常规 SiC 超细纤维、多级孔结构 SiC 超细纤维、SiC 纳米纤维、梯度结构 ZrO_2/SiC 复合超细纤维以及分级结构纳米金属氧化物/SiC 超细纤维等系列 SiC 微纳纤维,并围绕系列 SiC 微纳纤维的制备方法、组成结构调控及其在隔热、传感和催化等领域的应用开展了持续的基础性研究。

本书由国防科技大学新型陶瓷纤维及其复合材料国防科技重点实验室策划,陶瓷纤维与先驱体团队负责撰写,主要执笔人员包括王兵、吴楠、王应德等。本书共 8 章,第 1 章"绪论"由吴楠和王应德执笔,主要概述碳化硅微纳材料的制备方法、静电纺丝制备微纳陶瓷纤维的原理以及碳化硅微纳纤维的应用等;第 2 章"静电纺丝制备超细 SiC 纤维"由王兵和王应德执笔,主要介绍由聚碳硅烷出发制备常规碳化硅超细纤维的工艺、组成结构与理化性能;第 3 章"多级孔结构 SiC 超细纤维的制备及性能"由王兵和王应德执笔,主要介绍由静电纺丝制备多级孔结构 SiC 超细纤维的工艺、纤维的孔结构调控及性能;第 4 章"模板法制备介孔 SiC 纳米纤维"由王兵执笔,主要介绍以碳纳米纤维为模板制备介孔 SiC 纳米纤维及其组成调控和光催化性能等;第 5 章"共混法制备纳米 SiC 纤维"由吴楠和王应德执笔,主要介绍通过添加助纺聚合物与聚碳硅烷共混制备柔性碳化硅纳米纤维及其结构、气敏性能;第 6 章"中空纳米 SiC 纤维"由吴楠执笔,主要介绍中空纳米 SiC 纤维和含铂中空纳米 SiC 纤维的制备方法、组成结构与气敏特性;第 7 章"超细 ZrO_2/SiC 径向梯度复合纤维"由吴楠和王应德执笔,主要介绍超细 ZrO_2/SiC 复合纤维和具有径向梯度组成的 ZrO_2/SiC 纤维的制备方法、原理和性能;第 8 章"分级结构纳米金属氧化物/SiC 复合纤维的制备及性能"由王兵和王应德执笔,主要介绍分级结构纳米 TiO_2/SiC 超细纤维和纳米 SnO_2/SiC 纤维的制备、组成结构及其气敏性能和光催化性能。全书由王应德统稿并审校。

本书的内容涵盖了王兵、吴楠、蓝新艳、郑德钏、田琼等人学位论文的全部或部分工作,这些研究工作是在国防科技大学陶瓷纤维与先驱体团队王应德教授等多位教员的悉心指导和大力支持下完成的,陶瓷纤维与先驱体团队的多位教员、学员参与其中并作出了重要贡献。在碳化硅微纳纤维的研究过程中,国防科技大学给予了长期的支持,同时也得到了国家自然科学基金委、国防科技工业局、中央军委装备发展部、科技部等单位的资助,在此一并表示感谢。

本书可供从事高性能陶瓷和微纳材料教学科研的师生、产品研发技术人员参考。由于研究水平有限,本书内容的系统性还不完备,研究深度有所欠缺,但希望通过本书的出版,及时总结凝练研究成果,促进国内微纳陶瓷纤维的推广应用,吸引更多科技工作者和科研管理人员的关注和支持,共同推动陶瓷纤维技术领域的持续进步。

　　鉴于作者的学识和水平有限,书中难免存在不妥之处,敬请读者谅解和批评指正。

王　兵　吴　楠　王应德

2020 年 9 月

目　　录

第1章 绪 论

1.1 一维 SiC 材料简介

1.1.1 SiC 的基本性质

SiC 作为硅和碳唯一稳定的化合物,具有许多优异的物理化学性质。其基本的结构单元是 Si 和 C 原子以 sp^3 共价键杂化而成的正四面体,碳原子位于正四面体中心,周围连接四个 Si 原子,相邻的正四面体共用顶角上的一个原子[图1-1(a)]。SiC 的共价键键能较高,结构稳定;但其 C/Si 双原子层堆垛能量较低,易发生堆垛错位。根据堆垛顺序和层间距不同[图1-1(b)],可将 SiC 分为250 多种不同的多型体,其中最常见的是六方(α-SiC)和立方(β-SiC)结构碳化硅,六方相研究最多的是 4H-SiC 和 6H-SiC。

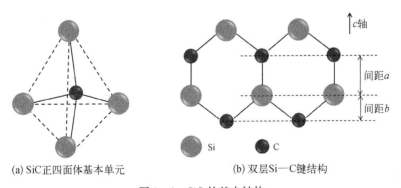

(a) SiC正四面体基本单元   (b) 双层Si—C键结构

图1-1 SiC 的基本结构

SiC 作为一种特种陶瓷材料,内部强的 Si—C 共价键使其具有耐高温、耐腐蚀、抗氧化、高强度、高模量和高硬度等优点。目前,SiC 复合材料已在核聚变反应堆、高温热交换器、航空航天发动机及新一代燃气轮机等领域得到广泛研究和应用[1]。此外,SiC 作为第三代宽禁带半导体材料,禁带类型为间接跃迁型,价带顶位于布里渊区中心 Γ 点,导带底位于布里渊区边缘。其与传统的硅基半导体材料相比,具有宽带隙、高载流子迁移率、高电子饱和漂移速率、高热导率和高击穿电压等优点(表1-1),可在高频、高功率、强辐照、高温腐蚀等硅基半导体无法承受的苛刻环境下使用,能满足军事及核工业领域对新型半导体材料的需求。近年来,美国、日本、韩国和欧盟等都投入大量资金对碳化硅半导体进行开发研究,已在晶体生长、关键器件工艺、器件开发和集成电路等方面取得突破性进展。

表 1-1　Si 与 SiC 材料室温下物理性能比较

物 理 性 质		Si	SiC		
			3C	4H	6H
密度/(g/cm³)		2.3	3.2	3.2	3.2
禁带宽度/eV		1.1	2.2~2.3	3.2~3.3	2.9~3.0
霍尔迁移率/	空穴	1 100~1 450	750~1 000	800~1 000	370~500
[cm²/(V·s)]	电子	420~500	40	115	90
电子饱和漂移速率/(cm/s)		1×10^7	2.5×10^7	$(1.08~2) \times 10^7$	2×10^7
介电常数		11.9	9.6	10	9.7
热导率/[W/(cm·K)]		1.5	5.0	4.9	4.9
击穿电场强度/(V/cm)		3×10^5	0.8×10^6	3×10^6	1×10^6

1.1.2　一维 SiC 纳米材料及其制备方法

目前,制备一维 SiC 纳米材料的常用方法包括模板法、化学气相沉积法、碳热还原法、静电纺丝法、溶剂热法和电弧加热法等。

1. 模板法

模板法是利用碳纳米管、碳纳米纤维、硅纳米线或其他有序多孔材料为模板,通过替换、填充或覆盖等方法,在碳模板或者多孔材料内部原位形成一维 SiC 纳米材料的方法。

1994 年,Zhou 和 Seraphin[2]首次报道利用碳纳米管(carbon nanotubes, CNT)为模板,与一氧化硅(SiO)气体反应,合成 SiC 纳米晶须。结果表明,碳纳米管的特殊排布及表面高活性对 SiC 纳米晶须的生长起决定作用,其生长过程如图 1-2(a)所示。Krans 等[3]与 Han 等[4]同样将 CNT 与不同硅源反应,制备了更细直径的实心 SiC 纳米棒,并分别对 SiC 纳米棒的力学性能和光学发光性质进行了研究。2002 年,Sun 等[5]通过精确控制反应条件,利用 CNT 的形状记忆效应,首次合成了具有多种晶格结构的多壁 SiC 纳米管。此后,相关理论计算和实验结果都证明了 SiC 纳米管在氢气存储、气体传感和催化领域具有重要应用价值。

Yang 等[6]通过化学刻蚀法,在硅基底上合成有序硅纳米线阵列,再经过 1 350℃ 与乙醇反应制备高度有序的 SiC 纳米线,表现出优异的场发射性能。Ye 等[7]以 静电纺丝法制备的碳纳米纤维(CNF)为模板,与 SiO 在高温下反应,得到 SiC@C 核壳结构的复合纳米纤维,经过脱壳和腐蚀处理,制备了高纯 SiC 纳米线。这些 高纯度和高长径比的 SiC 纳米线或纳米纤维在纳米复合材料和电子器件方面具 有应用潜力。

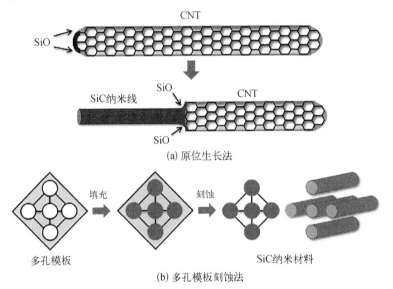

(a) 原位生长法

(b) 多孔模板刻蚀法

图 1-2　模板法制备一维 SiC 纳米材料示意图

　　另一种模板法的原理是在已有的多孔材料中,通过填充反应制备有序 SiC 纳米结构,其制备过程如图 1-2(b)所示。青岛科技大学 Li 等[8]利用有序多孔 氧化铝为模板,丙烯和 SiO 蒸汽在纳米孔内反应生成 SiC,模板刻蚀后得到有序 SiC 纳米线阵列。

　　模板法的优点是可通过模板设计,制备出直径可控和均匀有序的一维 SiC 纳米材料。但由于化学反应的局限,难以得到一维单晶 SiC,不能完全发挥 SiC 的优异物理性能,并且制备过程中伴随着去除模板过程,增加了工艺复杂性并对 SiC 纳米结构造成一定损害。

2. 化学气相沉积法

　　化学气相沉积法(chemical vapor deposition, CVD)是利用气态或蒸汽态的物 质,在气相或气固界面上反应生成固态沉积物的技术,其生长机制主要包括气-

固(vapor-solid, VS)和气-液-固(vapor-liquid-solid, VLS)两种反应机制,具体过程如图1-3所示。Yang 等[9]以 CH_3SiCl_3 和 H_2 为反应物,利用 VS 生长机制在碳化硅基底上原位生长沿(111)晶面方向的 3C-SiC 纳米线。Jeong 等[10]将剥片石墨与氧化硅均匀混合后,经 1 425℃高温热解得到 SiC 纳米纤维,通过计算反应物相平衡和吉布斯自由能变化,发现 H_2 的引入对 SiC 纤维的形成至关重要。Li 等[11]将液态聚碳硅烷(l-PCS)、二茂铁和碳粉混合后,在 1 300℃惰性气体保护下热解,利用 VLS 反应机制,铁源作为催化剂,得到厘米级长度的超长 SiC 纳米线,并具备规模化制备的潜力。

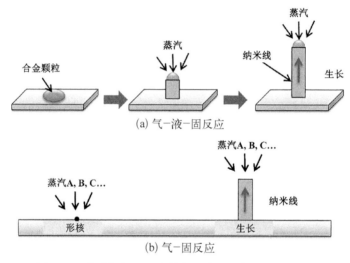

(a) 气-液-固反应

(b) 气-固反应

图1-3　化学气相沉积法制备一维 SiC 纳米材料示意图

　　一般情况下,VS 机制生长 SiC 不需要催化剂的辅助,可以制备高纯的一维 SiC 纳米材料。但由于形核和生长过程的复杂性,导致 SiC 的形貌难以控制,且生长反应温度比较高。VLS 反应则需要添加过渡金属催化剂(Fe、Ni 等),高温下原料气体会在熔融态的金属颗粒上形成固溶体,饱和后析出形核,由于气相分子不断地溶入液态金属中,会不断生长连续一维 SiC 纳米结构。相比于 VS 机制,VLS 的反应温度较低,并可通过对催化剂的设计及冷却过程的控制,制备不同形貌的一维 SiC 材料,且可进行图案化设计。此外,基于 VLS 机制的 CVD 法还可以制备 4H 和 6H 相 SiC 纳米线。

3. 碳热还原法

　　碳热还原法是将硅源和碳源在溶剂中充分混合均匀后,干燥后形成凝胶,再经高温处理得到一维 SiC 纳米结构。Meng 等[12]将原硅酸乙酯(TEOS)、蔗糖和硝酸溶于乙醇溶液中,搅拌烘干后,在700℃下处理得到含碳的氧化硅凝胶,然后在1 650℃下高温碳热还原得到10~25 nm 的 β-SiC 纳米线。Chen 等[13]将TEOS、盐酸和炭黑在乙醇溶液中配成溶胶,干燥后得到 C/SiO₂凝胶,在0.02 MPa氩气保护下升温至1 550℃,得到棉絮状 SiC 纳米线,并对纳米线生长的热动力学进行分析。Dong 等[14]以沥青和聚碳硅烷(PCS)为原料,均匀混合于甲苯溶液后,制备出混合先驱体,经高温热解制备出 SiC 纳米线。此外,通过控制反应温度和C/Si 摩尔比可制备出纳米线、多级纳米片和纳米棒等不同形貌的一维 SiC 结构。

为了降低一维 SiC 纳米材料的制备成本,Maroufi 等[15]以电子废弃物为原料,电子显示屏为硅源,电脑塑料外壳为碳源,经粉碎、压块和高温热解,制备出介孔 SiC 纳米线,其直径分布为2~15 nm,比表面积为51.4 m²/g。此种方法不仅降低了成本,同时也为全球电子废弃物的回收再利用提供了新的思路。

4. 静电纺丝法

静电纺丝法作为制备一维纳米纤维的重要方法。目前,通过静电纺丝法制备 SiC 纳米纤维的方法主要分为两种(图1-4)。

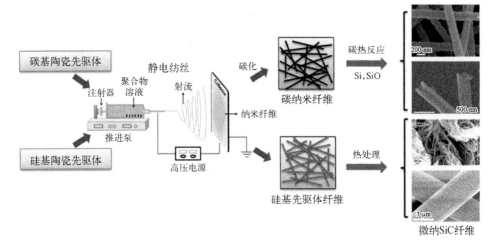

图1-4 静电纺丝法制备纳米 SiC 纤维方法示意图

一种是利用静电纺丝制备的碳纳米纤维为模板,与硅源在高温下进行碳热还原反应。Qiao 等[16]通过在碳纳米纤维上均匀涂覆一层聚甲基硅烷,经低温固化和高温热解,制备了高结晶度的 SiC 纳米纤维。作者通过电纺碳纳米纤维与硅粉在高温下反应,制备了介孔和有序形貌的 SiC 纳米纤维。Cao 等[17]采用中空碳纳米纤维为模板,与硅粉在高温下反应,制备了中空 SiC 纳米纤维。此种方法制备过程复杂,需要两次高温热解处理,并且制备的 SiC 纳米纤维力学性能较差,应用范围较窄。

另一种是静电纺硅基陶瓷先驱体,经热处理后直接得到纳米 SiC 纤维,此种方法由于不需要二次高温热解,在能耗及工艺流程上与第一种方法相比,具有一定优势。先驱体转化法(PDCs)是以有机聚合物为先驱体,利用其可溶、可熔等特性成型后,经高温热解转化为高性能无机陶瓷材料的方法[18]。经过近 40 年的发展,PDCs 已成为制备高性能陶瓷纤维及其复合材料的重要方法。特别是自 Fritz 和 Raabe[19] 与 Yajima 等[20] 发明聚碳硅烷(PCS)以来,碳化硅和氮化硅纤维及其复合材料被广泛研究,并在航空航天、核工业及其他高技术武器装备领域发挥重要作用。除了用 PCS 作先驱体之外,聚脲硅烷、聚二甲基硅氧烷、TEOS 和聚甲基硅倍半氧烷等也被用于制备 SiC 纤维,但它们的 Si—C 骨架结构及陶瓷产率都弱于 PCS,导致最终得到的 SiC 纤维的形貌和性能都比较差。因此,制备 SiC 纤维最具发展潜力的先驱体是 PCS。

鉴于 PCS 可溶于二甲苯、苯和四氢呋喃等有机溶剂中,其具备静电纺丝制备 SiC 纤维的条件。作者从 2008 年开始,在静电纺丝 PCS 制备微纳 SiC 纤维方向做了大量工作,对纯 PCS 纺丝溶液的配比、纺丝条件和热处理工艺进行优化研究,并制备了多级孔结构的 SiC 纤维和梯度分布的 ZrO_2/SiC 纤维,并对纤维的吸附性能和耐腐蚀性能进行了研究。美国克莱姆森大学 Yue[21] 通过提高低分子量 PCS 在溶液中的比例,成功制备了直径为 2 μm 左右的 SiC 纤维。经测试,1 100℃热处理后的 SiC 纤维的抗拉强度约为 1.2 GPa。Sarkar 等[22] 和 Yu 等[23]通过静电纺聚铝碳硅烷溶液制备了疏水的含铝 SiC 纤维膜。尽管从 PCS 出发,通过静电纺丝法可以制备出 SiC 纤维,但是鉴于 PCS 分子结构比较特殊,在制备过程中仍存在一些问题。

PCS 的相对分子量小、分子链短且支化程度高,通过静电纺丝 PCS 制备 SiC 纤维的过程中,为了保证 PCS 分子之间有足够大的分子间作用力来抵抗高压静电场力的拉伸作用,纺丝射流中需要较多 PCS 分子发生缠结,要求 PCS 在纺丝溶液中的质量分数大于 60%,这就造成纺丝中存在两个问题:一是由于 PCS 浓度过高,溶剂在纺丝过程中快速挥发,针头处的溶液黏度迅速增大,静电场力不足以克服此种现象会造成泰勒锥不稳定、纤维不均匀、针头堵塞和聚合物浪费等问题;二是从纯 PCS 出发制备的 SiC 纤维直径在 3~5 μm,且纤维直径分布不均,未能达到纳米尺度的要求。

为了降低 SiC 纤维直径,2008 年,Eick[24]首次将聚碳甲基硅烷(PCmS)和聚苯乙烯(PS)共混于甲苯和 N'N -二甲基甲酰胺(DMF)溶剂中,经静电纺丝、紫外固化和高温热解,得到最小直径为 20 nm 的 SiC 纳米纤维,但纤维形貌及组成结构都不稳定[图 1 - 5(a)]。2009 年,Liu 等[25]以 PS 和 PCS 为原料,通过同轴静电纺丝法制备了直径为 1~2 nm 均匀分布的 SiC 纳米纤维,但纤维膜很脆。Choi 等[26]将 PCS 的甲苯溶液溶于聚乙烯吡咯烷酮(PVP)的水溶液中,形成的油水乳液,经静电纺丝制备了直径为 200~350 nm 的单晶 SiC 纤维,同样存在纳米纤维膜脆断的问题,实际应用价值不高[图 1 - 5(b)]。

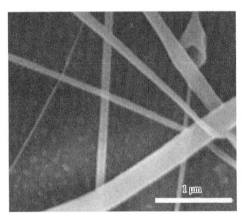
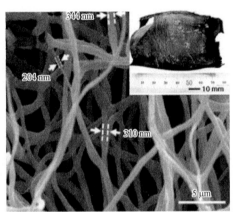

(a) PCmS为先驱体制备SiC纳米纤维   (b) PCS乳液制备SiC纳米纤维

图 1 - 5 静电纺 PCS 制备的纳米 SiC 纤维

尽管通过调控纺丝溶液成分,通过静电纺 PCS 制备了 SiC 微纳纤维,但仍存在三个问题亟待解决:一是热解后的 SiC 纳米纤维膜的力学性能普遍较差,限制了其实际应用;二是电纺 PCS 制备的 SiC 纤维组成结构单一,未能充分发挥静电纺丝技术的优势,且不能满足多领域的应用需求;三是静电纺丝得到的 SiC 纤维性能未得到有效发掘,相关应用研究太少。

5. 其他方法

除了上述四种主要方法外,还有其他方法可以制备一维 SiC 纳米结构。Pei 等[27]和 Xi 等[28]分别通过水热法和乙醇溶剂热法在 470℃ 和 600℃ 下制备出 SiC 纳米棒和纳米带结构。另外,也可利用高功率微波和电弧放电技术为 SiC 生长提供能量。Li 等[29]利用电弧放电技术,采用 SiC 棒做阳极材料,可实现 SiC 纳米棒的规模化制备,同时改善了 SiC 纳米棒的形貌均匀性,减少了纳米颗粒的产生。Sundaresan 等[30]利用高能微波加热和催化剂辅助热解的方法制备了 3C-SiC 纳米线。

总之,一维 SiC 纳米材料因其优异的物理特性及广阔的应用前景,其制备方法技术和纳米结构种类大量涌现。在众多制备方法中,从商业规模化制备和纳米纤维结构可设计性的角度考虑,静电纺丝技术结合先驱体转化法制备 SiC 纳米纤维具有很大的潜力价值。

1.1.3 SiC 微纳材料的应用研究

1. 催化剂载体

目前,工业上最常用的两种催化剂载体是 SiO_2 和 Al_2O_3,但这两种催化剂载体的耐酸碱腐蚀性都较差,且导热系数低,在多相催化反应中容易形成"热点",造成催化剂自身的烧结,比表面积下降,导致催化活性和稳定性降低。而 SiC 在拥有优异热稳定性和化学稳定性的同时,还具有较高的导热系数,正好弥补了这一缺陷,因此被认为是一种理想的催化剂载体,特别是应用于高温腐蚀性环境中。近年来,将 SiC 作为催化剂载体用于多相催化已成为新的研究热点。1988 年,Ledoux 等[31]最早将 CoMo 活性催化剂负载于多孔 SiC 上并将其应用于催化反应。随后,SiC 基催化剂在催化 H_2S 直接氧化成 S,正丁烷直接氧化为马来酸酐、乙烷的氧化脱氢、丙烷的氨氧化和甲烷的燃烧等过程反应中都表现出非常高的催化活性和稳定性。Hoffman 等[32]利用纳米铸造法在 SiC 上进行了 CeO_2 修饰,制备出核-壳结构的 CeO_2/SiC 催化剂,并用于甲烷的氧化反应中。结果表明,当 CeO_2 的含量提高至 18.3% 时,催化剂的催化活性最高。相对于纯 CeO_2 催化剂,可以节省 80% 的活性材料,减少了催化剂对稀有活性原料的依赖性。Liu 等[33]先对 SiC 进行纳米 TiO_2 修饰,并进一步负载 Co 金属催化剂,该复合催化剂在 Fishcher-Tropsch 合成中表现出高 C_{5+} 选择性催化活性。国内包信和课题组对商业 SiC 表面进行改性,以含卤素的反应物(Cl_2、CCl_4 或 HCl)在高温下与 SiC 反应,刻蚀 SiC 表面的 Si 原子,制成多孔碳包覆的 SiC 催化剂载体。基于这种催化剂载体,使其负载 Pd-TiO_2,在 4-羧基苯甲醛的加氢反应中表现出 4 倍于 Pd/活性炭的催化活性。在除去 Si 的同时,可以通入 NH_3 对多孔碳进行 N 掺杂,所得 SiC@ N-C 催化剂的比表面积大于 100 m^2/g。这种 SiC@ N-C 催化剂在工业乙炔氢氯化制备氯乙烯过程中表现出超高的选择性(>98%)、优异的长期稳定性(150 h)和高转化率(80%),合成过程如图 1-6 所示。此外,

SiC 负载的 Pt 催化剂在高温(650~850℃)催化硫-碘循环分解硫酸制备氢气反应中也获得了高催化转化效率。但至今仍未见有利用微纳 SiC 纤维作为催化剂载体的报道。

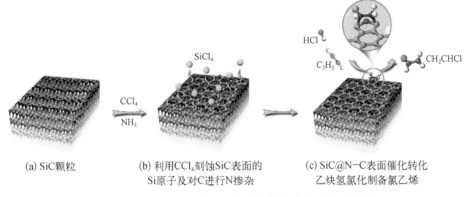

(a) SiC颗粒　　　　(b) 利用CCl₄刻蚀SiC表面的　　　(c) SiC@N-C表面催化转化
　　　　　　　　　　　Si原子及对C进行N掺杂　　　　　乙炔氢氯化制备氯乙烯

图 1-6　SiC@N-C 纳米复合催化剂的合成过程示意图

2. 气体传感器

近年来,人们对极端环境(航空航天、深海钻井、发动机等)下的气体监控给予了极大关注。传统的 Si 基元器件显现出许多局限性,例如最高使用温度仅为250℃,不能应用于腐蚀性等极端环境中以及生物相容性差等。因此,纯 Si 基元器件已不能满足极端环境下的应用需求,探索新的可替代材料成为研究者们新的探索方向。SiC 作为一种宽带隙半导体,具有高击穿电场、高临界场强、高热导率、良好的机械性能、耐高温、耐腐蚀性能以及高载流子饱和速率等特性,它还与传统 MEMS 系统具有良好的兼容性,是高温传感器的理想材料。例如,SiC 气体传感器可以在高于 1 000℃的极端苛刻环境中运行。此外,相对于传统的氧化物气敏材料,它还可以检测出金属氧化物传感器不敏感的气体,因而 SiC 传感器也是对金属氧化物传感器的必要补充。1998 年,Hunter 等[34]制备了 Pd 作为栅极的 SiC 肖特基二极管型气体传感器,但这种气体传感器在高温下运行较长时间后就会出现特性漂移现象。为消除这种漂移现象,Hunter 在 Pd 与 SiC 之间溅射了一层 SnO_2 活性氧化物薄层形成 MOS 型传感器,显著提高了传感器的响应值和稳定性。至今,已报道的活性氧化物包括 ZnO、SiO_2、$TaSi_xO_y$/SiO_2、TiO_2、CeO_2、Ga_2O_3、WO_3、In_2O_3、RuO_2 和 Fe_2O_3 等,最高工作温度可达到 800℃(表 1-2)。但这些气体传感器都是基于 SiC 晶片,少有将微纳 SiC 材料用于气体传感器的报道。

表 1-2　SiC 基 MOS 气体传感器的气敏特性

MOS 结 构	最高工作温度/℃	响应时间/s	检 测 气 体
Pt/ZnO/SiC	330	—	H_2；O_2
Pt/$TaSi_xO_y$/SiO_2/SiC	650	<100 ms	H_2；CO；O_2；C_xH_y
Pd/SnO_2/SiC	350	26.7	H_2
Pt/TiO_x/SiC	—	—	H_2；O_2
Pt/CeO_2/SiC	500	—	H_2；C_xH_y
Pt/Ga_2O_3-ZnO/SiC	525	50	C_3H_6；O_2
Pt/SiO_2/SiC	620	30~120	H_2；O_2；CO；CO_2；H_2S
Pt/Ga_2O_3/SiC	610	120	H_2
Pt/SiO_2/SiC	800	—	H_2；O_2
Pt/WO_3/SiC	700	85	H_2；C_3H_6
Pt/Pt-TiO_2/SiC	250/420	8/20	H_2；C_3H_6
Pd/Ti-W-O/SiC	420	15	H_2；C_3H_6
Pt/SnO_2纳米线/SiC	620	66	H_2；C_xH_y
Pt 纳米结构 ZnO/SiC	620	72	H_2

　　Gao 等采用第一性原理计算了 NO 和 NNO 与 SiC 纳米管之间的相互作用。结果表明,NO 和 NNO 在 SiC 纳米管上具有强化学吸附作用,因此具有检测 NO 和 NNO 气体的潜力[35]。随后,研究者们基于第一性原理和密度泛函理论的计算结果,预测 SiC 纳米管还可以用于检测 NO_2、CO_2、O_2 和 HCHO 等气体。这些理论结果表明,SiC 纳米管是一种极具潜力的传感材料,气敏性能优于 CNTs 和 BN 纳米管。但有关微纳 SiC 材料用于气体传感器的报道十分少见。Kim 等[36]在多孔 SiC 薄膜上负载具有氢气反应活性的 Pd 金属制备成 Pd/Au/SiC 传感器,并测试了室温至 300℃下对 $1×10^{-5}$ 到 $4×10^{-5}$ 的 H_2 的传感性能,室温下的响应和恢复时间分别为 2.3 s 和 1.5 s。Chen 等[37]进一步采用 SiC 纳米线作为气敏材料,在纳米线上修饰 Pt 纳米颗粒制成气体传感器。该传感器最高工作温度可达到 600℃,但其最高响应值仅为 20%,且恢复时间长达 45 s。因此,微纳 SiC 材料虽然在气体传感器,特别是高温极端环境中应用的气体传感器领域具有极大的潜在价值,但相关报道仍然较少,气敏性能也有待进一步提高,而与高活性的金属氧化物复合是行之有效的解决途径之一。

3. 光催化分解水制氢

　　虽然已有大量关于 SiC 作为催化剂载体的报道,但 SiC 本身的催化性能却少有人关注。3C-SiC 的带隙宽度仅为 2.4 eV,可以同时捕获紫外光和可见光,也就是说在可见光照射下即可激发产生光生电子和空穴。并且 SiC 的导带电

势比 H_2O/H_2 的还原电势更负,甚至比 TiO_2 和 CdS 的导带电势更负,证明 SiC 导带上的电子的还原能力比 TiO_2 和 CdS 导带上的电子还原能力更强,足够将 H_2O 还原成 H_2。这些特性都表明 SiC 是一种理想的光催化剂,可用于光催化分解水制氢气。

Gao 等[38]最早使用商业的 SiC 纳米粉末作为光催化剂分解水制氢气,考察了牺牲剂和 pH 对 SiC 产氢性能的影响。其中,Na_2S 作为牺牲剂时的产氢速率明显高于 CH_3OH 作为牺牲剂时的产氢速率,这主要是由于 SiC 价带上的空穴电势只比 O_2/H_2O 的氧化电势略正,说明 SiC 价带上的空穴氧化能力较弱,不能氧化 CH_3OH 而得以转移,但却可以氧化 S^{2-},从而展现更高的催化活性。结果还表明,当溶液的 pH 高于 12 时,催化剂的产氢速率明显下降,这是由于 SiC 纳米粉末在高 pH 条件下易发生团聚。虽然后续相继报道了不同的 SiC 纳米材料(纳米线、纳米晶须、纳米颗粒和酸处理的 SiC 纳米线)的光催化产氢性能,但产氢速率都很低。为了提高 SiC 产氢活性,研究者们尝试了贵金属掺杂(负载 Pt)、元素掺杂(B 掺杂)和与半导体复合(石墨烯、氧化石墨烯、CdS 和 SnO_2)等一系列方法,也得到了一些较好的结果,但都是采用 Na_2S(还可能有 Na_2SO_3)作为牺牲剂,才能得到高产氢速率。这些方法都主要是使光生电子得到了快速的转移,而不能有效地转移光生空穴,光生空穴只能依赖 Na_2S(Na_2SO_3)牺牲剂得以转移。而 Na_2S 和 Na_2SO_3 不仅本身具有一定的产氢活性,而且含有 S 元素,对环境不友好。例如,Zhou 等[39]以石墨烯为原料经过碳热还原制备了石墨烯/SiC 复合光催化剂,并以 0.1 mol/L Na_2S 作为牺牲剂,在可见光下的产氢速率可达到 428.5 μmol/(g·h),但扣除 0.1 mol/L Na_2S 的产氢量后,该催化剂的产氢速率仅为 11 μmol/(g·h)。因此,要提高 SiC 产氢活性,一方面要注意防止纳米 SiC 的团聚现象,另一方面在选用环境友好的牺牲剂的同时,还需有效转移光生电子和空穴,防止电子和空穴的复合。

4. 其他应用

微纳 SiC 纤维具有高击穿电压、高长径比等特点,适宜作为微型场发射器件。Pan 等考察了以 CNTs 为模板转化的 SiC 纳米线的场发射性能,发现其在 10 μA/cm 的电流密度下开启场强为 0.7~1.5 V/μm,可用于真空微电子器件。Zhang 等[40]报道了竹节状 Al 掺杂的 SiC 纳米线的场发射性能,其开启场强仅为 0.55~1.54 V/μm(平均为 1 V/μm),这也预示着通过掺杂和形貌调控可能获得更低开启场强的 SiC 基场发射器件,实现 SiC 在 LED 领域的应用。

微纳 SiC 还是一种理想的电容器材料。Kim 等[41]在商业 SiC 微球上生长了 MnO_2 纳米针,该材料在 1 mol/L 的 Na_2SO_4 电解液中比电容为 59.9 F/g,其能量密度和功率密度分别为 30.06 W·h/kg 和 113.92 W/kg。为提高电容器的比电容,他们制备了介孔-微孔 SiC 微球电双层电容器。同样在 1 mol/L 的 Na_2SO_4 电解液中该电容器的比电容达到 253.7 F/g,其能量密度升高为 68.56 W·h/kg。经过 20 000 次循环以后,其比电容保留率为 98.4%,表明提高 SiC 的比表面积是提高 SiC 电容性能的有效途径。

除以上应用之外,微纳 SiC 在光催化 CO_2 还原为太阳能燃料、直接甲醇燃料电池和电催化分解水制氢等领域的应用都已有报道。总的来说,微纳 SiC 的功能化应用还相对较少,其更高的性能和详细的作用机制以及相关的新应用都还有待进一步的研究,这也为广大研究者们提供了机遇与挑战。

1.2　静电纺丝简介

1.2.1　静电纺丝原理

静电纺丝技术至今已经有 70 多年的历史,1934 年,Formhals 申请了第一份关于利用静电力生产聚合物细丝的专利。1966 年,Simen 申请了生产非织布装置的专利,发现了溶液黏度与静电纺丝纤维之间的关系。Taylor 在 1969 年阐述了泰勒锥的概念,提出临界电压的计算公式,测量了形成泰勒锥的电压值,并将其与理论值比较,发现两者非常吻合。20 世纪 90 年代中期以来,随着纳米技术的兴起,纳米材料的研究迅速升温,静电纺丝这种可大规模制备纳米尺寸纤维的纺丝技术激起了人们的广泛兴趣。

静电纺丝技术是指聚合物溶液或熔体在高压静电场力作用下形成纤维的过程,是由电喷技术发展而来的。典型静电纺丝装置包括纺丝喷头、高压电源和接收装置(图 1－7)。其纺丝过程为纺丝溶液通过推进泵从纺丝喷头处缓慢挤出,喷丝头末端的液滴在高压电源产生的静电场力作用下形成泰勒锥,当电场力大小超

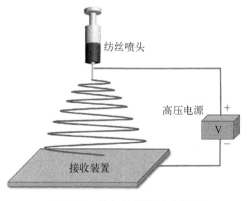

纺丝喷头

高压电源

接收装置

图 1－7　静电纺丝装置示意图

过溶液的表面张力作用,液滴会被激发形成射流。射流在向接收装置运动过程中产生震荡和不稳定鞭动,同时射流中的电荷之间互相排斥,导致射流被拉伸细化并伴随着溶剂挥发,最终形成的超细纤维被收集在接收装置上。

目前,许多天然高分子聚合物和合成聚合物都已实现了静电纺丝法制备纳米纤维。此外,静电纺丝不仅可以实现单一组分聚合物纳米纤维的制备,还可以实现多组分聚合物复合纤维的制备,弥补了单一组分的结构及性能缺陷,可以调控复合纤维的力学、电学、光学及生物活性,扩大静电纺丝纤维的应用范围。目前,制备多组分纤维的方法有共混静电纺丝、溶胶-凝胶静电纺丝、同轴静电纺丝和多喷头交互静电纺丝。

由于溶液体系内的聚合物含量低,纺丝溶剂的比例高,导致最终纤维产率低,溶剂挥发成本高,且有可能造成环境污染。因此,研究者尝试使聚合物在熔融状态进行静电纺丝,以避免以上问题。但由于聚合物的熔融态黏度高、导电性差、纺丝过程迅速冷却固化和装置复杂等问题,制约了熔融静电纺丝的发展,相关报道比较少。迄今,只有少数的聚烯烃、聚酯和聚酰胺实现了熔融静电纺丝。

为提高产量,许多新的批量化静电纺丝技术不断涌现,其主要原理在于提高纺丝过程中泰勒锥射流的数量。最简单的方法是增加纺丝喷头数量,但在实际纺丝过程中,纺丝喷头之间电场相互干扰,造成纤维形貌不均匀,因此对喷头的排布有一定要求。此外,研究者们依据增大溶液表面射流激发位点的原理,设计并发展了无针头静电纺丝装置,部分技术已成功商业化生产[42]。例如捷克 Elmarco 公司基于滚筒式和静态导线静电纺丝原理开发的纳米蜘蛛(Nanospider)系列设备,可以将纳米纤维膜年产量提升至 2×10^7 m^2。南非 SNC 公司基于滚动球体作为射流产生方式的原理开发了 SNC BEST™ 型规模化纺丝设备,其产量可达 $1\,000$ m^2/h。总之,静电纺丝批量化制造为纳米纤维由实验室阶段转移到工业化应用奠定了基础。目前,电纺纳米纤维膜已在过滤材料、组织工程支架、功能性面料、电池隔膜和其他能源环境领域得到了广泛应用。

1.2.2 静电纺丝工艺参数

影响静电纺丝过程和静电纺丝纤维形貌的因素很多,具体可分为三大类:① 聚合物溶液性质,如聚合物相对分子质量和溶液黏度、表面张力、溶液导电性和溶剂介电效应等;② 工艺条件,如纺丝电压、供料速率、收集装置、毛细管孔/针头直径和接收距离等;③ 环境参数,如温度、湿度和气氛类型等。通过控制上述参数,可以更好地了解电纺过程,从而得到直径均一可控、缺陷可控、连续的聚合物纳米纤维。

1. 聚合物溶液性质

1) 聚合物分子量和溶液黏度

聚合物的相对分子质量和分子结构直接影响溶液的黏度与表面张力,是溶液静电纺丝的一个重要参数。相对分子质量直接反映聚合物分子的分子链长度,分子链长的聚合物在溶液中容易发生缠结,从而增加溶液的黏度。对于相同质量分数的聚合物溶液来说,高分子量聚合物溶液黏度比同种低分子量聚合物溶液的黏度大。

聚合物分子链在溶液中发生缠结,在静电力的作用下链与链之间相对滑移,一定数量的缠结点能使力在纺丝射流上稳定传递。所以,缠结点的存在是静电纺丝制备聚合物纤维的必要条件。当聚合物溶液射流在泰勒锥表面形成以后,射流在高压静电场中受到电场力的拉伸,聚合物分子会沿射流的轴向取向。当聚合物分子链之间的缠结作用足以平衡电场力的拉伸作用时,射流将保持连续性,形成连续纤维;如果分子链之间缠结作用力太小,射流就会断裂形成液滴或短纤维。

国防科技大学吴楠等试验了分子量分别为 350 000 和 1 920 000 的聚苯乙烯对纤维形貌的影响。首先配制了质量分数为 20%、分子量为 350 000 的 PS 溶液和质量分数为 3%、分子量为 1 920 000 的 PS 溶液,并向两种不同的 PS 溶液中分别加入质量分数为 9% 的 PCS,混合均匀后进行静电纺丝,所得 PS/PCS 原纤维形貌如图 1 - 8 所示。可以看出,分子量为 350 000 的 PS/PCS 混合溶液制备的纤维直径范围在 2 μm 左右[图 1 - 8(a)],分子量为 1 920 000 的 PS/PCS 混合溶液制备的纤维直径范围为 500~900 nm[图 1 - 8(b)]。可见,采用高分子量 PS 为助纺聚合物,可以在较低浓度范围内得到均匀纤维,且纤维直径较小。

聚合物溶液浓度对静电纺纤维形貌具有重要影响。大量研究表明,在静电纺纤维溶液浓度较低的情况下,由于溶液黏度较低,只能获得聚合物珠粒。其原因是溶液射流在静电场中受力拉伸,由于分子链缠结力较弱,不能有效抵抗静电力的作用而发生断裂。同时,由于聚合物分子链的黏弹性作用而趋向于收缩,导致了分子链团聚最终形成聚合物珠粒。当溶液浓度和黏度高于某个临界值后,由于分子链之间的缠结力增加,溶液射流受电场力拉伸作用,有较长的松弛时

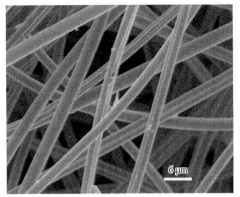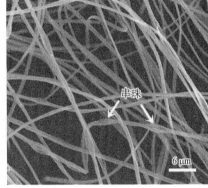

(a) 分子量为 350 000 的 PS/PCS 溶液　　　　(b) 分子量为 1 920 000 的 PS/PCS 溶液

图 1-8　不同纺丝溶液制备的 PS/PCS 原纤维 SEM 图

间,缠结的分子链沿射流轴向取向化,有效地抑制了射流中部分分子链的断裂,可以得到连续的微纳纤维。由于射流拉伸过程中受力不均匀,分子链取向化协同不一致,也会有一些珠粒产生,即此时所获得的电纺纤维呈现聚合物珠粒的串珠结构。同时,在一定范围内,珠粒由圆形向椭圆形转变。随着溶液浓度的进一步提高,珠粒数量急剧减少,并变成棒状。从本质上讲,静电纺纤维中珠粒是由于聚合物黏弹性而引起的瑞利不稳定性导致。当溶液分子链高度缠结后,受力拉伸较为均匀,射流在电场中由于表面电荷和电场力作用而发生鞭动,溶剂挥发后固化成纤维,但是纤维直径较大。

　　2) 表面张力

　　流体的分子在不断做布朗运动,而且组成流体的分子之间存在相互引力。在某一范围内,分子之间的距离越小,吸引力越大。同一类物质分子间的吸引力叫做内聚力,它使液体界面上的分子相互靠拢,表现为液面自动收缩,这种作用于液面上并力图使液体表面收缩成最小面积的力称为表面张力。

　　根据射流不稳定理论,射流在静电场中运动的不稳定性主要分为轴对称不稳定性[图 1-9(a)]和非轴对称不稳定性[图 1-9(b)]。轴对称不稳定性是由射流表面电荷在切向电场中受到电场力引起的,会导致射流在半径方向上发生变化而轴向中心线不发生变化;非轴对称不稳定性是由流体的偶极和电荷涨落引发的射流弯曲,会导致射流在轴向中心线上发生变化而半径方向上不发生变化。而串珠问题主要是由射流在半径方向上受到的鞭动不稳定较弱造成的,因此需要通过调整溶液性质提高射流的轴对称不稳定性。射流的轴对称不稳定性与溶液的黏度、表面张力、电荷密度和介电常数密切相关。增加射流表面电荷密度和降低溶液的表面张力,可以提高射流在径向上的不稳定鞭动和提高电场力对射流的拉伸作用,利于得到形貌均匀的纳米纤维,并能降低纤维直径。

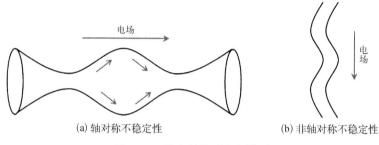

(a) 轴对称不稳定性　　　　　　　　　(b) 非轴对称不稳定性

图 1-9　带电射流不稳定模型

离子型表面活性剂在改善静电纺纤维形貌均匀性上具有重要作用,特别是在乳液静电纺丝过程中被广泛应用。Zeng 等[43]研究发现,表面活性剂的加入会降低溶液的表面张力,增加射流运动过程中的瑞利不稳定性,外加电场对射流的拉伸作用增强,可以使得纤维直径变细且分布均匀。

静电纺丝溶液的表面张力不仅影响泰勒锥顶端射流的形成模式,而且还影响高压电场中射流的运动及分裂,最终影响电纺纤维的形貌结构。在静电纺丝过程中,带电聚合物溶液或熔体表面所受到的静电斥力必须大于溶液的表面张力,纺丝过程才能顺利进行。由于轴向的瑞利不稳定性,表面张力倾向于使射流转变为球形液滴,形成珠粒纤维;而作用于射流表面上的电场力,则倾向于增加射流的面积,使射流变得更细,而不易形成珠粒纤维。在这个过程中,高分子溶液的黏弹性也会抑制射流形状的快速转变,支持具有光滑表面纤维的形成。增加溶液浓度时,可以在一定程度上降低溶液的表面张力,有利于连续均匀纤维的形成。

3）溶液电导率

聚合物溶液的电导率直接影响到纤维的形态,它与聚合物溶液的带电能力有关,增加聚合物溶液带电量能够增加溶液的电导率。高电导率的聚合物溶液形成的射流,受到的电场力作用较大;如果溶液的电导率低,射流受到的拉伸作用就弱,容易获得珠粒纤维;提高溶液的电导率,增加了射流表面的电荷密度,此时射流的轴向鞭动不稳定性居于主导地位,能够降低纤维直径,并使纤维直径分布变宽。

由于溶剂的电导率不同,在聚合物溶液浓度不变的情况下,通过调整溶剂中溶液的组成比例可调整溶液的电导率,也能调控静电纺纤维的形貌。Choi[44]等在利用混合溶剂丙酮和二甲基乙酰胺溶解聚偏二氟乙烯的静电纺丝过程中发现,随着高电导率的溶剂二甲基乙酰胺在混合溶剂中的增加,纤维直径明显减小。

4)溶剂性质

溶剂的主要作用是使聚合物的分子链拆开,在电纺过程中,溶液形成射流,被电场力高度拉伸,聚合物分子链得到重新取向和排列,伴随着溶剂的挥发,射流固化成聚合物纤维。在这一过程中,溶剂的性质如介电常数、电导率、挥发性以及溶剂对聚合物的溶解性等,都会对静电纺丝过程产生影响,进而影响静电纺丝纤维的形貌。总体上来说,溶剂的介电常数高,说明该溶剂携带电荷的能力强,使得射流表面携带较多的电荷,当射流表面聚集大量静电荷时,射流的非轴对称不稳定性居主导地位,它能够促使不稳定的射流劈裂成更细小的射流,从而形成粗细不匀的纤维;溶剂的电导率大,相应溶液的导电性就好,作用于溶液射流上的电场力较强,有利于减小静电纺丝的直径;溶剂的挥发性影响到射流的拉伸与固化,溶剂挥发太慢,射流在沉积到接收装置上以后仍未固化,容易造成纤维黏结。

此外,溶剂的挥发性,还影响到射流拉伸过程中溶液的相分离与固化过程,从而影响静电纺纤维的形态结构,形成诸如粗糙表面、多孔表面、扁平截面等特殊结构;溶剂对聚合物的溶解性与聚合物分子链在溶剂中的缠结状态有关,对于一种聚合物来说,有良溶剂和非良溶剂之分,相同质量分数的聚合物在其良溶剂与非良溶剂中的黏度和表面张力不同,因此,可以使用共混溶剂来调控静电纺纤维形貌。常见的静电纺丝溶剂参数如表 1-3 所示。

表 1-3 常见溶剂的参数

溶 剂	分子式	密度/(g/cm³)	介电常数	沸点/℃	饱和蒸气压/kPa
水	H_2O	1.0	78.54~80.2	100	2.34(25℃)
乙醇	CH_3CH_2OH	0.798	24.55	78.5	5.33(19℃)
甲醇	CH_3OH	0.792	32.6	64.7	13.33(21℃)
四氢呋喃	C_4H_8O	0.889	7.6	66	21.6(22℃)
六氟异丙酮	$(CF_3)_2CHOH$	1.596	17.75	58.2	102(20℃)
二甲基酰胺	$HCON(CH_3)$	0.945	36.7	153	2.7(20℃)
二氯甲烷	CH_2Cl_2	1.325	8.9	40	47(25℃)
三氯甲烷	$CHCl_3$	1.483	4.81	62	26.2(25℃)
甲苯	C_7H_8	0.867	2.38	110.6	3.79(25℃)
二硫化碳	CS_2	1.263	2.6	46	48.2(25℃)
三氟乙酸	CF_3COOH	1.535	42.1	72.4	14(25℃)

溶　剂	分子式	密度/(g/cm³)	介电常数	沸点/℃	饱和蒸气压/kPa
乙酸	CH₃COOH	1.048	6.15	117	1.5(20℃)
甲酸	HCOOH	1.22	58.5	100.5	5.33(24℃)
三氟乙醇	CF₃CH₂OH	1.383	27.5	78	52(20℃)
丙酮	CH₃COCH₃	0.790	20.7	56	30.8(25℃)

2. 工艺条件

影响静电纺丝过程的另一个重要参数是施加在静电纺丝喷嘴上的各种外部因素,包括外加的电压、进给速度、溶液的温度、收集器的类型、针的直径以及针尖和收集器之间的距离。这些参数对纤维形态有一定影响,尽管它们不如溶液参数重要。

1) 电压

静电纺丝技术与传统的纺丝技术相比,最大的不同就是它依靠施加在聚合物流体表面上的电荷来产生静电斥力以克服其表面张力,从而形成聚合物溶液微小射流,经过溶剂挥发后,最终固化成纤维。所以,在静电纺丝过程中,施加在聚合物流体上的电压必须超过某个临界值,使得作用于其上的电荷斥力大于表面张力才能保证纺丝过程顺利进行。在聚合物溶液浓度一定的情况下,增加电压,溶液射流表面的电荷密度就会增加,射流所传导的电流也随之增加,射流的半径会减小,最终导致纤维直径减小。但是,由于聚合物溶液的性质不同,作用于射流上的电场力和射流溶液黏应力之间的竞争关系也不相同。因此,电压对静电纺纤维的影响效果往往也不完全相同。

当施加在喷头末端的电压大于临界电压后,射流从泰勒锥表面喷出,随着电压的升高,射流表面携带的电荷增加,射流的加速度加快,相同条件下,将会有较大量的聚合物溶液从泰勒锥表面喷出,泰勒锥的形状会减小,变得不稳定;如果从泰勒表面喷出的溶液量大于供给量,喷头末端的泰勒锥就会收缩,后退到喷头内部。

在静电纺丝过程中,升高电压或增加电场强度,会增加聚合物溶液射流表面上的电荷,导致电场力对射流的拉伸作用加剧。如果聚合物溶液浓度和黏度较低,分子链缠结不够,溶液的表面张力较大,分子链在取向过程中,就会断裂收缩而形成聚合物珠粒。随着电压的升高,射流的不稳定性增加,这种断裂的概率也会增加,致使纤维膜中的珠粒数增多。同时,由于分子链直径有一定的缠结,聚合物珠粒之间的纤维在剧烈的拉伸作用下,直径会大大减小。

2) 注射速度

聚合物流体的注射速度在一定程度上决定着静电纺丝过程中的可纺溶液量,对于给定的电压,在喷头处会形成一个相对稳定的泰勒锥。根据前面的分析可知,在电压一定的情况下,射流的直径会随着流体的注射速度在一定范围内增加,从而导致纤维直径有所增加,且纤维直径与注射速度呈正相关性。如果注射速度太低,泰勒锥会不稳定,射流的不稳定性增加,从而影响纤维的形貌结构;如果注射速度太高,泰勒锥则会出现跳动,也会影响纤维的形貌结构。

聚合物溶液注射速度对纤维形貌的影响情况与溶液的浓度和黏度密切相关。当溶液浓度较大时,对于给定的静电纺丝条件,增加注射条件,射流在高压电场中的运动速度变化不大,但由于相应流量的增加,射流携带的电荷量将增加,从而导致了射流的不稳定性加强。如果聚合物溶液中缠结的分子链不能有效克服外力拉伸而取向,就容易造成射流沿轴向固化成珠粒,尤其是注射的溶液量大于形成射流的溶液量时,纤维膜中珠粒更容易形成。以体积分数7%的聚乙烯醇/水溶液为静电纺丝液,研究了溶液注射速度对纤维形貌的影响,发现随着注射速度的提高,纤维膜中珠粒随之出现,但纤维直径变化不大。

3) 收集装置的影响

在静电纺丝过程中,带电射流在高压电场的作用下,由喷头飞向接收装置。聚合物纤维上的残余电荷消散会影响到纤维的沉积形态,使纤维表现出不同的排列方式。一般的纤维接收材料都是导电的材料,如铝箔、铜板、不锈钢板等,能够保证喷头与接收极板之间形成稳定的电场,有利于射流或纤维上残余的电荷快速消散,使纤维能够沉积在上面,形成膜状集合体。在这种情况下,如果接收装置是非导电的材料,纤维上的残余电荷就会迅速累积在非导电的接收装置上,使纤维难以沉积到上面。

接收装置的结构还能影响到纤维中残余的溶剂挥发与扩散,进而影响到纤维膜的结构。研究表明,具有多孔结构的纤维接收装置(如纸板、铜网等),所接收到的纤维堆积密度比光滑的接收装置(如铝箔等)小得多,原因是纤维中残余溶剂在具有多孔结构的纤维接收装置上扩散、挥发较快,而在具有光滑表面的铝箔上扩散、挥发较慢,致使残余溶剂在纤维上发生扩散和芯吸作用,从而使纤维相互靠近,密集堆积。作者采用图1-10所示的平行铝片替代平板铝箔作为接收器进行静电纺丝,制备了平行排列的聚丙烯腈(PAN)纤维。实验考察了纺丝时间对纤维有序度的影响。

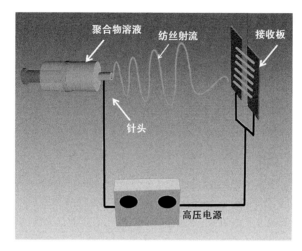

图 1 - 10　制备平行排列的 PAN 纤维装置示意图

4）移液器孔/针的直径

在利用聚合物流体高压静电纺丝过程中,必须有一个临界电压值使喷头末端的液滴表面的电荷斥力大于液体的表面张力才能形成射流。这个值通常和纺丝流体液滴的大小有关,液滴越小,临界电压值也越小,越有利于静电纺丝。根据目前常见产生小液滴的方式,射流的形成体系可分为有喷头体系和无喷头开放体系两种。在有喷头体系中,根据喷头数量和配置形式的不同,可以进一步细分为单喷头、同轴喷头、并列喷头、多头喷头等不同类型。

因为聚合物流体浓度不同,其相应的黏度也不同,高黏度的聚合物溶液在极细内径的喷丝通道中难以流动,使纺丝过程较为困难,甚至造成堵塞。根据前面的分析,喷头直径增大,相应的临界电压也升高,而且在喷头末端的聚合物溶液大面积与空气接触,由于溶剂挥发而固化,也容易堵塞喷头。研究表明,在溶液黏度不太大的情况下,内径较大的喷头末端,溶液易形成堵塞,所获得的纤维膜中有珠粒,而内径较小的喷头末端却不易堵塞,所获得的纤维没有珠粒,这可能是由内径较大的喷头末端起始射流的不稳定造成的,在电纺聚乙烯醇溶液过程中发现,内径较大的喷头能够增加溶液的流速,在泰勒锥表面形成多个射流,从而提高静电纺纤维的产量。

5）接收距离

静电纺丝过程中,纤维的接收距离(喷头末端到纤维接收极板间的距离)直接影响电场强度,进而影响到射流在电场中的拉伸程度和飞行时间。在溶液静电纺丝中,对于单根的静电纺纤维来说,射流中的溶剂必须挥发才能固化形成聚合物纤维。在同样的条件下,若缩短纤维接收距离,则电场强度增大,使射流速度加快,飞行距离缩短,从而可能导致溶剂挥发不完全,纤维之间发生部分黏结。在研究电纺蚕丝蛋白/甲酸溶液时发现,当纤维接收距离过小时,溶剂没有完全挥发,射流就沉积到接收极板上,残余的溶剂使未完全固化的射流黏结形成扁平状的纤维;当接收距离增大到一定程度,溶剂可充分挥发,就能获得较细的均匀纤维。

纤维接收距离对纤维直径具有双重的影响。改变纤维接收距离,直接影响到电场强度和纤维在电场中的飞行时间。较大的接收距离能够提供足够的时间供射流充分拉伸,也有利于溶剂的挥发,从而可以减小纤维的直径;另一方面,增大纤维接收距离降低了电场强度,使射流加速度减小,拉伸作用减弱,从而导致纤维直径增大。因此,这两种作用之间的竞争关系,决定了纤维直径的大小。

3. 环境因素

静电纺丝射流环境的影响是一个很少研究的领域。环境和聚合物溶液之间的任何相互作用都可能对电纺纤维形貌产生影响。例如,研究发现高湿度会导致在纤维表面上形成孔。由于静电纺丝受外部电场的影响,静电纺丝环境的任何变化也会影响静电纺丝过程。

1) 温度

溶液静电纺丝一般是在室温下进行,在此过程中,环境温度的影响表现在多个方面。如前面溶液性质中讨论的关于溶液温度对静电纺丝过程及其所获得的纤维的影响一样,升高静电纺丝的环境温度会加快射流中分子链的运动,提高了溶液的电导率;其次,升高静电纺丝的环境温度降低了溶液的黏度和表面张力,使得一些在室温下不能静电纺丝的聚合物溶液,在升高环境温度以后能够静电纺丝。升高静电纺丝的环境温度,还可加速射流中溶剂的挥发速度,使射流迅速固化,电场力对射流的拉伸作用就会减弱,从而导致纤维直径有所增大。

2) 湿度

在溶液静电纺丝过程中,射流在泰勒锥表面形成,并迅速向接收极板运动,溶剂在极短的时间内迅速挥发,射流固化成聚合物纤维。一般在静电纺丝环境下,射流周围的介质均为空气,射流中溶剂与周围介质的交换是一个双扩散过程。射流表面的溶剂挥发,其内部溶剂由中心向表面扩散,射流表面溶剂的挥发速度和内部溶剂扩散速度之间的竞争关系能够影响纤维的形态。在固定的纺丝条件下,环境湿度直接影响到射流周围介质的性质,尤其是它与射流中溶剂的相容性。如果湿度与溶剂的相容性好,增大环境湿度,会抑制射流中溶剂的去除,使射流固化速度减缓;反之,能够加速溶剂挥发,射流固化速度加快。

　　环境湿度对静电纺纤维直径的影响,与聚合物性质以及溶剂性质也密切相关。如果静电纺丝过程中,所采用的溶剂与射流周围介质中的水蒸气有一定的相容性,也就是该溶剂能够吸收一定量的水蒸气,那么增加环境湿度将使所获得的纤维直径增大。莫德等将聚乳酸溶于三氟乙醇进行静电纺丝,发现纤维直径随着环境湿度的增加而增大,且分布变宽。这种现象的原因可能是随着环境湿度的增加,射流中溶剂从周围介质中吸收了水分,从而增加了射流的电导率,其飞行速度加快,伴随着溶剂的挥发,射流来不及充分拉伸就迅速固化成纤维,因而纤维直径变大。图 1-11 是作者在不同相对湿度环境下制备的 SiC 超细纤维的低倍数 SEM 照片。可以看出,当纺丝环境湿度从 20% 升高至 80%,不同湿度条件下制备的 SiC 超细纤维的直径大小相差不大,平均值大约为 5 μm,表明湿度对纤维的直径影响比较小。

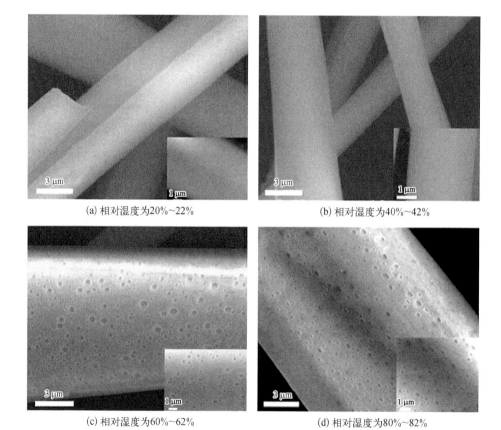

(a) 相对湿度为20%~22%　　　　　　　　　(b) 相对湿度为40%~42%

(c) 相对湿度为60%~62%　　　　　　　　　(d) 相对湿度为80%~82%

图 1-11　纺丝环境湿度对 SiC 纤维表面孔结构的影响

3）气氛类型和压力

此外,还有研究者在高真空状态下研究了聚己内酯溶液的静电纺丝。他们发现,在高真空条件下,由于溶剂挥发速度太快,需要采用高电压来加快射流的形成与飞行速度,以提高对射流的拉伸力,得到的聚己内酯纤维直径大幅度减小,同时,纤维的结晶和力学性能也有显著提高。

在封闭条件下,可以研究压力对静电纺丝射流的影响。通常,静电纺丝射流周围的压力降低不会改善静电纺丝过程。当压力低于大气压时,注射器中的聚合物溶液将具有更大的流出喷头的倾向,并且导致不稳定的喷射引发。随着压力降低,在喷头处将发生溶液的快速鼓泡。在非常低的压力下,由于电荷的直接排放,静电纺丝是不可能的。

1.2.3　静电纺丝制备微纳陶瓷纤维

静电纺丝技术不仅可以制备有机纳米纤维,还可通过结合高温煅烧和先驱体转化技术实现纳米陶瓷纤维的制备。2003 年,Choi 等[45]通过静电纺丝法结合溶胶-凝胶技术制备了直径为 200~600 nm 的 SiO_2 纳米纤维。Li 等[46]将 PVP 和钛酸丁酯共同溶解在乙醇中,通过静电纺丝制备了含有钛源的 PVP 纳米纤维,经空气中高温煅烧,得到直径 20~200 nm 的 TiO_2 纳米纤维。自此,已有超过 100 种不同组分结构的纳米陶瓷纤维通过静电纺丝技术制得,并被广泛应用于催化、能源技术、空气过滤、水处理和传感器等领域。

静电纺丝制备纳米陶瓷纤维的方法包含以下三种:一是将无机纳米材料均匀分散到有机聚合物溶液中,经静电纺丝和高温脱除聚合物,得到无机纳米纤维;二是静电纺丝结合溶胶-凝胶技术和空气中高温热处理技术,用于制备氧化物陶瓷纳米纤维;三是静电纺丝有机高分子先驱体溶液,经热解处理得到陶瓷纤维,其主要用于制备碳纳米纤维和硅基陶瓷纤维。表 1-4 列出了几种利用静电纺丝技术制备的纳米陶瓷纤维的制备方法、纤维结构和应用范围。

表 1-4　静电纺丝法制备的纳米陶瓷纤维

材料分类	纤维组分	有机前驱体	纺丝助剂	纤维结构	应用领域
	CuO/ZnO	$CuAc_2/ZnAc_2$	PVA	实心	水处理
	ZnO	$ZnAc_2$	PVP	中空	气体传感
氧化物纤维	TiO_2	TiBO	PVP	中空	微流控
	ZnO	$ZnAc_2$	PVA	实心	气体传感
	NiO/SnO_2	$NiCl_2/SnCl_2$	PVP	实心	气体传感

续表

材料分类	纤维组分	有机前驱体	纺丝助剂	纤维结构	应用领域
氧化物纤维	SnO_2/SiC	PAN	—	核壳结构	光催化
	Ag/TiO_2	$AgNO_3/TiBO$	PVP	实心	光催化
	Ag/SiO_2	$AgNO_3/TEOS$	PVP	带状	催化
	YSZ	$ZrAc_4$	PVP	实心	过滤
	ZrO_2/SiO_2	$ZrAc_4/TEOS$	PVA	实心	水处理
	Fe_3O_4	Fe_3O_4 粉	PVDF	实心	生物医药
	Al_2O_3	$AlAc_3$	PEO	实心	过滤
碳纳米纤维	C	PAN/Pitch	—	多孔	超级电容器
	N-doped C	PPy	—	中空	钠离子电池
	$Si/SiO_2/C$	TEOS/PAN	—	实心	锂电池
	C	Biochar	PAN	实心	超级电容器
	C	PAN	—	大孔中空	锂空气电池
	Fe_3C/C	$Fe(acac)_3/PVP$	—	互相连接	燃料电池
碳化物或硅基陶瓷纤维	SiOC	PCS	PS	实心	水处理
	Ag/SiOC	MK	PVP	实心	抗菌
	SiOC	TEOS	PVDF	实心	—
	SiBOC	$VTMS+H_3BO_3+TEOS$	PVP	实心	催化剂载体
	Pt/TiC	TiBO+FA	PVP	带状	燃料电池

从表1-4可看出,常用的纺丝聚合物包括PVP、聚乙烯醇(PVA)、聚氧化乙烯(PEO)、聚偏氟乙烯(PVDF)、聚苯乙烯(PS)和聚丙烯腈(PAN)等。此外,静电纺丝除了得到普通实心圆形纳米纤维之外,通过调节纺丝溶液、纺丝环境条件、喷丝头结构和后处理方法,可以制备出中空、多级孔、梯度分布、异质结和核壳结构的纳米纤维,用以改善静电纺纳米纤维在实际应用中的性能。2004年,Li等[47]通过同轴静电纺丝法,制备了形貌均匀的中空TiO_2纳米纤维[图1-12(a)],发掘了其在微流控及光波导领域的应用潜力,并开启了其他中空或多通道纳米纤维[图1-12(b)]的制备及应用。Li等[48]和Yang等[49]分别通过向纺丝液中添加PMMA和利用两相分离原理制备了不同结构的多孔碳纳米纤维[图1-12(c)和1-12(d)],可以改善纤维在微波吸收和电化学领域的性能。国防科技大学韩成等制备了$g-C_3N_4/TiO_2$异质结结构纳米纤维[图1-12(e)],利用两种不同半导体的异质结效应和静电纺丝制备复合纳米纤维的优势,明显提高了纤维的光吸收特性和催化产氢性能。此外,采用混合静电纺丝将贵金属纳米颗粒负载在半导体纳米陶瓷纤维上[图1-12(f)],利用贵金属材料优异的催化和电子转移能力,进一步提高陶瓷纳米纤维在催化和传感应用中的性能。

总之,通过静电纺丝技术不仅可以制备普通结构的纳米陶瓷纤维,还可以通

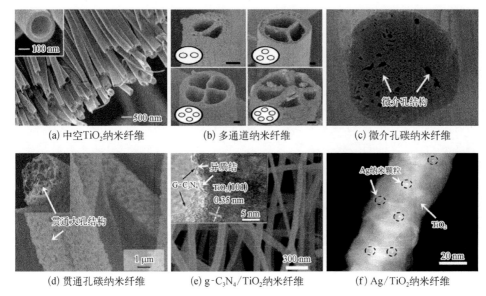

(a) 中空TiO₂纳米纤维   (b) 多通道纳米纤维   (c) 微介孔碳纳米纤维

(d) 贯通孔碳纳米纤维   (e) g-C₃N₄/TiO₂纳米纤维   (f) Ag/TiO₂纳米纤维

图 1-12　几种特殊结构静电纺纳米陶瓷纤维

过溶液组分和纺丝参数设计调控,制备出特殊结构的陶瓷纤维,这对提高纤维性能及扩大纤维应用范围具有重要意义。

早在 1976 年,日本的 Yajima 等就以 PCS 为先驱体制备出直径大于 10 μm 的 SiC 纤维。此后,先驱体转化法成为制备 SiC 纤维的主要方法。近年来,随着静电纺丝技术的兴起,各种不同结构的微纳 SiC 纤维相继被报道。2008 年,Shin 等[50]以二甲苯/DMF(体积比为 7:3)为溶剂,通过静电纺 PCS,经空气预氧化和高温烧成得到了直径 1~3 μm 的 SiC 超细纤维,在微纳 SiC 纤维的研究进程中迈出了第一步。随后,Cheng 等采用静电纺丝法先制备了中空的碳纳米纤维,再通过碳热还原的办法制得了中空的 SiC 纳米纤维,但制备工艺十分冗长,后处理也需在强碱溶液中进行。Choi 等[26]通过电纺 PCS/PVP/SDS 乳液获得了直径为 204~344 nm 的 SiC 纤维。但这种纳米级的 PCS 纤维也是在后处理时除去表面的 PVP 壳层而得到的,不利于纤维的大批量生产。Liu 等[25]采用同轴静电纺丝的办法,在纤维的壳层选用纺丝性十分优异的超高分子量聚苯乙烯,限制了芯部 PCS 纤维的直径,经预氧化和高温烧成后得到了直径 1~2 nm 的 SiC 纤维,但纤维出现了并丝现象,纤维的强度很差。

作者在微纳 SiC 纤维的制备和性能上进行了较为系统的研究工作。将 PCS 和锆酸丁酯[Zr(OC₄H₉)₄]进行混纺得到 Zr(OC₄H₉)₄/PCS 超细纤维,然后在空气气氛中,100℃温度条件下处理 120 h,使 Zr(OC₄H₉)₄小分子逐渐迁移到复合纤维的表面形成梯度结构,最后经过空气预氧化和高温烧成制备了表面富 ZrO_2 的梯度结构 ZrO_2/SiC 复合纤维,这种纤维具有优异的耐高温性能和耐腐蚀性能,在高温隔热材料和气体传感等领域都具有很好的应用潜力。

为了获得比表面积更大的 SiC 微纳纤维,多孔微纳 SiC 纤维的研究得到了广泛关注。Lee 等采用静电纺丝结合碳热还原的办法,先对 SiO_2/PAN 进行混纺,然后在高温下进行碳热还原,最终获得了 SiC 纳米纤维,最高比表面积为 54.7 m^2/g,但纤维的形貌不规整,长径比较低。Hou 等[51]通过电纺聚脲硅氮烷/ PVP(PSN/PVP)获得了直径为 1.5 μm 的介孔 SiC 超细纤维。随后又通过在纺丝液中加入石墨,得到了石墨/SiC 介孔纤维,有效防止了 SiC 纤维表面 SiO_2 的生成。

Harvey 等采用 PCS 和聚苯乙烯共混,利用静电纺丝最终制备出了目前世界上最小直径(1~2 nm)的 SiC 纤维。Eick 等[24]同样采用 PCS 和聚苯乙烯共混,通过静电纺丝法制备出了直径约 20 nm 具有多孔结构的 SiC 纤维。值得一提的是,Harvey 和 Eick 等为了提高先驱体的可纺性,制备更细直径的纳米 SiC 纤维,在先驱体中添加了相当比重的聚苯乙烯,以致最终 SiC 纤维的结构出现多孔,势必会影响纤维性能。

总的来说,微纳 SiC 纤维的广阔应用前景已得到众多科学家的认可,有关微纳 SiC 纤维的研究吸引了越来越多的学者们的关注。但进一步提高微纳 SiC 纤维的比表面积是人们面临的一大难题。并且目前报道的多孔 SiC 都是单一孔结构,更鲜有关于微纳 SiC 纤维功能性的报道。构建多级孔结构 SiC,拓展微纳 SiC 纤维的应用将成为未来微纳 SiC 纤维发展的重要方向。

1.3　微纳 SiC 纤维的应用

一维纳米 SiC 材料不仅具有良好的半导体特性,还具备热导率高、力学性能优异、耐腐蚀、生物相容性好和热稳定性高等优点。同时,当材料尺寸降至纳米级后,会进一步衍生出小尺寸效应和量子限域效应,在光学、电学和力学方面展现出独特性质。下面介绍一维 SiC 纳米材料在传感探测、能源环保、高性能复合材料等方面的应用研究情况。

1.3.1　传感探测领域的应用

1. 气体传感器

一维 SiC 纳米材料长径比大、比表面积高,提供给目标气体的活性位点较多,外界环境的变化会迅速引起表面离子输运变化,造成其电学性质的变化,可以制成能在极端环境下使用的响应快速、响应值高和选择性好的气体传感器。SiC 纳米管(SiCNTs)除了上述尺寸效应的优势之外,加上其本身的 sp^3 杂化以及硅原子的极化特征,其反应活性甚至高于碳纳米管。理论研究结果表明,SiCNTs 对气体分子的吸附主要为化学吸附,而非碳纳米管的物理吸附机制,这就导致目标气体对 SiCNTs 表面及本体电学特性影响更大,对气体的响应更快更高。对此,研究者基于密度泛函理论(density functional theory, DFT)的计算结果,预测了 SiCNTs 对 CO、HCN、CO_2、O_2、NO_2、HCHO、SO_2 和 C_2H_6 等气体具有气敏特性。遗憾的是,由于 SiCNTs 的可控制备相对较难,目前未有关于 SiCNTs 气敏实验结果的报道。

基于对 SiCNTs 的理论分析结果,研究者对其他一维 SiC 纳米材料的气敏性能展开实验研究,主要是针对 SiC 纳米线和纳米纤维。Wang 等[52]首次报道了 SiC 纳米线在室温下的湿敏性能,认为水分子在 SiC 纳米线上的物理与化学吸附作用决定了不同湿度下的介电常数,引起电容发生变化。Li 等[53]认为水分子与 SiC 纳米线表面形成氢键作用,水分子中部分电子向 SiC 纳米线内转移,引起 p 型 SiC 纳米线电阻增加,产生湿敏响应[图 1-13(a)]。浙江大学陈

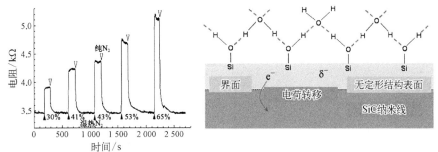

(a) SiC纳米线湿敏性能及机理示意图

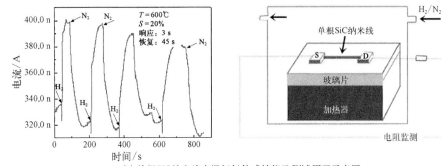

(b) 单根SiC纳米线高温氢气传感性能及测试原理示意图

图 1-13　一维 SiC 纳米线湿敏及高温氢气传感性能

建军[37]等致力于将 SiC 纳米线应用于苛刻环境下的气体检测,在制备的 SiC 纳米线上修饰 Pt 纳米颗粒,测试单根纳米线在高温下对氢气的气敏性能[图 1-13(b)]。结果显示,Pt@ SiC 纳米线在 600℃ 下对 4% 氢气的响应值为 20%,且响应时间只有 3 s,这为一维 SiC 纳米材料在高温气敏领域的应用提供了依据。

定义响应值 $S = R_a/R_g$(还原性气体)或 R_g/R_a(氧化性气体),其中,R_a 为传感器在空气中平衡时的电阻值,R_g 为传感器在目标气体中吸附达到稳定后电阻值。响应时间和恢复时间分别是在引入目标气体(吸附)或暴露于空气(脱吸附)过程中达到最大电阻变化的 90% 时所需要的时间。

响应值、选择性和响应恢复时间是气体传感器重要的性能评价指标,根据气体传感的原理,响应值和响应时间由材料的比表面积和介质传输速率决定。静电纺丝得到的纳米纤维膜不仅具备高比表面积,还具有连续的贯通孔结构,利于气体的吸附与解离,可用于制备高性能传感器。

作者通过静电纺丝技术制备了 SiC 纳米纤维,通过水热法在纤维表面生长 SnO$_2$ 纳米片[图 1-14(a)]。测试其在高温下的气敏响应,发现 SiC 纤维作为 SnO$_2$ 纳米片载体明显提升了在高温下的对乙醇的气敏性能。从图 1-14(b)可以看出,SnO$_2$/SiC 在 500℃ 下对 $1×10^{-4}$ 乙醇的响应值仍保持在 7.2,是纯 SnO$_2$ 纳米片的 2.5 倍。其优异的高温气敏性能与两种半导体之间异质结结构和 SiC 材料高温性能稳定有关。

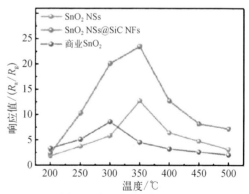

(a) SnO$_2$/SiC复合纤维SEM图　　　　　(b) SnO$_2$/SiC复合纤维高温气敏性能

图 1-14　SnO$_2$/SiC 复合纤维形貌与气敏性能

总之,静电纺纳米陶瓷纤维在气体传感中展现出优异的性能和应用潜力,研究最多的是金属氧化物半导体对还原性气体的响应。而由于其自身半导体特性缺陷,导致大部分氧化物在高温下的气敏性能迅速下降或消失。因此,需要开发新的纳米材料体系以满足高性能高温气体传感器的需求。同时,要利用静电纺丝的优势,扩展纳米陶瓷纤维的材料体系和形貌结构,提高纳米陶瓷纤维的响应值并加快响应时间。

2. 压力传感器

利用 SiC 的耐高温和压敏特性,可以制备 SiC 基压力传感器,用于监测航空发动机、燃气轮机和汽车发动机等系统中燃烧室内的压力等重要参数。研究表明,SiC 在 800℃下仍然具有稳定的压电性质。Marsi 等[54]以 3C-SiC 薄膜为隔膜制备了 MEMS 压力传感器,可在室温~500℃和常压~5 MPa 范围内稳定工作。Bi 等[55]通过原子力显微镜技术研究了单根氮掺杂的 n 型 SiC 纳米线的压电性能,发现 SiC 纳米线具有较好的压电性能,其检测响应值可达皮安级,并具有良好的可重现性,测试装置示意图和结果如图 1-15 所示。SiC 纳米线因其独特的结构和尺寸效应,在机械和电子性能上具有明显优势,有望提高 SiC 基压力传感器的性能。

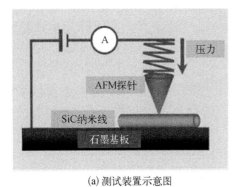
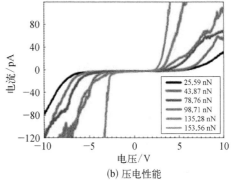

(a) 测试装置示意图   (b) 压电性能

图 1-15 单根 SiC 纳米线压电性能

3. 生物传感器

SiC 纳米材料具有较好的生物相容性、化学稳定性及无毒等特性,在生物传感领域也具有很好的应用前景。Yang 等[56]采用原子层沉积技术,在 SiC 微粒上沉积了 NiO 纳米颗粒[图 1-16(a)],制备出了稳定性好、响应值高、检测范围广的葡萄糖传感器,并通过实验对比发现,NiO/SiC 的性能要明显优于纯的 SiC 和商业的 NiO[图 1-16(b)]。研究结果表明,对 3C-SiC 进行化学功能处理,可以将其作为电化学电极应用在生物传感领域。此外,SiC 纳米材料在 DNA 酶链反应和细胞培养监测等领域也具有较好的应用前景。Williams 等[57]用氨丙基三乙氧基硅烷(APTES)和磺酸-N-羟基丁二酰亚胺-生物素酯钠(sulfo-NHS-biotin)溶液依次对 4H-SiC 进行了功能化和生物素化处理,在 SiC 表面形成了稳定的酰胺键,这使其对链霉亲和素和蛋白质分子具有很好的亲和性和选择性,有望做成物质检测生物传感器。Afroz 等[58]利用 SiC 很好的生物相容性制备了可移植的葡萄糖传感器,该传感器采用电磁波信号对不同浓度葡萄糖的共振频率进行分析,可实现非接触式连续监测。Yakimova 等[59]和 Oliveros 等[60]综述了不同 SiC 材料在生物传感领域的应用,一致认为 3C-SiC 是最有应用前景的生物传感器材料。

(a) NiO/SiC形貌图   (b) 葡萄糖传感性能

图 1-16　NiO/SiC 葡萄糖传感器

4. 其他传感器

Placidi 等[61]利用 3C-SiC 在高频条件下性能稳定特性,制备了兆赫兹环境下的振荡器,相比于常用的 Si 基传感器性能提高了 50%。Dakshinamurthy 等[62]发现 6H-SiC 对 632.8 nm 氦氖激光的折射率随温度变化而变化,可用于制备高温苛刻环境下的无线温度传感器。以多孔结构的 SiC 薄膜和 Al 作为电极,制备出了可在苛刻环境中(如:相对湿度 85%,温度 85℃的汽车排气管)稳定工作的湿度传感器。Peng 等[63]采用化学气相沉积法制备了 SiC 纳米线紫外感应传感器。最近,Sciuto 研究小组相继用 4H-SiC 和 6H-SiC 制备了紫外光电子传感器(图 1-17),并且具有较宽的波谱检测范围,其中 6H-SiC 基传感器还有望实现对可见光的检测。

理论和实验结果都表明,一维 SiC 纳米材料在传感领域表现出优异性能,特别是在极端环境下具有不可替代的优势。然而,关于一维 SiC 纳米材料传感器

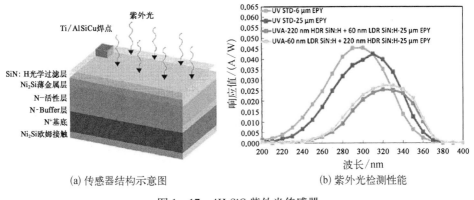

(a) 传感器结构示意图　　　　　　　(b) 紫外光检测性能

图 1-17　4H-SiC 紫外光传感器

在实际应用中的报道较少。这主要是由于难以实现一维 SiC 纳米材料结构和形貌的精确控制,并且其性能尚未达到实际应用的要求。因此,探索一维 SiC 纳米材料的可控生长技术,进一步提高其比表面积、孔结构及力学性能;并从传感器的原理出发,通过表面化学功能化处理或贵金属修饰等方法进一步提高其气敏、压敏和生物电化学响应等性能,是未来一维 SiC 纳米材料传感器的重要研究方向。

1.3.2　能源环保领域的应用

相比于 SiC 粉末或纳米线,介孔 SiC 纳米纤维具有连续的载流子迁移路径、比表面积更大、不易团聚和便于回收等优点。鉴于碳化硅材料具有半导体特性和优异的环境稳定性,因此在光催化、电容器、催化剂载体、过滤领域都具有应用潜力。

作者通过调控碳热反应温度和时间,制备了可控含量自由碳(质量分数为 0~17.2%)原位嵌入的 SiC 纳米纤维(SiC NFs-Cx)。利用"电子-空穴双转移"的方法,大大提高了 SiC NFs 的光催化产氢性能。模拟太阳光照射下,在 pH 为 14 的溶液中的 SiC NFs-C3.2 的产氢速率最高可达 180.2 $\mu mol/(g \cdot h)$;在 $\lambda >$ 450 nm 的可见光下的产氢速率为 31.0 $\mu mol/(g \cdot h)$,高于文献报道的纳米 SiC 基光催化材料的产氢速率。相同条件下,SiC NFs-C3.2 的产氢速率是 SiC NWs 的 2.4 倍,如图 1-18 所示。

作者制备了柔性 SiC 纳米纤维膜,具有优异的疏水特性、耐高温耐腐蚀性能以及良好的力学性能,在腐蚀性油水混合溶液的分离领域具有应用潜力。图 1-19(a) 为简易的油水分离装置示意图,将 5 cm×5 cm 的柔性 SiC 纳米纤维膜放置在过滤器中间位置。待过滤的油水混合液是由 1 mL 亚甲基蓝的水溶液

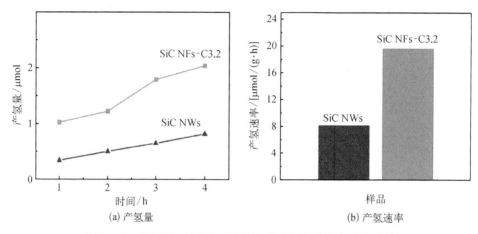

(a) 产氢量

(b) 产氢速率

图 1-18　SiC NFs-C3.2 与 SiC NWs 的产氢量和产氢速率比较

(a) 油水分离装置图

(b) 过滤前后乳液的光学及显微照片

图 1-19　SiC-0.5Pd 纤维膜油水分离实验结果

加入 50 mL 石蜡中经高速搅拌获得的。过滤前的混合液在显微镜中可明显看到许多水相液滴[图 1-19(b)]。将浅蓝色的油水混合液加入至过滤器中,经疏水性 SiC-0.5Pd 纤维膜过滤后,溶液变无色透明。在显微镜下观察过滤后的溶液,未发现水相液滴,说明 SiC-0.5Pd 纤维膜能够起到油水分离的作用,再次证明 SiC-0.5Pd 纤维膜优异的疏水性能。

浙江大学的 Gu 等[64]采用 CVD 法在 SiC 纳米线上生长了 Ni(OH)$_2$,这种核-

壳结构的复合材料表现出 1 724 F/g 的高比电容,即使在 100 A/g 的高充放电倍率下其比电容也保持在 1 412 F/g。最近,清华大学的 Chen 等[65]还制备了柔性的 N 掺杂 SiC 纳米线超级电容器。这种电容器在单位面积的电容量为 4.8 mF/cm,同时还具有高能量密度($1.2×10^{-4}$ mW·h/cm)和高功率密度(72.3 mW/cm),能够在 30 V/s 的超高速率下使用,高出传统超级电容器的 2 倍。特别是在弯折和扭曲的状态下,其比电容基本没有变化。

　　Wu 等[66]利用碳化硅纤维优异的环境稳定性,通过化学沉积法在静电纺丝制备的纳米 SiC 纤维上负载金属镍,研究了温度、沉积时间和纤维表面组分对金属镍形貌和含量的影响,最终在纤维表面均匀沉积 60 nm 的金属镍层(图 1-20),并展望其在超级电容器和电磁屏蔽领域的潜在应用。

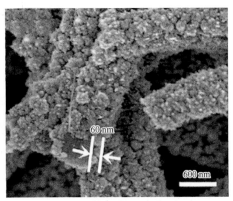

(a) 放大 2 000 倍　　　　　　　　　　　　　　(b) 放大 50 000 倍

图 1-20　Ni@SiC 纳米纤维微观形貌图

1.3.3　高性能复合材料领域的应用

　　陶瓷材料因其优异的力学和耐温性能,在工业中具有重要地位。但陶瓷材料自身的脆性特征,限制了其广泛应用。而一维碳化硅材料力学性能优异,可以改善陶瓷材料的韧性和强度。Huang 等[67]通过在制备多孔氧化铝中空纤维膜的过程中加入碳化硅纳米线,极大改善了纤维膜的力学性能。经研究表明,如图 1-21 所示,当碳化硅纤维添加量为 5% 时,可以将陶瓷膜的弯曲强度由 154 MPa 提升至 218 MPa,并且将陶瓷膜的孔隙率提升至 41.7%,对于高温气体过滤的实际应用具有重要意义。

　　Wongmaneerung 等[68]在铁磁性材料 $PbTiO_3$ 中引入碳化硅纳米纤维,通过物

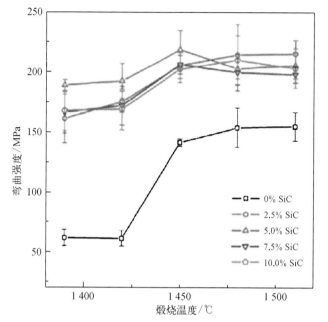

图 1-21　SiC 纤维添加量对陶瓷膜弯曲强度的影响

理混合和高温煅烧,制备了碳化硅纳米纤维增强的 PbTiO₃复合材料。研究表明,如图 1-22 所示,质量分数 0.1%碳化硅纤维的引入降低了 PbTiO₃的晶粒尺寸,并明显提升了复合材料的力学性能。同时,碳化硅对材料的介电性能产生了重要影响。

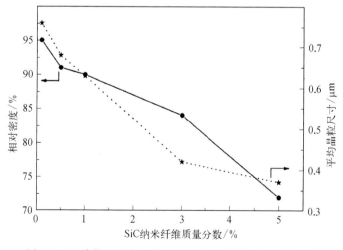

图 1-22　碳化硅纳米纤维对 PbTiO₃复合材料性能的影响

参 考 文 献

［ 1 ］ 赵大方.SA 型碳化硅纤维的连续化技术研究.长沙:国防科学技术大学,2008.

［ 2 ］ Zhou D, Seraphin S. Production of silicon carbide whiskers from carbon nanoclusters. Chemical Physics Letters, 1994, 222(3): 233 – 238.

［ 3 ］ Krans J M, van Ruitenbeek J M, Fisun V V, et al. The signature of conductance quantization in metallic point contacts. Nature, 1995, 375(6534): 767 – 769.

［ 4 ］ Han W, Fan S, Li Q, et al. Continuous synthesis and characterization of silicon carbide nanorods. Chemical Physics Letters, 1997, 265(3 – 5): 374 – 378.

［ 5 ］ Sun X H, Li C P, Wong W K, et al. Formation of silicon carbide nanotubes and nanowires via reaction of silicon (from disproportionation of silicon monoxide) with carbon nanotubes. Journal of the American Chemical Society, 2002, 124(48): 14464 – 14471.

［ 6 ］ Yang Y, Meng G, Liu X, et al. Aligned SiC porous nanowire arrays with excellent field emission properties converted from Si nanowires on silicon wafer. The Journal of Physical Chemistry C, 2008, 112(51): 20126 – 20130.

［ 7 ］ Ye H, Titchenal N, Gogotsi Y, et al. SiC nanowires synthesized from electrospun nanofiber templates. Advanced Materials, 2005, 17(12): 1531 – 1535.

［ 8 ］ Li Z, Zhang J, Meng A, et al. Large-area highly-oriented SiC nanowire arrays: synthesis, Raman, and photoluminescence properties. The Journal of Physical Chemistry B, 2006, 110(45): 22382 – 22386.

［ 9 ］ Yang W, Araki H, Hu Q, et al. In situ growth of SiC nanowires on RS-SiC substrate(s). Journal of Crystal Growth, 2004, 264(1 – 3): 278 – 283.

［10］ Jeong S M, Seo W S, Jung I H, et al. Thermodynamic analysis of the synthesis of silicon carbide nanofibers from exfoliated graphite and amorphous silica. CrystEngComm, 2014, 16(12): 2348 – 2351.

［11］ Li G, Li X, Chen Z, et al. Large areas of centimeters-long SiC nanowires synthesized by pyrolysis of a polymer precursor by a CVD route. The Journal of Physical Chemistry C, 2009, 113(41): 17655 – 17660.

［12］ Meng G W, Cui Z, Zhang L D, et al. Growth and characterization of nanostructured β-SiC via carbothermal reduction of SiO_2 xerogels containing carbon nanoparticles. Journal of Crystal Growth, 2000, 209(4): 801 – 806.

［13］ Chen J, Ding L, Xin L, et al. Thermochemistry and growth mechanism of SiC nanowires. Journal of Solid State Chemistry, 2017, 253: 282 – 286.

［14］ Dong Z, Meng J, Zhu H, et al. Synthesis of SiC nanowires via catalyst-free pyrolysis of silicon-containing carbon materials derived from a hybrid precursor. Ceramics International, 2017, 43: 11006 – 11014.

［15］ Maroufi S, Mayyas M, Sahajwalla V. Novel synthesis of silicon carbide nanowires from e-waste. ACS Sustainable Chemistry & Engineering, 2017, 5(5): 4171 – 4178.

[16] Qiao W M, Lim S Y, Yoon S H, et al. Synthesis of crystalline SiC nanofiber through the pyrolysis of polycarbomethylsilane coated platelet carbon nanofiber. Applied Surface Science, 2007, 253(10): 4467 - 4471.

[17] Cheng Y, Zhang J, Zhang Y, et al. Preparation of hollow carbon and silicon carbide fibers with different cross-sections by using electrospun fibers as templates. European Journal of Inorganic Chemistry, 2010, 2009(28): 4248 - 4254.

[18] 冯春祥, 宋永才, 谭自烈. 元素有机化合物及其聚合物. 长沙: 国防科技大学出版社, 1999.

[19] Fritz G, Raabe B. Bildung siliciumorganischer Verbindungen. V. Die Thermische Zersetzung von Si(CH$_3$)$_4$ und Si(C$_2$H$_5$)$_4$. Zeitschrift Für Anorganische Chemie, 1956, 286(3 - 4): 149 - 167.

[20] Yajima S, Hayashi J, Omori M. Continuous silicon carbide fiber of high tensile strength. Chemistry Letters, 1975, 4(9): 931 - 934.

[21] Yue Y. Synthesis of silicon carbide fibers from polycarbosilane by electrospinning method. Clemson: Clemson University, 2014.

[22] Sarkar S, Chunder A, Fei W, et al. Superhydrophobic mats of polymer-derived ceramic fibers. Journal of the American Ceramic Society, 2008, 91(8): 2751 - 2755.

[23] Yu Y, Chen Y, An L. Flexible hydrophobic and lipophilic aluminum-doped silicon carbide fibrous mats synthesized by electrospinning polyaluminocarbosilane. International Journal of Applied Ceramic Technology, 2014, 11(4): 699 - 705.

[24] Eick B M, Youngblood J P. SiC nanofibers by pyrolysis of electrospun preceramic polymers. Journal of Materials Science, 2009, 44(1): 160 - 165.

[25] Liu H A, Balkus Jr K J. Electrospinning of beta silicon carbide nanofibers. Materials Letters, 2009, 63(27): 2361 - 2364.

[26] Choi S H, Youn D Y, Jo S M, et al. Micelle-mediated synthesis of single-crystalline β(3C)-SiC fibers via emulsion electrospinning. ACS Applied Materials & Interfaces, 2011, 3(5): 1385 - 1389.

[27] Pei L Z, Tang Y H, Zhao X Q, et al. Single crystalline silicon carbide nanorods synthesized by hydrothermal method. Journal of Materials Science, 2007, 42(13): 5068 - 5073.

[28] Xi G, Peng Y, Wan S, et al. Lithium-assisted synthesis and characterization of crystalline 3C-SiC nanobelts. The Journal of Physical Chemistry B, 2004, 108(52): 20102 - 20104.

[29] Li Y B, Xie S S, Zou X P, et al. Large-scale synthesis of β-SiC nanorods in the arc-discharge. Journal of Crystal Growth, 2001, 223(1 - 2): 125 - 128.

[30] Sundaresan S G, Davydov A V, Vaudin M D, et al. Growth of silicon carbide nanowires by a microwave heating-assisted physical vapor transport process using group VIII metal catalysts. Chemistry of Materials, 2007, 19(23): 5531 - 5537.

[31] Ledoux M J, Hantzer S, Pham-Huu C, et al. New synthesis and uses of high-specific-surface SiC as a catalytic support that is chemically inert and has high thermal resistance. Journal of Catalysis, 1988, 114(88): 176 - 185.

[32] Hoffmann C, Biemelt T, Lohe M R, et al. Nanoporous and highly active silicon carbide

supported CeO$_2$-atalysts for the methane oxidation reaction. Small, 2014, 10(2): 316－322.

[33] Liu Y, Florea I, Ersen O, et al. Silicon carbide coated with TiO$_2$ with enhancing cobalt active phase dispersion for Fischer-Tropsch synthesis. Chemical Communications, 2015, 51(1): 145－148.

[34] Hunter G W, Neudeck P G, Chen L Y, et al. SiC-based schottky diode gas sensors. Materials Science Forum, 1998, (264－268): 1093－1096.

[35] Gao G, Kang H S. First Principles study of NO and NNO chemisorption on silicon carbide nanotubes and other nanotubes. Journal of Chemical Theory and Computation, 2008, 4(10): 1690－1697.

[36] Kim K, Chung G. Fast response hydrogen sensors based on palladium and platinum/porous 3C-SiC Schottky diodes. Sensors and Actuators B, 2011, 160(1): 1232－1236.

[37] Chen J, Zhang J, Wang M, et al. High-temperature hydrogen sensor based on platinum nanoparticle-decorated SiC nanowire device. Sensors and Actuators B, 2014, 201(4): 402－406.

[38] Gao Y, Wang Y, Wang Y. Photocatalytic hydrogen evolution from water on SiC under visible light irradiation. Reaction Kinetics and Catalysis Letters, 2007, 91(1): 13－19.

[39] Zhou X, Gao Q, Lia X, et al. Ultra-thin SiC layers covered graphene nanosheets as advanced photocatalysts for hydrogen evolution. Journal of Materials Chemistry A, 2015, 3: 10999－11005.

[40] Zhang X, Chen Y, Xie Z, et al. Shape and doping enhanced field emission properties of quasialigned 3C-SiC nanowires. The Journal of Physical Chemistry C, 2010, 114(18): 8251－8255.

[41] Kim M, Kim J. Development of high power and energy density microsphere silicon carbide-MnO$_2$ nanoneedles and thermally oxidized activated carbon asymmetric electrochemical supercapacitors. Physical Chemistry Chemical Physics, 2014, 16(23): 11323－11336.

[42] Yu M, Dong R H, Yan X, et al. Recent advances in needleless electrospinning of ultrathin fibers: from academia to industrial production. Macromolecular Materials and Engineering, 2017, 302: 1700002.

[43] Zeng J, Xu X, Chen X, et al. Biodegradable electrospun fibers for drug delivery. Journal of Controlled Release, 2003, 92(3): 227－231.

[44] Choi S W, Kim J R, Ahn Y R, et al. Characterization of electrospun PVDF fiber based polymer electrolytes. Chemistry of Materials, 2007, 19(1): 104－105.

[45] Choi S S, Lee S G, Im S S, et al. Silica nanofibers from electrospinning/sol-gel process. Journal of Materials Science Letters, 2003, 22(12): 891－893.

[46] Li D, Xia Y. Fabrication of titania nanofibers by electrospinning. Nano letters, 2003, 3(4): 555－560.

[47] Li D, Xia Y. Direct fabrication of composite and ceramic hollow nanofibers by electrospinning. Nano Letters, 2004, 4(5): 933－938.

[48] Li G, Xie T, Yang S, et al. Microwave absorption enhancement of porous carbon fibers compared with carbon nanofibers. The Journal of Physical Chemistry C, 2012, 116(16):

9196 - 9201.

[49] Yang Y, Centrone A, Chen L, et al. Highly porous electrospun polyvinylidene fluoride (PVDF)-based carbon fiber. Carbon, 2011, 49(11): 3395 - 3403.

[50] Shin D, Riu D, Kim H. Web-type silicon carbide fibers prepared by the electrospinning of polycarbosilanes. Journal of Ceramic Processing Research, 2008, 9(2): 209 - 214.

[51] Hou H, Gao F, Wei G, et al. Electrospinning 3C-SiC mesoporous fibers with high purities and well-controlled structures. Crystal Growth & Design, 2012, 12(1): 536 - 539.

[52] Wang H Y, Wang Y Q, Hu Q F, et al. Capacitive humidity sensing properties of SiC nanowires grown on silicon nanoporous pillar array. Sensors and Actuators B: Chemical, 2012, 166: 451 - 456.

[53] Li G, Ma J, Peng G, et al. Room-temperature humidity-sensing performance of SiC nanopaper. ACS Applied Materials & Interfaces, 2014, 6(24): 22673 - 22679.

[54] Marsi N, Majlis B Y, Hamzah A A, et al. Development of high temperature resistant of 500℃ employing silicon carbide (3C-SiC) based MEMS pressure sensor. Microsystem Technologies, 2015, 21(2): 319 - 330.

[55] Bi J, Wei G, Wang L, et al. Highly sensitive piezoresistance behaviors of n-type 3C-SiC nanowires [J]. Journal of Materials Chemistry C, 2013, 1(30): 4514 - 4517.

[56] Yang P, Tong X, Wang G, et al. NiO/SiC nanocomposite prepared by atomic layer deposition used as a novel electrocatalyst for nonenzymatic glucose sensing. ACS Applied Materials & Interfaces, 2015, 7(8): 4772 - 4777.

[57] Williams E H, Davydov A V, Motayed A, et al. Immobilization of streptavidin on 4H-SiC for biosensor development. Applied Surface Science, 2012, 258(16): 6056 - 6063.

[58] Afroz S, Thomas S W, Mumcu G, et al. Implantable SiC based RF antenna biosensor for continuous glucose monitoring. IEEE Sensors, 2013: 1 - 4.

[59] Yakimova R, Petoral Jr R M, Yazdi G R, et al. Surface functionalization and biomedical applications based on SiC. Journal of Physics D: Applied Physics, 2007, 40(20): 6435.

[60] Oliveros A, Guiseppi-Elie A, Saddow S E. Silicon carbide: a versatile material for biosensor application. Biomedical microdevices, 2013, 15(2): 353 - 368.

[61] Placidi M, Godignon P, Mestres N, et al. Fabrication of monocrystalline 3C-SiC resonators for MHz frequency sensors applications. Sensors and Actuators B: Chemical, 2008, 133(1): 276 - 280.

[62] Dakshinamurthy S, Quick N R, Kar A. Temperature-dependent optical properties of silicon carbide for wireless temperature sensors. Journal of Physics D: Applied Physics, 2007, 40(2): 353.

[63] Peng G, Zhou Y, He Y, et al. UV-induced SiC nanowire sensors. Journal of Physics D: Applied Physics, 2015, 48(5): 055102.

[64] Gu L, Wang Y, Lu R, et al. Silicon carbide nanowires@ Ni(OH)$_2$ coreeshell structures on carbon fabric for supercapacitor electrodes with excellent rate capability. Journal of Power Sources, 2015, 273: 479 - 485.

[65] Chen Y, Zhang X, Xie Z. Flexible nitrogen doped SiC Nanoarray for ultrafast capacitive

energy storage. ACS Nano, 2015, 9 (8): 8054 – 8063.

[66] Wu N, Ju S, Wang Y D, Chen D D. Fabrication of Ni @ SiC composite nanofibers by electrospinning and autocatalytic electroless plating techniques. Results in Physics, 2019, 12: 853 – 858.

[67] Xu G, Wang K, Zhong Z, et al. SiC nanofiber reinforced porous ceramic hollow fiber membranes. Journal of Materials Chemistry A, 2014, 2: 5841 – 5846.

[68] Wongmaneerung R, Singjai P, et al. Effects of SiC nanofibers addition on microstructure and dielectric properties of lead titanate ceramics. Journal of Alloys and Compounds, 2009, 475: 456 – 462.

第 2 章　静电纺丝制备超细 SiC 纤维

先驱体转化法在制备非氧化物陶瓷纤维方面具有很多优势,例如先驱体可设计性强,纤维组成和结构可控等。从 PCS 出发,通过先驱体转化法制备 SiC 纤维是目前公认最为重要的 SiC 纤维制备途径,其过程主要分为 PCS 先驱体合成、纺丝、不熔化及高温烧成四步。通常来说,采用熔融纺丝法制备的连续 SiC 纤维直径相对较粗($10\sim15\ \mu m$)。静电纺丝是制备微纳纤维的理想方法之一,所制备的微纳纤维尺寸和形貌易于调控。影响静电纺丝的因素很多,主要分为三大类:一类是聚合物溶液性质,主要包括聚合物分子量、溶剂沸点、溶液的动态黏度、弹性模量、表面张力、导电率、介电常数等;第二类是与纺丝工艺相关的控制参数,主要包括溶液流量、喷头到接收器的距离、应用电压、电流等;第三类是环境因素,主要包括温度、气压、空气介电常数、环境湿度等。其中,第一、第二类因素是影响静电纺丝的主要因素,是人们在采用静电纺丝法制备微纳纤维时的研究重点。本章将从 PCS 纺丝溶液的性质和静电纺丝工艺两个方面出发讲述 PCS 超细纤维的制备及无机化制备超细 SiC 纤维过程,对超细 SiC 纤维的组成和结构进行分析和表征。

2.1　纺丝溶液的性质

2.1.1　PCS 先驱体的组成结构

一般而言,采用溶液静电纺丝法制备纤维的高聚物,必须能溶于一些常见溶剂,以及具有充分的成纤能力和随后使纤维强化的能力,这样才能保证最终得到的纤维具有一定的综合性能。作为纺制超细 SiC 纤维先驱体的 PCS 还应该满足如下几点要求[1]:① 组成中非目标元素少,陶瓷转化率高;② 具有稳定结构,或可在热分解前转化为稳定结构;③ 分子结构中有活性基团,可进行反应得到稳定结构或交联结构;④ 先驱体分子支化度小,成丝性好。

理想的 PCS 是以—CH_2—$SiH(CH_3)$—为骨架的线性长链结构,但研究发现 PCS 中还存在着 SiC_3H 和 SiC_4 两种结构单元,由此推断其中存在着环状或支链结构,从而进一步提出 PCS 的结构模型[2],如图 2-1 所示。

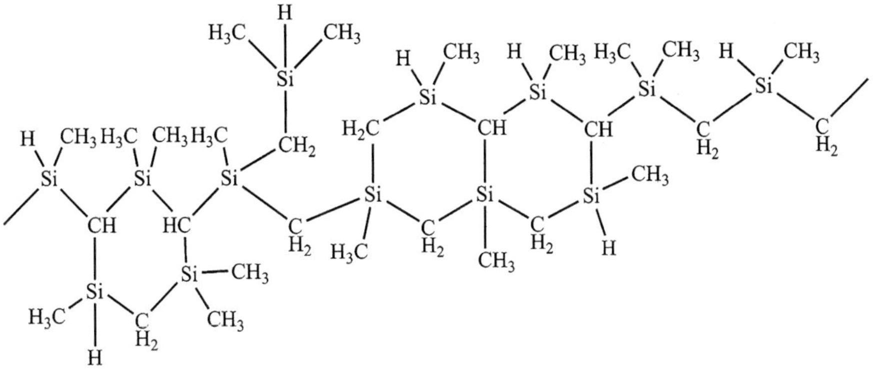

图 2-1　PCS 的分子结构模型

可见,与一般的高分子聚合物相比,PCS 是一种分子量很低、支化度较高且多分散的有机聚合物,分子排列紧密,数均分子量一般在 1 000～2 000 之间。且 PCS 是多种聚合物的混合物,分子量具有高分散性。PCS 的分子量及其分布对 PCS 溶液的纺丝乃至最终纤维的性能都有着极大的影响。由于 PCS 具有分子量低、支化度较高的结构特点,聚合物溶液必须具有足够的分子链缠结才能具备较好的纺丝性能,这就要求 PCS 纺丝溶液必须具有很高的溶液浓度。但另一方面,高浓度的 PCS 纺丝溶液会导致溶液黏度过大,为静电纺丝带来困难。如果 PCS 分子量太大,由于 PCS 大部分已经形成网状交联结构,支化度大,流动性能较差,难以配制出可纺性较好的高浓度纺丝溶液。因此,只有处于一定分子量范围的 PCS 才适合进行静电纺丝,且在纺丝条件允许的情况下,希望 PCS 的分子量尽可能地高。

通常情况下,所采用的 PCS 是常压合成后再经减压蒸馏而得的。图 2-2 是样品 PCS1、PCS2 进行减压蒸馏前后的凝胶渗透色谱(gel permeation chromatography, GPC)谱图,其中 PCS1-1 和 PCS1-2 分别是样品 PCS1 进行减压蒸馏前和减压蒸馏后的 GPC 淋洗曲线,PCS2-1 和 PCS2-2 分别是样品 PCS2 进行减压蒸馏前和减压蒸馏后的 GPC 淋洗曲线。从图 2-2 中可以看出,减压蒸馏后,GPC 淋洗曲线整体向左移动,即向高分子量方向移动,且高分子量部分所占的比重也明显增大,分子量分布变窄。

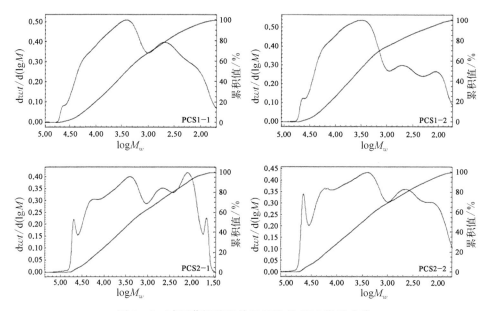

图 2-2　减压蒸馏处理前后 PCS 的 GPC 淋洗曲线

　　表 2-1 是样品 PCS1、PCS2 进行减压蒸馏前后的重均分子量及其分子量分布情况。从表中可知,通过减压蒸馏可以除去溶剂二甲苯和小分子量的 PCS,提高 PCS 的重均分子量,同时使其分子量分布变窄。重均分子量偏低的样品 PCS1 提高的幅度较分子量较高的样品 PCS2 要大。这说明减压蒸馏对提高低分子量 PCS 样品的分子量效果更明显。这是因为,高分子量的 PCS 样品中小分子所占的比重较小,减压蒸馏出的小分子由于数量较少,对整个样品的平均分子量影响也就比较小。要进一步提高 PCS 的分子量,可以采用沉淀分级的方法。

表 2-1　减压蒸馏前后 PCS 的重均分子量

样品编号	减压蒸馏前		减压蒸馏后	
	$\overline{M_w}$	$\overline{M_z}/\overline{M_w}$	$\overline{M_w}$	$\overline{M_z}/\overline{M_w}$
PCS1	6 486	2.92	7 731	2.62
PCS2	8 413	3.46	9 350	2.99

　　研究发现,PCS 的分子量与其软化点之间存在密切关系[3]。通常,分子量随软化点的升高而升高,因此可以通过软化点的高低来简单地反映 PCS 分子量的大小。图 2-3 是 PCS 的软化点与重均分子量的关系曲线图。可见,软化点低于 340℃时,PCS 软化点与分子量之间近乎线形关系。本章所述 PCS 的软化点在 230℃至 340℃之间。

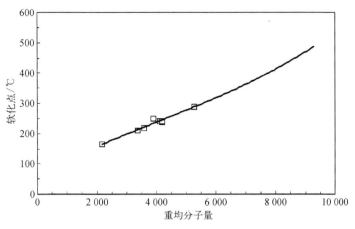

图 2-3 PCS 的软化点与重均分子量的关系

2.1.2 溶剂的选择

对于 PCS 而言,选择溶剂的主要原则是相似相溶原理,也就是溶度参数相近的物质其相容性也较好。因此,配制 PCS 溶液对溶剂的首要要求就是溶剂必须是 PCS 的良溶剂。其次是溶剂要与 PCS 极性相近。此外还要求溶剂:① 具有适当的溶解度;② 具有适当的沸点;③ 具有足够的热及化学的稳定性,在溶解聚合物时不产生分解等化学反应,且易回收;④ 溶剂的毒性小,且化学上是惰性的;⑤ 溶剂不与聚合物起反应;⑥ 价格低廉,来源广泛。

实验表明[4],PCS 的溶度参数是 9.0 cal/cm$^{3/2}$。表 2-2 列出了溶度参数在 9.0 cal/cm$^{3/2}$ 左右一系列溶剂及其性质。根据理论分析并结合具体的实验从中选择适合 PCS 静电纺丝的最佳溶剂。

表 2-2 几种溶剂的性质

溶 剂	溶解度 g/100 mL	蒸发热 kJ/mol	密度 g/cm^3	沸点 ℃	溶度参数 cal/cm$^{3/2}$	黏度 mPa·s	表面张力 mN/m
二甲苯	192.7	41.6	0.865 0	144.4	9.0	0.603	28.08
甲苯	184.3	36.0	0.866 9	110.6	8.9	0.587	28.53
环己烷	102.6	32.9	0.778 1	80.7	8.2	0.888	24.38
正己烷	98.7	32.0	0.660 0	69.0	7.3	0.307	17.90
四氯化碳	172.5	34.7	1.594 0	76.5	8.6	0.965	26.77
氯仿	154.2	31.5	1.483 2	61.7	9.3	0.563	27.14
乙腈	<10.0	34.3	0.771 4	46.2	10.0	0.325	27.80
1,1,1-三氯乙烷	45.5	32.3	1.349 2	74.1	8.5	0.903	25.56
四氢呋喃	76.9	98.1	0.889 2	66.0	9.9	0.470	26.40

　　从表 2-2 中的数据可以看出,所列出的一系列常见溶剂的溶度参数都和 PCS 的溶度参数接近,理论上,它们与 PCS 都具有较好的相容性,应该能够很好地溶解,但由于分子间作用力等诸多其他因素,这些溶剂与 PCS 的溶解性并不相同。从表中数据中可以看出,这些溶剂溶解聚碳硅烷的能力是不一样的,溶解度最大的二甲苯,溶解度最大可达 192.7 g/100 mL,溶解度最小的乙腈却不到 10 g/100 mL。若从溶解能力出发,应选择二甲苯、甲苯、四氯化碳、氯仿等。

　　除了溶度参数、溶解能力之外,溶剂的挥发性也是必须考虑的[5]。静电纺丝的过程就是从喷头出来的聚合物细流受到多种力(重力、外电场力、电荷斥力、表面张力、黏性力)的共同作用,从而产生对称和非对称不稳定鞭动,细流在鞭动过程中受到拉伸而细化,并且细流由于溶剂在整个过程中挥发而固化,最后形成细直径纤维。溶剂的挥发性必须适宜,如果溶剂挥发过快,会使射流在被拉成均匀细丝前就发生凝固,形成串珠结构等;如果溶剂挥发过慢,则射流到达接收装置时还来不及固化,会在接收板上凝聚成小液滴,或者发生融并,无法形成纤维形状。从表 2-2 可知,这些溶剂挥发性相差不大,即挥发性在这几种溶剂的选择中影响较小。

　　溶剂的表面张力也对静电纺丝过程具有较大的影响。在电纺过程的初级阶段,带电荷溶液需要克服其表面张力才能喷射出细流。然而在喷流运行过程中,表面张力是引起珠状物产生的主要原因,这主要是由于表面张力使溶液的表面积尽量缩小,降低了单位体积溶液表面积的作用,从而使溶液细流变成球型。所以需要降低表面张力,使溶液细流的表面积尽可能地增加,减小单位体积表面积的作用,减少珠状物的产生使溶液细流变得更细。

　　综合考虑以上各个要素,分别采用二甲苯、四氢呋喃、正己烷这三种溶剂配制纺丝溶液。将这三种溶剂都分别配制成浓度为 60%*、50%、40% 的纺丝溶液,进行静电纺丝试验。纺丝实验条件为:溶液推进速度为 50 μm/min、电压 20 kV、接收距离 20 cm、纺丝喷头直径为 0.8 mm。对于溶液可纺性的判断,这里定义为当出现以下情形时溶液不可纺:① 发生静电喷雾,收集到的是液滴或少量短纤维;② 射流过程溶剂挥发过慢,射流到达接收板前溶合在一起的概率比溶剂挥发快者大;③ 黏度低于一个临界值,射流在飞行中发生断裂,或纤维在接收板上发生溶并。表 2-3 是采用不同溶剂配制的 PCS 纺丝溶液的静电纺丝结果。可见,当采用二甲苯为溶剂,溶液浓度为 40% 时,PCS 溶液具有较好的可纺性。

———————————————

　*　本书若无特殊说明均为质量分数。

表 2-3　溶剂选择平行实验表

溶　剂	浓度	实 验 现 象	可纺性判断
二甲苯	60%	喷头处有滴状颗粒	不可纺
	50%	喷头处有喷雾现象	不可纺
	40%	接收板上可得到超细纤维	可纺
四氢呋喃	60%	喷头处形成滴状颗粒	不可纺
	50%	喷头处形成液滴	不可纺
	40%	喷头处容易形成絮状物,接收板上得到颗粒	不可纺
正己烷	60%	溶液挤出后呈扭曲棒状,不能喷丝	不可纺
	50%	喷头易堵塞,可观察到喷雾现象	不可纺
	40%	明显观察到喷丝/雾现象	不可纺

　　图 2-4 是分别采用正己烷、四氢呋喃、二甲苯作为溶剂进行电纺实验所得纤维原丝的光学显微镜图。采用正己烷和四氢呋喃作为溶剂时,PCS 溶液的纺丝性都很差,只能得到 PCS 溶液液滴。以二甲苯作为溶剂时,PCS 溶液具有较好的可纺性,也能制备出形貌较好的 PCS 超细原纤维。所以,选用二甲苯为溶剂可得到具有良好可纺性的纺丝溶液,进一步通过静电纺丝可以制备出 PCS 原纤维。

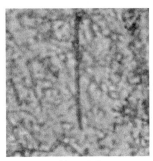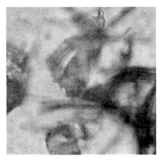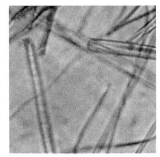

　　(a) 正己烷　　　　　　　　　(b) 四氢呋喃　　　　　　　　　(c) 二甲苯

图 2-4　三种溶剂体系纺丝实验结果光学显微图

2.1.3　纺丝溶液的性质

　　纺丝溶液的性能对静电纺丝具有至关重要的影响。纺丝溶液可纺性的好坏在很大程度与溶液的黏度有关,其中溶液浓度和温度是影响溶液黏度的关键因素。因此,研究溶液的黏度与溶液浓度及温度的关系尤为必要。

1. 溶液浓度对黏度的影响

　　一般情况下,溶液的黏度是随着溶液的浓度的增大而增大,且温度越低,溶液黏度增加趋势越明显。在一定聚合物分子量、一定温度和压力下,溶液浓度与黏度之间有着对应关系,通常黏度与浓度之间可以用如下的经验关系式表示[6]:

$$\lg \eta = A + Bc^{-1/2} \qquad (2-1)$$

其中,η 是溶液的黏度,c 是溶液的浓度,A、B 是常数。

图 2-5 是 PCS 与二甲苯混合溶液在不同温度下黏度与浓度之间的关系曲线图。

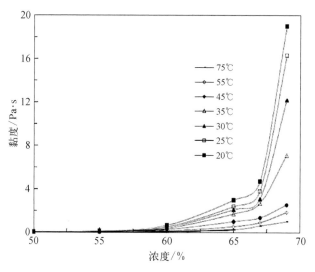

图 2-5　PCS 的黏度-浓度关系曲线

从图 2-5 可以看出:PCS 溶液的黏度随 PCS 浓度的升高而增加,且低温溶液的变化趋势比高温溶液更为明显。PCS 的浓度对溶液黏度的影响可分成三个区段,在 PCS 浓度低于 60%时,溶液的黏度较小,溶液浓度对黏度的影响也较小,黏度随浓度的增大而略有增加;当溶液浓度在 60%~67%之间时,溶液的黏度开始随 PCS 浓度的增加有明显的上升,但上升幅度仍然不是很大;随着溶液浓度的继续升高,当浓度超过 67%时,黏度随溶液浓度的升高发生突变,黏度急剧增加,这表明 PCS-5/二甲苯溶液的黏度突变点为 67%。这是因为当浓度低于 60%时,溶液中 PCS 分子数量相对较少,溶液较稀,黏度不大,升高浓度对黏度增加的影响较小;溶液浓度在 60%~67%之间时,由于溶液中 PCS 分子数量相对较多,溶液变稠,黏度较低浓度区有更明显的变大;当浓度高于 67%时,溶液接近饱和,溶液中 PCS 的少量增加就能引起溶液黏度的显著升高,会出现黏度随浓度的增加成指数上升趋势。因此,进行纺丝时要精确控制溶液的浓度。

对图 2-5 作双对数曲线处理,结果表明 lgη～lg$c$ 呈线性关系,如下式所示:

$$\lg \eta = A + B\lg c \tag{2-2}$$

斜率 B 的物理意义是黏度对溶液浓度敏感程度的度量。将 PCS 在 20℃、25℃、35℃、45℃、55℃ 和 75℃ 时所对应的斜率 B 列于表 2-4。

表 2-4　PCS/二甲苯溶液 lgη～lg$c$ 斜率(B)

T/℃	20	25	35	45	55	75
B	12.74	12.59	11.87	11.39	10.89	9.91

从表 2-4 可以看出,斜率 B 随温度的升高而减小,表明溶液浓度对黏度的影响程度随温度的升高而下降,温度越低,黏度对浓度越敏感,浓度对黏度的影响也就越大。

2. 温度对黏度的影响

一般情况下,聚合物溶液黏度随着温度的降低而升高。图 2-6 是 PCS/二甲苯溶液的黏度-温度曲线。

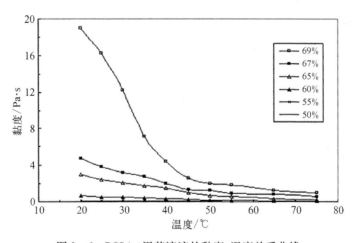

图 2-6　PCS/二甲苯溶液的黏度-温度关系曲线

由图 2-6 可以看出:PCS 溶液的黏度是随着温度的升高而降低的,且高浓度溶液受温度变化的影响更明显。温度对 PCS 溶液黏度的影响可明显分为两个区域,在温度高于 45℃ 时,PCS 溶液的黏度比较小,随温度的降低而增加的幅度并不太明显,温度对溶液黏度的影响并不显著;在温度低于 45℃ 时,由于浓度的不同而使温度对黏度的影响表现出很大的差异,对于高浓度溶液(69%),温度的细微变化都会对黏度造成显著的影响,随着温度的降低,黏度急剧增大;而对于低浓度溶液(<67%),由于溶液比较稀,在低温时黏度也比较小,因此受温度的影响也就比较小。对于浓度大于65%的溶液,在温度为45℃时存在一个黏度突变点,浓度为69%的溶液突变最为明显。在高温时,溶液中的分子热运动比较剧烈,PCS分子的活动能力大,大分子的缠绕和解缠速度相当,溶液黏度较小,随着温度的降低,黏度有较小幅度的增大;而在温度降低的过程中,分子热运动剧烈程度越来越小,分子活动能力下降,大分子的解缠速度明显小于缠结速度,黏度增大,在温度低于45℃时,分子的热运动已经变得比较微弱,温度的细微降低就可以引起黏度的急剧升高。综上所述,通过采用不同浓度,控制不同温度可以使PCS/二甲苯溶液具有不同的黏度,而这为静电纺丝工艺时需要调控溶液黏度提供了足够的操作空间。

2.2　PCS超细纤维静电纺丝工艺研究

上一节主要从聚合物溶液性质的角度讨论了静电纺丝的一些影响因素,在本节中,将通过正交实验的方法,系统考察PCS浓度和静电纺丝的工艺控制参数(如溶液流量、喷头到接收器的距离、纺丝电压等)对纺丝的影响,主要是对纤维形貌和直径的影响,旨在探索控制PCS超细纤维形貌和直径的有效方法。

2.2.1　静电纺丝正交实验

为了考察PCS浓度、流速、电压、接收距离4个因素对纺丝结果的影响,设计了4因素5水平的正交实验,详细因素水平见表2-5。正交实验采用PCS/二甲苯体系。正交实验的指标是纤维样品的平均直径。使用显微镜观察纤维直径。正交实验条件以及实验条件结果见表2-6。正交实验数据处理结果见表2-7。

表 2-5　正交试验表水平-因素表

序　号	PCS 浓度 C g/mL	电压 V kV	距离 D cm	流速 μL/min
实验 1	1.0	7	10	5
实验 2	1.1	10	12	30
实验 3	1.2	13	15	55
实验 4	1.3	16	17	80
实验 5	1.4	19	20	105

表 2-6　正交实验工艺条件及结果

编　号	浓度 g/mL	流速 μL/min	电压 kV	接收距离 cm	纤维直径 μm
1#	1.0	5	7	10	2
2#	1.0	30	10	12	3.5
3#	1.0	55	13	15	3
4#	1.0	80	16	17	3.5
5#	1.0	105	19	20	4
6#	1.1	5	10	15	1.5
7#	1.1	30	13	17	3.5
8#	1.1	55	16	20	2.5
9#	1.1	80	19	10	5
10#	1.1	105	7	12	5
11#	1.2	5	13	20	3
12#	1.2	30	16	10	3
13#	1.2	55	19	12	4.5
14#	1.2	80	7	15	6
15#	1.2	105	10	17	4
16#	1.3	5	16	12	4
17#	1.3	30	19	15	2.5
18#	1.3	55	7	17	5
19#	1.3	80	10	20	3
20#	1.3	105	13	10	6
21#	1.4	5	19	17	4
22#	1.4	30	7	20	5
23#	1.4	55	10	10	4
24#	1.4	80	13	12	5
25#	1.4	105	16	15	4.5

表 2-7　正交实验数据处理

K_1	16	18.5	23	20
K_2	17.5	19	19	22
K_3	20.5	18	20.5	17.5
K_4	22.5	22.5	17	19
K_5	24.5	20.5	18	18
k_1	3.2	3.7	4.6	4
k_2	3.5	3.8	3.8	4.4
k_3	4.1	3.6	4.1	3.5
k_4	4.5	4.5	3.4	3.8
k_5	4.9	4.1	3.6	3.6
极差 R	1.7	0.9	1.2	0.8
Q	362.5	359.2	357.5	348.9
S	16.54	11.54	13.24	2.94

正交试验中可纺条件下所得到的纤维,经过预氧化和烧成之后,用显微镜观察,拍照,结果如图2-7所示。

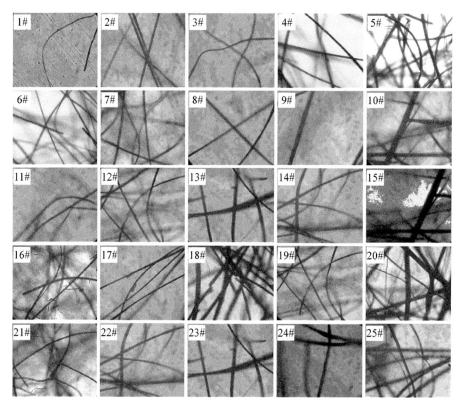

图2-7　正交实验所得纤维光学显微镜照片

1. 各因素最佳水平的确定

因子最佳水平是指每个因素的各水平中使指标达最佳的水平。为确定因素的最佳水平,必须确定该因素各水平对指标的影响。为了排除其他因素的影响,采用分类的方法。比如对因素浓度(第一列),它的第一水平安排在第1#、2#、3#、4#、5#实验中,对应的纤维直径分别为2、3.5、3、3.5、4 其和为16(单位:μm),记在 K_1 这一行的第一列中。以此类推,计算出相应的 K 值。k_1 这一行的四个数,是由 K_1 这一行的四个数除以相应的组数所得的结果,也就是各水平所对应的平均值。

若希望纤维直径越细越好,显然各个因素 K 值最小时,所对应的那个水平是最好条件。则由表2-7可知:最好的工艺条件分别是浓度为 1.0 g/mL,电压为 16 kV,流速为 55 μL/min,接收距离为 15 cm。

2. 各因素重要性分析

各因素对指标的影响是不同的,其重要性也各不相同。为了评价各因素的重要性,需拟定一评价指标。通常采用离差平方 S 和或极差 R 作为评价指标[7]。

同一列中,$k_1 \sim k_5$ 这五个数中的最大值减去最小值所得的差叫极差。一般来说,各列的极差是不同的,极差最大的那一列,其对应因素的水平改变时对实验的影响最大,那个因素就是我们要考虑的主要因素。

总离差:
$$S_T = \sum_{K=1}^{n} (x_k - \bar{x})^2 = \sum_{k=a}^{n} x_k^2 - \frac{1}{n} \left(\sum_{k=1}^{n} x_k \right)^2 = Q_T - P \qquad (2-3)$$

单因素离差:
$$S_A = \frac{1}{a} \sum_{i=1}^{n_a} \left(\sum_{j=1}^{a} x_{ij} \right)^2 - \frac{1}{n} \left(\sum_{i=1}^{n_a} \sum_{j=1}^{a} x_{ij} \right)^2$$

$$= \frac{1}{a} \sum_{i=1}^{n_a} k_i^2 - \frac{1}{n} \left(\sum_{k=1}^{n} x_k \right)^2 = Q_A - P \qquad (2-4)$$

从表 2-7 中可以看出,各因素极差值分别为:浓度 1.7,流速 0.9,电压 1.2,接收距离 0.8;所以各因素影响大小排布为:浓度 > 电压 > 流速 > 接收距离。

各因素离差值分别为:浓度 16.54,流速 11.54,电压 13.24,接收距离 2.94;所以各因素重要性排布为:浓度 > 电压 > 流速 > 接收距离。

3. 各因素显著性检验

因素的重要性只说明该因素相对其他因素的重要程度,而未说明该因素对指标影响的显著程度。如果某因素对指标的作用不显著,则可排除该因素而使实验控制简单化。因此,我们采用方差分析法进行显著性检验。

由表 2-8 可以看出,$F_A > F_{0.01}(4, 8)$,说明因素 A(浓度)的影响是高度显著的。$F_{0.01}(4, 8) > F_C > F_B > F_{0.05}(4, 8)$,说明因素 C(电压)和因素 B(流速)的影响都是显著的,而且电压的影响要比流速更显著。$F_D < F_{0.05}(4, 8)$ 说明因素 D(接收距离)影响是不显著的。

表 2-8　方差分析表

方差来源	A	B	C	D	误差 E
离差平方和	16.54	11.54	13.24	2.94	16.54
自由度	4	4	4	4	4
均方(MS)	4.135	2.885	3.31	0.735	4.135
F 值	8.526	5.949	6.825	1.515	
F 临界值	$F_{0.01}(4, 8) = 7.01$			$F_{0.05}(4, 8) = 3.84$	
显著性	* *	*	*		

4. 确定最佳方案

最佳方案的确定方法是选择对指标有显著影响的因子中的最佳水平,对于对指标无显著影响的因子可不考虑,或根据实际情况决定。

在本实验中电纺液浓度对纤维直径有非常显著的影响,电压和流速有较为显著的影响,接收距离的影响不是很显著。而各个因素最佳实验条件分别是浓度为 1.0 g/mL,电压为 16 kV,流速为 55 μL/min,接收距离为 15 cm。此即为最优化的静电纺丝工艺条件。

2.2.2　最佳实验方案论证

根据正交实验确定的最优化的实验方案,配制浓度为 1.0 g/mL 的 PCS—二甲苯溶液,调节流速为 55 μL/min,电压为 16 kV,接收距离为 15 cm,在此条件下进行静电纺丝实验,得到的纤维毡经预氧化和烧成之后,用扫描电镜观察所得纤维,图 2-8 是扫描电镜拍摄的纤维图片,由图 2-8 可发现所得纤维很平滑、无串珠,直径分布较窄,平均直径约为 1.4 μm。

 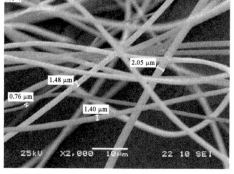

(a) 17 000倍SEM照片　　　　　　　(b) 2 000倍SEM照片

图 2-8　优化工艺所得超细 SiC 纤维的 SEM 照片

所以,在最优化的实验条件下进行静电纺丝,所得到的纤维形貌非常好,说明正交实验所确定的最优化的实验条件是正确的。

2.3　超细 PCS 纤维的不熔化

与熔融纺丝法得到的 PCS 原纤维相似,经静电纺丝得到的超细 PCS 原纤维脆性高,几乎没有强度,且仍然是可溶可熔的状态,若直接高温烧成,纤维将发生严重并丝,高温烧成过程中不能保持纤维形貌。为了制得性能优异的超细 SiC 纤维,必须对原纤维进行不熔化处理。不熔化处理是将 PCS 原纤维置于一定温度的介质中,通过物理或化学的方法使聚合物分子间发生交联,从而避免纤维在高温烧成过程中发生熔融并丝的过程。为了使原纤维经不熔化处理后有一个合适的化学组成和结构,人们对不熔化的方法和工艺条件进行了大量的研究。

(1) 空气氧化交联法[8,9]。20 世纪 70 年代始国外即采用空气氧化交联法进行不熔化处理,该方法是在加热的条件下使空气中的 PCS 与氧发生交联反应从而变成网状结构达到不熔化的目的。这种方法工艺设备简单,成本低廉,适合工业生产,又没有环境污染,因而是最常用的方法,不熔化过程也通常被称为预氧化过程。

(2) NO_2 氧化交联法[10,11]。采用空气氧化交联法不熔化处理温度比较高、时间比较长,有人曾用 NO_2 作为氧化介质对 PCS 原纤维进行不熔化处理,这种方法是将 PCS 原纤维置于含一定浓度的 NO_2 容器中,慢速升温至 60~100℃后保温即可实现不熔化处理。这种方法处理的温度比较低、时间比较短;引入的氧相对空气氧化交联法要少,再加上 NO_2 的渗透作用能够在纤维的内部与 PCS 原纤维进行反应,因而不熔化反应更充分、完全,采用这种方法制备的 SiC 纤维力学性能要优于空气氧化交联法制备的 SiC 纤维。但是 NO_2 的浓度和用量难以控制,不适合连续纤维的不熔化处理,同时,NO_2、NO 存在一定的毒性,因而这种方法已逐渐被淘汰。

(3) 低预氧化+热交联法(LOTC 法)[12,13]。这种方法分为两步:第一步是将 PCS 原纤维在空气中加热进行低度的不熔化使纤维表面形成交联保护层;第二步是将经低度不熔化的纤维在高纯氮气保护下在更高的温度加热,使 PCS 的活性基团自交联从而实现不熔化处理。通过这种方法处理比空气氧化交联法引入的氧约减少 1/3,因而制得的 SiC 纤维显示出更好的耐高温性。

(4) 化学气相交联法(CVC 法)[14,15]。化学气相交联法就是采用卤代烃或不饱和烃(如环己烯、正庚烯、辛炔等)蒸气与 PCS 原纤维在特定的温度下进行不熔化处理。经过这样处理后高温烧成的 SiC 纤维氧含量少于 2%,因而表现出很好的耐高温性。

(5) 辐射交联法[16,17]。为了降低纤维的氧含量,Okamura 等将 PCS 原纤维等用等离子源照射,高能电子与中性气体分子相互作用形成一些亚稳定态自由基和离子,这些亚稳定态自由基和离子与 PCS 原纤维发生相互作用,使其交联从而达到不熔化的目的。日本的 Nippon Carbon 公司将这一技术进行了开发,制得了新型低氧含量的 Hi-Nicalon SiC 纤维,这种纤维具有优异的耐高温性。但是采用这种方法设备昂贵,成本较高。

从工艺和成本考虑,空气氧化交联法依然是目前广泛采用的方法。因此主要采用这种方法对超细 PCS 原纤维进行不熔化处理研究。空气预氧化反应是一个"气-固"反应过程,空气中的氧首先与纤维表面的 Si—H 键反应,并由表至里逐步渗透,最终在纤维内部形成 Si—O—Si 的三维网络状大分子结构,使纤维形状固定,从而能够顺利进行后期的烧成处理。可见,纤维表面积的大小,对预氧化反应有很大的影响。对于 PCS 超细纤维,其直径为 1~3 μm,仅为熔融纺丝法制得的 KD 型常规 PCS 纤维(直径 10~15 μm)的 1/10 到 1/5。因此,超细纤维的不熔化工艺,必将与常规 PCS 纤维存在较大区别。

2.3.1　PCS 超细纤维的去溶剂化

静电纺丝得到的聚合物纤维中通常还含有一定量的溶剂,若不及时去除,则纤维在后处理过程中则可能会并丝从而导致最终 SiC 纤维性能下降。因此,在 PCS 纤维毡预氧化之前,必须先进行脱溶剂处理。在 PCS 纤维残留溶剂的脱除过程中,残留溶剂脱除速率是一个关键因素,直接影响着最终烧成的 SiC 纤维的性能。纤维中残留溶剂的挥发主要为扩散过程控制,因此脱除温度是影响残留溶剂脱除速率的关键因素。将初生纤维在不同温度下恒温脱除溶剂,残留溶剂脱除率随恒温温度和时间的变化情况如图 2-9 所示。

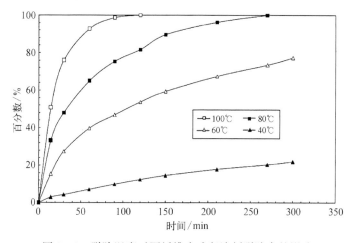

图 2-9　脱除温度对原纤维中残留溶剂脱除率的影响

由图可以看到,纤维在 40℃时恒温 120 min 后残留溶剂脱除率为 12.5%,而当恒温温度分别提高到 60℃、80℃和 100℃时,残留溶剂脱除率相应地增加至 53.8%、81.7% 和 100%。改变恒温时间(< 120 min),亦可观察到相似的现象。可见,残留溶剂的平均脱除速率随着恒温温度的升高而加快。在恒温温度为 100℃时,恒温时间 30 min、60 min 和 90 min 处纤维中残留溶剂脱除率分别为 71.8%、92.5% 和 98.6%,若以单位时间残留溶剂脱除率来表征残留溶剂脱除速率,则 0~30 min、30~60 min 和 60~90 min 三个时间区间内残留溶剂脱除速率分别为 2.4%/min、0.7%/min 和 0.2%/min;而当恒温温度为 40℃、60℃和 80℃时,这三个时间区间的残留溶剂脱除速率则分别为 0.15%/min、0.1%/min、0.09%/min,0.92%/min、0.41%/min、0.24%/min 和 1.6%/min、0.56%/min 和 0.35%/min。可见纤维中残留溶剂脱除速率随着恒温时间的延长而迅速降低,而且恒温温度越高残留溶剂脱除速率就降低得越快。

纤维中残留溶剂的挥发由纤维内部溶剂的扩散和纤维表面溶剂的对流过程控制,因而残留溶剂的脱除速率也受控于这两个过程,而这两个过程对温度都很敏感,当恒温温度升高时,残留溶剂的扩散和对流迅速加快,因此残留溶剂平均脱除速率也随着温度的升高而增大。纤维中残留溶剂的挥发过程是先由内而外扩散到表面,然后在纤维表面蒸发脱除,当恒温温度一定时,PCS 纤维中残留溶剂挥发速率主要取决于纤维表面溶剂的浓度。而随着恒温时间的延长,PCS 纤维中残留溶剂含量迅速降低,导致纤维表面的残留溶剂含量也降低,从而使残留溶剂脱除速率随着恒温时间的延长而迅速降低。与此同时,恒温温度越高,残留溶剂脱除率就增加地越快,即 PCS 纤维中残留溶剂的浓度降低得越快,进而纤维表层中残留溶剂浓度下降得越快,因此残留溶剂脱除速率降低得也就越快。

综上所述,纤维在恒温脱溶剂时,残留溶剂脱除速率随着温度的升高而增大,随着恒温时间的延长而迅速降低,而且恒温温度越高残留溶剂脱除速率降低得就越快;在恒温温度为 100℃时,PCS 纤维中残留溶剂在恒温 120 min 后即可基本完全脱除。

2.3.2　空气不熔化的化学过程

PCS 纤维的空气不熔化反应过程主要是由 Si—H 键与 O_2 反应形成 Si—O—Si 键桥联的网络结构[18],从而使纤维的分子量增大,软化点升高来实现的,空气氧化交联法的过程主要是 Si—H 被空气氧化的过程,其主要的反应如下所示:

从反应机制上可以看出,在此过程中,Si—H 含量减少的同时纤维的重量增加。因此,为了量化不熔化程度就可以用纤维 Si—H 键的反应程度($P_{Si—H}$)和增重率来表征。

不熔化纤维中的氧含量与其增重是成正比关系的。根据以上的反应历程,当纤维中加入一个氧分子,则将有一分子的水被除去。而在静电纺丝过程中,所得的纤维毡样品分量较轻,采用增重法表征预氧化程度会造成较大的实验误差,因此,在本论文中没有采用增重法,而是采用 Si—H 键的反应程度($P_{Si—H}$)来量化纤维不熔化程度,具体按式(2-5)计算:

$$P_{Si—H}(\%) = \frac{(A_{2100}/A_{2160})_{uncured} - (A_{2100}/A_{1260})_{cured}}{(A_{2100}/A_{1260})_{uncured}} \times 100\% \qquad (2-5)$$

式中,A_{2100} 为 Si—H 键(2 100 cm^{-1})的吸光度;A_{2100} 为 Si—CH$_3$ 键(1 260 cm^{-1})的吸光度。

2.3.3 空气不熔化条件对 PCS 超细纤维中硅氢反应程度的影响

影响预氧化反应的因素繁多,气流量、纤维用量、反应温度和反应时间等工艺条件都对其有不同程度的影响,其中反应温度和反应时间是影响最大的因素。保持纤维用量和气流量恒定不变,研究反应温度和反应时间对 PCS 超细纤维中硅氢反应程度的影响。

在此定义最高预氧化温度为 T_m,而在此温度进行预氧化的保温时间定义为 t_m。在书中,某个样品所采用的预氧化条件的表征仅用最高预氧化温度(T_m)和保温时间(t_m)来表示,简写成 T_m(℃)-t_m(h)。如样品编号为 PCS180-6,则表

示此样品的预氧化最高温度为 180℃,在此温度下保温时间为 6 h。预氧化实验的升温制度如下图 2 - 10 所示:

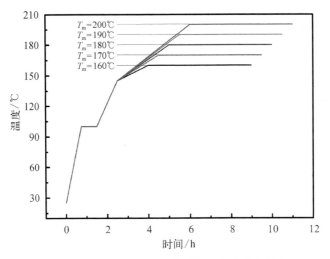

图 2 - 10　超细 PCS 原纤维预氧化实验升温制度

按图 2 - 10 所示升温制度升温,样品从温度达到 160℃、170℃、180℃、190℃和 200℃的时刻起开始分别取样,取样时间依次为 0 h、1 h、2 h、3 h、4 h 和 5 h,依据红外定量分析得到不同预氧化条件的 PCS 纤维的硅氢反应程度,具体数据如表 2 - 9 所示。

表 2 - 9　不同预氧化条件的超细 PCS 原纤维的硅氢反应程度(%)

t_m/h	T_m/℃				
	160℃	170℃	180℃	190℃	200℃
1	2.48	14.2	17.4	35.1	37.8
2	1.96	20.3	32.5	36.1	40.1
3	1.08	36.9	64.6	66.0	69.1
4	0.90	30.9	71.4	75.7	75.3
5	0.94	34.4	75.5	75.9	77.0

从表中数据可以看出,在低温时(如 160℃),即使增加反应时间,纤维的硅氢反应程度变化不大,这是由于此时 Si—H 键的氧化反应活性较低造成的;随着反应温度和反应时间的增加,超细纤维的硅氢反应程度显著增加。样品 PCS180 - 4 的硅氢反应程度就已经达到了 70% 以上,而对于常规熔融纺丝得到的直径 13 μm 的 PCS 纤维,纤维必须在 190℃反应 10 小时才能得到相同的硅氢反应程度。在反应

温度较高时(大于180℃),同样的反应时间下,如样品 PCS180－4、PCS190－4 和 PCS200－4,其硅氢反应程度变化并不大,说明当反应温度较高时,超细纤维能较快到达一个高的硅氢反应程度,此时再提高反应温度或延长反应时间并无太多意义。从硅氢反应程度的分析来看,因为静电纺丝所得纤维直径比一般碳化硅纤维要小很多,其总体不熔化时间可缩短到一般碳化硅纤维的1/3。

2.4　超细 PCS 不熔化纤维的无机化

　　PCS 预氧化纤维的热裂解过程及机制、缺陷的形成和机制以及裂解过程对最终纤维力学性能的影响等已有较为详细的研究,PCS 超细纤维的裂解过程与熔融纺丝所得粗纤维的裂解过程相似,本节采用 TG-DTA 和 IR 等手段对超细 PCS 不熔化纤维热裂解过程中外观及结构的变化进行探讨。

2.4.1　PCS 不熔化纤维的无机化过程分析

　　纤维在氮气保护下的 TG-DTA 谱图如图 2－11 所示。可以看到,TG 曲线的失重过程可分为四个区间:室温～320℃、320～550℃、550～750℃ 和 750～1 250℃,其中在温度区间室温～320℃和550～750℃失重较快,750~1 250℃始终缓慢,而 320~550℃纤维略有增重,这是由于纤维发生了氧化交联反应。DTA 曲线上有两个比较明显的峰,其中放热峰在 250～500℃,吸热峰则位于 550～

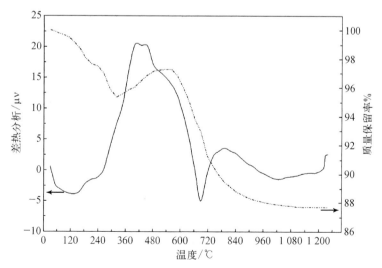

图 2－11　超细 PCS 纤维的 TG-DTA 曲线(10℃/min,N_2)

800℃,也印证了在 320~550℃发生了氧化交联反应。

2.4.2　超细 PCS 纤维的烧成过程

图 2–12 为 PCS 纤维烧成至不同温度时的红外谱图。在 450℃之前,PCS 纤维中有机基团的特征峰都比较明显,而在 550℃时,这些特征峰明显减小,在 750℃时,各特征峰基本消失,这表明 PCS 纤维在 550℃时纤维开始裂解,750℃时基本完成无机化。

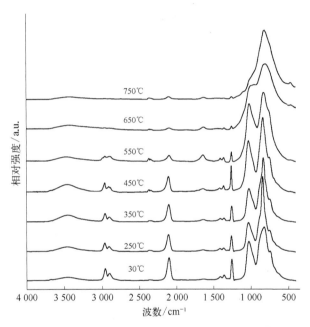

图 2–12　DS-PCS 纤维在不同温度时的 FTIR 谱图

从 TG-DTA 图谱中的 TG 曲线上可以看到,在 550~750℃的阶段,PCS 纤维失重较快,失重率为 7.1%,约占纤维总失重的 56%,而 DTA 曲线在此区间内有一个尖锐的吸热峰,这说明该温度区间内 PCS 纤维中发生了剧烈的吸热失重反应。不同温度时的 IR 分析表明,在此温度区间内,随着温度提高,IR 谱图中 Si—CH$_3$、Si—H、C—H 和 Si—CH$_2$—Si 等有机基团的吸收峰迅速减弱并消失,这说明纤维中发生了剧烈的裂解反应。在 750℃时,Si—CH$_2$—Si(1 360 cm^{-1})等吸收峰基本完全消失,同时 TG 曲线失重减缓,表明此时纤维已经高度无机化。对照熔纺预氧化 PCS 纤维在该温度区间的变化,结合上面分析可知,在 550~750℃的温度区间内,PCS 纤维发生了剧烈热裂解,生成了大量可挥发的小分子,并且从有机态转变为无机态,因而纤维快速剧烈失重,大量吸热,并且各种有机基团逐渐减弱直至消失。可见,在 550~750℃ 的温度区间内,主要是纤维大量吸热剧烈裂解失重,由有机态转变为无机态的过程。

在 650℃ 和 750℃ 时出现了归属于 Si—O—Si 变形振动的微弱吸收峰($460\ cm^{-1}$),但没有发现属于 Si—O—Si 伸缩振动的吸收峰($1\,080\ cm^{-1}$),这可能是由于 Si—CH$_2$—Si 键裂解不完,Si—O—Si 伸缩振动峰仍包含在其所产生的吸收峰($1\,020\ cm^{-1}$)内所致。在 750~1\,250℃ 的阶段,没有明显的吸热或放热,但仍有 2.5% 的失重,约占纤维总失重的 20%。与熔纺预氧化 PCS 纤维在此温度区间内的变化对比,PCS 纤维的失重主要是纤维内残存的少量 C—H 键发生裂解所放出的 H$_2$ 所致,纤维在此温度区间内由无定形态转向晶态。

2.5　SiC 超细纤维的组成结构表征

图 2-13 是所制备的 SiC 超细纤维的 SEM 照片。由图 2-13(a)可以看出,SiC 超细纤维直径非常均匀,大小为 3~5 μm,只有熔融纺丝得到的 KD-Ⅰ 或 KD-Ⅱ 型 SiC 纤维直径的 1/5~1/4。在纤维上没有观察到串珠,也没有发现纤维并丝现象。从放大的 SEM 图片中发现纤维表面光滑,没有孔结构生成[图 2-13(b)]。

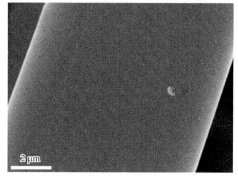

(a) 低倍数照片　　　　　　　　　　　　(b) 高倍数照片

图 2-13　常规 SiC 超细纤维的 SEM 照片

对 SiC 超细纤维进行 FTIR 分析(图 2-14),发现在 510~930 cm^{-1}(中心 715 cm^{-1})范围内出现一个很宽泛的特征峰,属于 Si—C 键的伸缩振动峰,表明在得到的纤维中存在大量的 SiC 相。而在 1\,010 cm^{-1} 处出现的肩峰则是由于得到的 SiC 超细纤维中存在的少量 SiO$_x$C$_y$ 相引起的。在 3\,400 cm^{-1} 处没有观察到

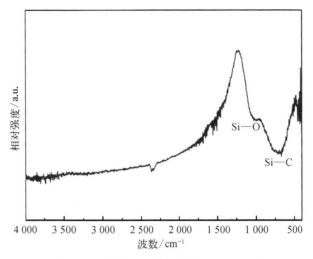

图 2 - 14　常规 SiC 超细纤维的 FTIR 谱图

明显的属于吸附水的特征峰。

　　SiC 超细纤维的 XRD 谱图如图 2 - 15 所示,在 $2\theta = 35.6°$、$41°$、$60°$、$72°$ 和 $75.5°$ 处发现了属于 3C-SiC(JCPDS,No.29 - 1129)的特征吸收峰,这些吸收峰分别对应于 SiC 中(111)、(200)、(220)、(311) 和(222)晶面。吸收峰强度低且峰形较宽表明得到的纤维结晶度较低,这主要是由于纤维的烧成温度较低引起的。谱图中没有观察到属于自由碳和 SiO_2 等杂质的特征吸收峰,可能是由于含量低,难以检测。

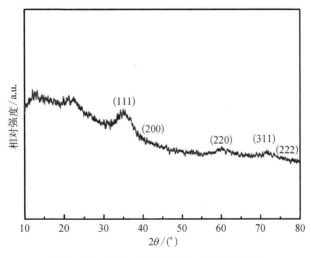

图 2 - 15　常规 SiC 超细纤维的 XRD 谱图

　　为了验证纤维中是否存在介孔结构,对制得的 SiC 超细纤维进行了 N_2 等温吸附-脱吸附测试。从纤维的 N_2 吸附-脱吸附曲线[图 2 - 16(a)]可以看出,该等温线呈Ⅲ型吸附-脱吸附类型,在相对压力 P/P_0 为 0.3~0.8 范围内没有滞后环,表明纤维中没有介孔存在。只有在 P/P_0 为 0.95~1.0 范围内,等温线有很小的滞后环,这可能是由于静电纺丝过程中溶剂挥发或在预氧化过程中小分子的释放所形成的气孔引起的。从孔径分布曲线[图 2 - 16(b)]也可以清楚地看出纤维中没有介孔的形成。所制备的 SiC 纤维的 BET 比表面积为 1.8 $m^2 \cdot g^{-1}$,总的孔容大小为 0.008 $cm^3 \cdot g^{-1}$。纤维的比表面积和总孔容太小,不利于纤维的功能化应用。

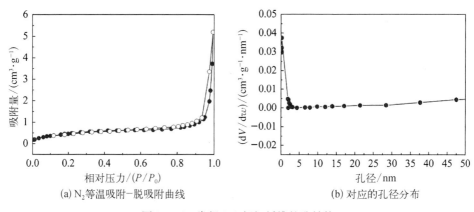

(a) N_2 等温吸附-脱吸附曲线　　　　(b) 对应的孔径分布

图 2 - 16　常规 SiC 超细纤维的孔结构

　　本章主要采用 PCS 为原料,经过静电纺丝、空气不熔化和高温烧成,成功制备了直径<5 μm 的 SiC 超细纤维。较为合适的 PCS 纺丝溶液浓度为 1.0 g/mL,合适的流速 55 μL/min,纺丝电压为 16 kV,接收距离为 15 cm。分析表明,发现纤维主要由立方相的 SiC 组成,也含有少量的 SiO_xC_y 相。纤维中没有介孔结构生成。

参 考 文 献

[1] 刘辉.聚碳硅烷纤维成型的基础研究.长沙:国防科学技术大学,2002.

[2] Lamastm F R, Bianco A, Meri A, et a1, Nanohybrid PVA/ZrO_2 and PVA/Al_2O_3 electrospun mats, Chemical Engineering Journal, 2008, 145:169 - 175.

[3] 蓝新艳.聚碳硅烷纤维成形过程研究.长沙:国防科学技术大学,2004.

[4] 范小琳.低含氧量碳化硅纤维的研制.长沙:国防科学技术大学,1999.

[5] Ramakrishna S, Fujihara K, Teo W E, et al. Electrospinning and nanofibers. Singapore： World Scientific Publishing Co. Pte. Ltd., 2005.

[6] 陈亚东,相邑均,裘一珠.干纺腈纶原液质量对纺丝性能的影响.宁波高等专科学校校报,2001,13(4)：31－35.

[7] 陈稀,黄象安.化学纤维试验教程,北京：纺织工业出版社,1987.

[8] Yajima S, Hayashi J, Omeri M. Continuous silicon carbide fiber of tensile strength. Chemistry Letters, 1975, 9：931－934.

[9] Yajima S, Okamura K, Hayashi J. Structure analysis in continuous silicon carbide fiber of high strength. Chemistry Letters, 1975, 12：1209－1212.

[10] 刘军.先驱体转化法制备低电阻率 Si—C—O 纤维.长沙：国防科学技术大学,2000.

[11] Arabe J, Lipowitz J, Lu P P. Curing preceramic polymers by exposure to nitrogen dioxide. US, 5051215, 1991.

[12] 郑春满,朱冰,李效东,等.聚碳硅烷纤维的热交联的研究.高分子学报,2004,(2)：246－250.

[13] 朱冰.低预氧化聚碳硅烷纤维热交联技术的研究.长沙：国防科学技术大学,2002.

[14] Kasai S K, Okamura K. Manufacture of ultrahigh-strength heat-resistant silicon carbide fibers. JP, 0571017, 1993.

[15] 李伟.化学气相交联法制备低氧含量碳化硅纤维.长沙：国防科学技术大学,2003.

[16] Okamura K, Seguchi T. Application of radiation curing in the preparation of polycarbosilane-derived SiC fibers. Journal of Inorganic Organometal Polymer, 1992, 2(1)：171－179.

[17] Sugimoto M, Shimoo T, Okamura K. Reaction mechanisms of silicon carbide fiber by heat treat-ment of polycarbosilane fibers cured by reaction (Ⅰ)：eVolved gas analysis. Journal of the American Ceramic Society, 1985, 78 (4)：1013－1017.

[18] Hasegawa Y, Iimura M, Yajima S. Convension of polycarbosilane fibre into silicon carbide fibres. Journal of Materials Science, 1980, 15：720－728.

第3章 多级孔结构 SiC 超细纤维的制备及性能

3.1 引　言

SiC 多孔材料在催化、高温过滤、传感等领域具有广泛的应用前景。目前，研究者们采用电化学刻蚀法、溶胶-凝胶法、碳热还原法、化学气相沉积法以及纳米滴铸法等成功制备了纳米管、凝胶、泡沫和纳米线等不同形貌的多孔 SiC 材料[1-3]。尽管如此，这些多孔 SiC 材料仍无法满足便携式可穿戴器件的应用需求。而且，相比于单级孔结构纳米材料，同时具有大孔、介孔和微孔的三级孔结构材料更有利于提高传质效率。因此，设计和制备具有一定柔性的连续的多级孔结构 SiC 材料就显得尤为必要。

先驱体转化法在制备非氧化物陶瓷领域具有很多优势，例如先驱体可设计性强，纤维组成和结构可控等。静电纺丝是一种可以大规模生产微纳纤维的方法，静电纺丝法制备的纤维，尺寸和形貌可控，而且通过调节环境参数以及溶剂性质非常容易实现纤维孔结构的精确控制。虽然也有研究者采用静电纺丝技术制备了介孔或纳米孔以及致密的 SiC 材料。但目前还未有关于大孔-介孔-微孔多级孔结构 SiC 超细纤维的报道。本章以聚碳硅烷（PCS）为原料，采用静电纺丝结合先驱体转化法制备了大孔-介孔-微孔多级孔结构 SiC 超细纤维，研究了纺丝溶液浓度、纺丝环境湿度和烧成温度等对 SiC 超细纤维中三级孔结构的影响，表征了所得纤维的组成和结构，考察了纤维中不同孔结构的形成机制和耐高温、耐腐蚀、亲水亲油性和快速传质性能。

3.2 大孔-介孔-微孔 SiC 超细纤维的制备

在第 2 章中，虽然制得了 SiC 超细纤维，但其比表面积小，不利于在催化剂、催化剂载体、高温过滤和高温气体分离等领域的应用。为了获得更高的性能，必须提高纤维的比表面积。在材料中设计引入多孔结构是提高材料比表面积的有效途径。近年来，已报道了多种在电纺纤维中引入孔结构的方法，例如非溶剂致相分离法[4]、添加表面活性剂[5]或无机盐法[6]以及与其他便于去除的高分子混纺后去除高分子模板[7]等。对于 PCS 而言，由于 PCS 的数均分子量 M_n 仅为 1 500~2 000 g·mol^{-1}，分子中支链较多，分子线性度较低，PCS 本身的可纺性就不好。如果在 PCS 纺丝溶液中添加其他表面活性剂、无机盐或高分子模板，会进一步降低溶液的可纺性。因此，本节采用非溶剂致相分离法（nonsolvent-induced phase separation，NIPS），通过静电纺丝制备多孔 SiC 超细纤维。本节将通过对纺丝溶剂、环境湿度、PCS 浓度和烧成温度的调控，制备出不同孔结构的 SiC 超细纤维，再对所制备纤维的结构和组成进行了表征和分析。

3.2.1　溶剂对纤维孔结构的影响

根据非溶剂的物理形态，可以将 NIPS 分为气相非溶剂致相分离（vapor-induced phase separation，VIPS）和液相非溶剂致相分离（liquid-induced phase separation，LIPS）。VIPS 是通过吸附气相的中非溶剂分子（如空气的水分子）到聚合物上而产生的，这一过程常见于溶液中存在低挥发性的溶剂。由于 PCS 不溶于水，所以空气中的水分子可以作为很好的非溶剂相。因此，需要在 PCS 溶液中添加一种能与二甲苯/丙酮溶剂混溶、具有低挥发性且与空气中的水分子互溶的溶剂。DMF 的沸点为 153℃，在 25℃时的饱和蒸气压为 0.49 kPa，是一种低挥发性的溶剂，同时能与二甲苯/丙酮溶剂混溶。本节将二甲苯/DMF/丙酮以一定比例混合作为 PCS 的纺丝溶剂。静电纺丝工艺参数为：电压 18~20 kV；供料速率 30~35 μL·min^{-1}；纺丝温度 30~35℃；接收距离 25~30 cm。烧成温度 1 550℃，保温 1.5 h。

图 3-1 是由不同溶剂配比的静电纺丝溶液所制备的 SiC 超细纤维的 SEM 图片。样品 S1-S3 表面均有大孔存在[图 3-1(a)~(c)]，而 S4 表面光滑无大孔[图 3-1(d)]。即当纺丝溶液中含有 DMF 时，其对应的纤维表面都有孔存在。而溶液中没有 DMF 存在时，纤维表面不能生成大孔，表明 DMF 对于纤维表面形成大孔起关键性的作用。通过实验还发现，若仅用二甲苯作为溶剂，则配制的纺丝溶液不能纺丝，得不到纤维，这可能是由于溶液的表面张力过大所致。而当溶液中不含丙酮时，虽然能得到多孔的 SiC 纤维，但纺丝过程中，纺

丝喷头会经常被堵塞。因此,可以认为在整个纺丝溶剂体系中,二甲苯是作为 PCS 的良溶剂以溶解 PCS,适量的丙酮加入可以提高纺丝液的可纺性。进一步比较图 3-1(a)~(d)还可以发现,样品 S2 表面的孔孔径大小更均一,孔的形貌更接近圆形,这表明在 SiC 纤维表面得到大孔,较为合适的溶剂比为二甲苯∶DMF∶丙酮=7∶2∶1。

(a) 二甲苯∶DMF∶丙酮的体积比=7∶3∶0

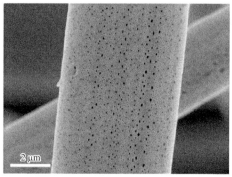

(b) 二甲苯∶DMF∶丙酮的体积比=7∶2∶1

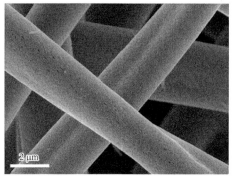

(c) 二甲苯∶DMF∶丙酮的体积比=7∶1∶2

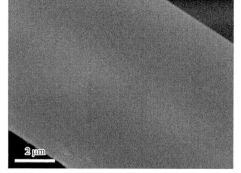

(d) 二甲苯∶DMF∶丙酮的体积比=7∶0∶3

图 3-1　由不同溶剂配比的 PCS 纺丝溶液所制备的 SiC 超细纤维的 SEM 图片

3.2.2　湿度对纤维直径和孔结构的影响

由于溶液的相分离是由非溶剂相诱导产生的,那么本节中的非溶剂相,即空气中的相对湿度(空气中水分子的浓度),对纺丝过程中的溶液的相分离也有很大的影响。为了研究相对湿度对 SiC 纤维孔结构的影响,本书设计了在其他静电纺丝条件(纺丝参数和溶液浓度)相同的情况下,调控纺丝环境的相对湿度(20%~80%RH),进行静电纺丝。

图 3-2 是不同相对湿度环境下制备的 SiC 超细纤维的低倍数 SEM 照片。可以看出,当纺丝环境湿度从 20%RH 升高至 80%RH[图 3-2(a)~(d)],不同湿度条件下制备的 SiC 超细纤维的直径大小相差不大,平均值大约为 5 μm,表明湿度对纤维的直径影响比较小。

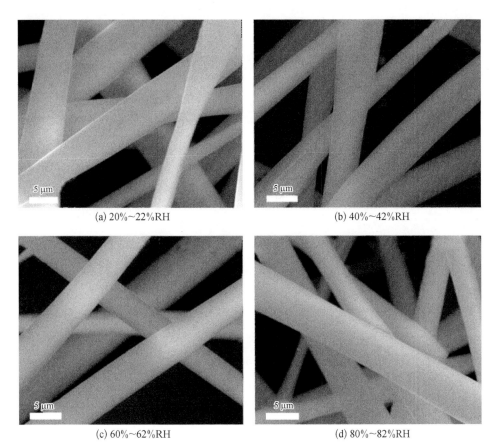

(a) 20%~22%RH   (b) 40%~42%RH

(c) 60%~62%RH   (d) 80%~82%RH

图 3-2 不同湿度制备的 SiC 超细纤维的低倍数 SEM 照片

从高倍数 SEM 照片可以观察到 SiC 超细纤维表面孔结构随不同纺丝环境湿度的变化(图 3-3)。明显发现,当环境湿度低于 60%RH 时,SiC 纤维表面没有大孔生成。而当环境湿度为 60%~80%RH 时,纤维表面有十分明显的大孔结构,且随湿度提高,表面大孔越多。这表明环境湿度对表面大孔的形成起着十分重要的作用,在 3.3.1 节中将详细分析湿度对纤维表面大孔形成的影响机制。

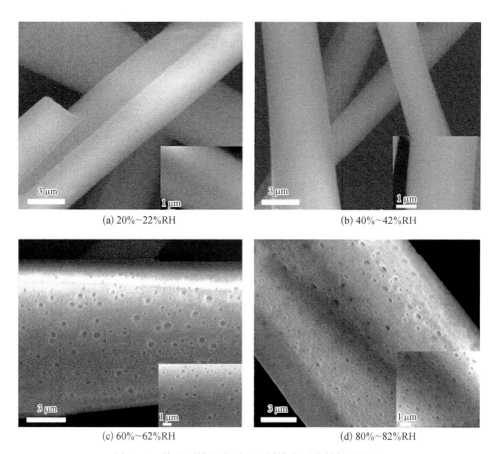

(a) 20%~22%RH　　　　　　　　(b) 40%~42%RH

(c) 60%~62%RH　　　　　　　　(d) 80%~82%RH

图 3 - 3　纺丝环境湿度对 SiC 纤维表面孔结构的影响

3.2.3　PCS 浓度对纤维孔结构的影响

　　纺丝溶液的黏度对纤维的形态和静电纺丝过程都有较大的影响。当纺丝液黏度过低时,纺丝液会无法牵伸而直接喷射到接收器上形成聚合物颗粒或带有串珠的纤维,也就是通常所说的静电喷现象;当溶液黏度过高时,由于表面张力太大,溶液很难从喷头中挤出,也就不能形成射流,溶液无法进行静电纺丝。为了更直观地了解纺丝溶液的可纺性,测定了不同 PCS 浓度(0.95 ~ 1.55 g·mL^{-1})纺丝溶液的黏度。如图 3 - 4 所示,纺丝液的黏度随浓度的升高先平缓地增加后迅速增大。通过曲线拟合,发现二者之间的关系可用式(3 - 1)表示:

$$y = 0.5\exp(4.9x) - 13.3 \qquad (3-1)$$

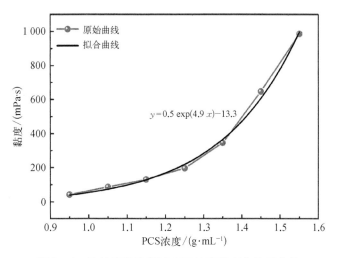

图 3-4　纺丝溶液黏度随 PCS 浓度的变化关系曲线

式中,y 是纺丝溶液的黏度,x 为 PCS 的浓度。溶液的实际黏度与拟合曲线十分
吻合,表明在 PCS 浓度为 0.95~1.55 g·mL^{-1} 范围内,纺丝溶液的黏度可以由更
为直观的物理参数——PCS 浓度反映。

　　由前所述,当溶液黏度过大或过小都不能得到 PCS 纤维。分别配制 PCS 浓
度为 0.85 g·mL^{-1}、0.95 g·mL^{-1}、1.05 g·mL^{-1}、1.15 g·mL^{-1}、1.35 g·mL^{-1} 和
1.55 g·mL^{-1} 的 PCS 纺丝溶液并进行静电纺丝。图 3-5 是 PCS 浓度为 0.85 和
0.95 g·mL^{-1} 时静电纺丝所得原纤维的光学照片。当 PCS 浓度为 0.85 g·mL^{-1}
时,只有 PCS 的液滴生成;当 PCS 浓度为 0.95 g·mL^{-1} 时,虽然可以得到 PCS 纤

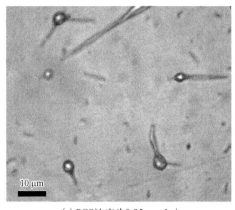

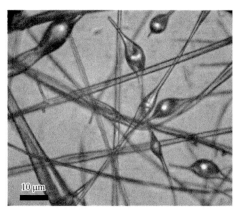

(a) PCS 浓度为 0.85 g·mL^{-1}　　　　　　(b) PCS 浓度为 0.95 g·mL^{-1}

图 3-5　PCS 不同浓度下静电纺丝所得原纤维的光学照片

维,但纤维直径不均匀,纤维上还有串珠生成。在对浓度为 1.55 g·mL^{-1} 的 PCS 溶液进行静电纺丝时,发现溶液很难从喷头中挤出,不能得到纤维,较为合适的 PCS 纺丝浓度为 1.05~1.35 g·mL^{-1}。

采用一定比例的混合溶剂对不同 PCS 浓度(1.05 g·mL^{-1}、1.15 g·mL^{-1}、1.25 g·mL^{-1} 和 1.35 g·mL^{-1},样品编号分别记为 S5、S6、S7 和 S8)的纺丝溶液进行纺丝,烧成温度为 1 550℃。在高温烧成过程中由于部分 SiO$_x$C$_y$ 相的分解会释放 SiO 和 CO 气体,在纤维中会产生介孔和微孔,再加上纤维表面的大孔,从而制备了大孔-介孔-微孔多级孔结构 SiC 超细纤维(macro-meso-microporous SiC ultrathin fibers,MMM-SFs),其形成机制将在 3.2.5 节系统分析。

图 3-6 为不同 PCS 浓度纺丝液制备的大孔-介孔-微孔 SiC 超细纤维的 FITR 谱图。对于四个样品,在 760 cm^{-1}(500~950 cm^{-1} 范围内)处都明显观察到属于 Si—C 键的伸缩振动峰,表明在多级孔 SiC 超细纤维中存在大量的 SiC。而在 1 071 cm^{-1} 处发现了非常弱的属于 Si—O 键的吸收峰,这是由于纤维中存在的极微量 SiO$_x$C$_y$ 相,表明在高温烧成过程中,虽然大部分 SiO$_x$C$_y$ 相已经分解,但还是残留了少量的 SiO$_x$C$_y$ 相。

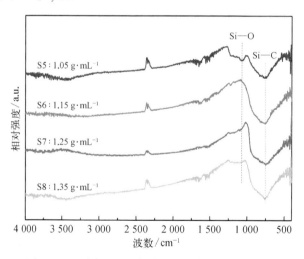

图 3-6 不同 PCS 浓度纺丝液制备的大孔-介孔-微孔 SiC 超细纤维的 FITR 谱图

采用 XRD 表征了不同 PCS 浓度溶液制备的 MMM-SFs 的相结构。如图 3-7 所示,与常规 SiC 超细纤维相似,可以看到在 2θ=35.6°、41°、60°、72°和 75.5°处有属于 3C-SiC(JCPDS,No. 29-1129)(111)、(200)、(220)、(311)和(222)晶面的特征吸收峰。所有特征峰的峰位置与常规 SiC 超细纤维相比没有发生明显变化,表明多级孔结构的生成没有影响纤维的相结构。在 $2\theta=33.6°$ 处观察到的标记为 S.F. 的弱吸收峰是由于 3C-SiC 晶体结构中产生的堆垛层错引起的。由于多级孔 SiC 超细纤维的烧成温度较高,纤维中会发生晶体结构的重排而产生堆垛层错。SiC 相的特征吸收峰都十分尖锐,表明所制备的超细纤维具有高的结晶度。此外,在谱图中没有观察到属于石墨碳或 SiO_2 的特征吸收峰。

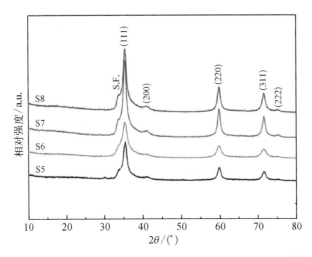

图 3-7　不同 PCS 浓度纺丝液制备的 MMM-SFs 的 XRD 谱图

　　通过 XPS 分析表征了典型样品 S6 的元素组成。如图 3-8 所示,XPS 谱图中仅有 4 个特征峰,分别对应于 Si、C 和 O 三种元素,其原子百分比分别为 46.6%、39.6% 和 13.8%。Si2p 拟合谱图表明在 100.7 eV、101.5 eV 和 102.8 eV 处分别出现了对应于 SiC,Si—O 和 $Si—O_2$ 的特征峰。从 C1s 的拟合谱图中也观察到在 282.9 eV 有属于 C—Si 键的特征峰以及在 283.6 eV 处属于 C—O 键的特征峰。O1s 峰可以拟合为在 531.8 eV 和 532.5 eV 处的两个特征峰,它们分别对应于 Si—O—C 键和 Si—O—Si 键。C1s 和 O1s 峰也证明了纤维主要由 SiC 和少量的 SiC_xO_y 和 SiO_2 相组成。而 SiC_xO_y 和 SiO_2 相在 XRD 谱图中没有观察到,这也暗示这两相在纤维中的含量十分少。

　　样品 S5~S8 的微观结构进一步通过 Raman 光谱进行表征(图 3-9)。在 792 和 963 cm^{-1} 处的强峰是横向光学模式(TO)和纵向光学模式(LO)。而在 525 cm^{-1} 处较弱的特征峰是由于声子振动模式引起的,同时,761 cm^{-1} 处的肩峰是由于布里渊或其他中心的横向振动模式。随 PCS 浓度升高,761 cm^{-1} 处的肩峰的峰强度也越高,这是由于 PCS 浓度越高,制备的纤维直径越大,在纤维中引

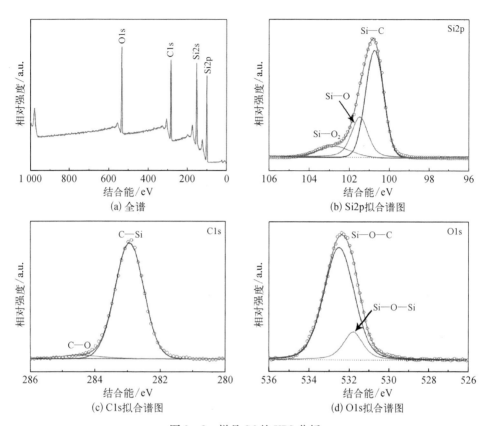

图 3-8　样品 S6 的 XPS 分析

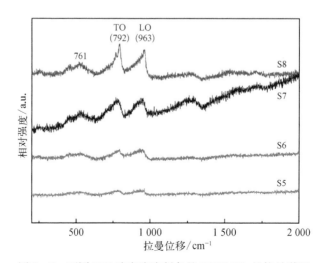

图 3-9　不同 PCS 浓度溶液制备的 MMM-SFs 的拉曼谱图

入了更多的堆垛层错的原因。与体相 SiC 的 TO 和 LO 振动模式相比,所制备的 MMM-SUFs 的拉曼峰偏移了 $4 \sim 9 \ cm^{-1}$。这主要是由于存在堆垛层错的原因。值得注意的是,在拉曼光谱中没有发现属于自由碳的特征峰,说明得到的 MMM-SUFs 具有较高的纯度。

　　为了考察多级孔 SiC 超细纤维的微观结构,对所制备样品进行了 SEM 测试,测试结果如图 3-10 所示。图 3-10(a)、(d)、(g)、(j)是样品 S5、S6、S7 和 S8 的低倍数 SEM 照片。经过 1 550℃高温处理后,所得样品仍然保持了完好的纤维形貌。放大的 SEM 照片[图 3-10(b)、(e)、(h)、(k)]表明,样品 S6 和 S7 相比于 S5 和 S8 拥有更小更均匀的大孔,说明样品 S6 和 S7 对应的 PCS 浓度是有利于 DMF 挥发的。样品的横截面图片[图 3-10(c)、(f)、(i)、(l)]显示,所制备的纤维横截面均为椭圆形,纤维表面的大孔主要分布在沿径向 400 nm 深度范围内,样品芯部为粗糙结构,没有观察到大孔。随 PCS 浓度的增高,多级孔

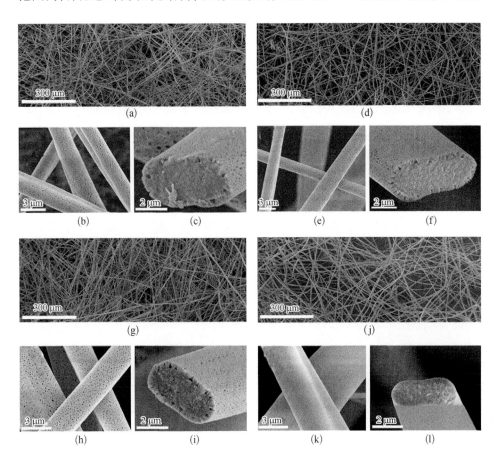

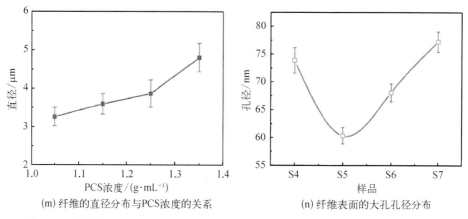

(m) 纤维的直径分布与PCS浓度的关系　　　　(n) 纤维表面的大孔孔径分布

图 3-10　样品(a,b,c)S5、(d,e,f)S6、(g,h,i)S7 和(j,k,l)S8 不同倍数的 SEM 照片

SiC 超细纤维的直径也从 3.7 μm 增大至 4.8 μm[图 3-10(m)]。对样品 S5,S6,S7 和 S8 表面的大孔孔径进行分析[图 3-10(n)],发现其表面大孔孔径分别为 73.9±2.3 nm、60.3±1.5 nm、68.0±1.6 nm 和 77.2±1.8 nm,呈现先减小后增大的趋势。由标准误差大小可以看出 S6 的大孔孔径分布都更均匀。

　　为了进一步考察 SiC 超细纤维的孔结构,对样品 S6 进行了 TEM 测试。由 TEM 照片[图 3-11(a)]可以看出,大部分大孔的形貌接近圆形,其直径大小约 70 nm,这与 SEM 测试结果一致。同样的,TEM 照片中还可以观察到纤维中存在介孔,证明了纤维的多级孔结构。由选区电子衍射[SAED,图 3-11(b)]可以看出,谱图中有 3 个明显的衍射环,表明纤维是多晶结构。这三个衍射环分别对应立方结构 SiC 的(111)、(220)和(311)衍射面。这与 XRD 测试结果一致。

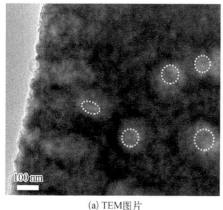

(a) TEM图片　　　　　　　　　　　　(b) SAED谱图

图 3-11　样品 S6 的 TEM 与 SAED 图片

　　小角 X -射线散射(SAXS)是研究材料中孔大小、周期性和分布等的有效工具。图 3 - 12 是样品 S6 的 SAXS 谱图。谱图中非常微弱的(211)晶面衍射峰表明纤维中存在介孔。但衍射峰的高度非常低,而且也没有观察到(220)晶面的衍射峰,这表明在纤维中孔结构为非常短程的有序。由于纤维中的介孔和微孔主要是由 SiO_xC_y 相分解产生的,因此孔结构不可能是长程有序的。

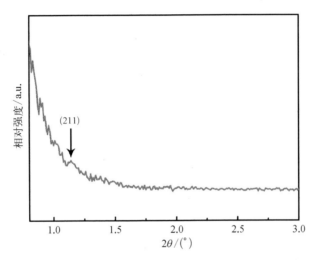

图 3 - 12　多级孔结构 SiC 超细纤维(样品 S6)的 SAXS 谱图

　　通过对得到的样品进行 N_2 等温吸附-脱吸附测试对 SiC 超细纤维的多级孔结构特征进行进一步验证。图 3 - 13 为样品 S5、S6、S7 和 S8 的 N_2 吸附-脱吸附等温曲线,四个样品都呈现典型的Ⅳ型吸附曲线,表明纤维中都存在介孔结构。对样品 S5、S6、S7 和 S8,纤维的比表面积分别为 114.1 $m^2 \cdot g^{-1}$、128.2 $m^2 \cdot g^{-1}$、98.8 $m^2 \cdot g^{-1}$ 和 86.1 $m^2 \cdot g^{-1}$,对应的平均孔径为 6.4 nm、5.5 nm、7.5 nm 和 9.3 nm。此外,在低的 P/P_0 值范围内(P/P_0<0.1)出现一个对 N_2 的快速吸附现象,表明纤维中有微孔存在。由不同 PCS 浓度引起的 SiC 纤维比表面积的变化可能是由于两方面的原因导致的:一是 PCS 溶液浓度过低或过高都会造成 PCS 纺丝的不稳定性提高;二是溶剂的挥发很大程度上受到溶液黏度的影响。

　　本小节主要采用不同 PCS 浓度的溶液制备了不同的大孔-介孔-微孔 SiC 超细纤维。分析发现,所得的 SiC 超细纤维组成相似,主要由 SiC 和微量 SiO_xC_y 相组成。结构上,纤维中介孔和微孔主要分布于纤维的芯部,而大孔主要是在纤维的表面沿径向 400 nm 范围,形成一个类似核-壳形貌的结构。这种特殊的结构能保持适当的内在黏附力,加上强共价键 Si—C 键的存在,使制得的多孔纤维具有一定

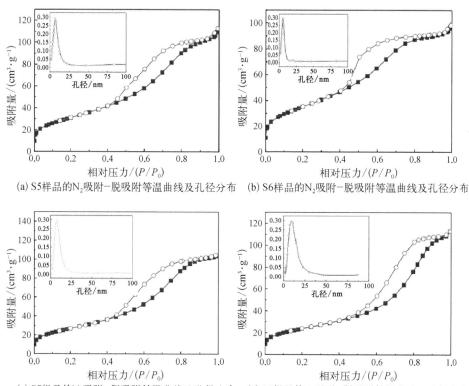

(a) S5样品的N$_2$吸附-脱吸附等温曲线及孔径分布　　(b) S6样品的N$_2$吸附-脱吸附等温曲线及孔径分布

(c) S7样品的N$_2$吸附-脱吸附等温曲线及孔径分布　　(d) S8样品的N$_2$吸附-脱吸附等温曲线及孔径分布

图 3-13　不同 PCS 浓度溶液制备的 SiC 超细纤维的 N$_2$ 吸附-脱吸附等温曲线及孔径分布

的强度。纤维的比表面积随 PCS 浓度呈现出先增大后减小的趋势,可通过 PCS 浓度调控多级孔结构 SiC 纤维的比表面积在 $86.1 \sim 128.2$ m$^2 \cdot$ g^{-1} 范围内变化。

3.2.4　烧成温度对纤维孔结构的影响

　　SiC 纤维的制备是从有机先驱体转化为无机产物的过程,此过程中,烧成温度对纤维的组成和结构有重要的影响。利用 3.2.1 节中得到的表面含有大孔和不含有大孔的 PCS 纤维,本节通过控制烧成温度可以得到只含有大孔(macroporous SiC ultrathin fibers, M-SFs)、只含有介孔-微孔(meso-microporous SiC ultrathin fibers, MM-SFs)和同时含有大孔-介孔-微孔的 SiC 超细纤维,其制备路线示意图见图 3-14。

　　为了更进一步地了解 PCS 原纤维转化为 SiC 纤维的过程中,温度对纤维结构的影响,对 PCS 原纤维,PCS 预氧化纤维以及 900℃、1 300℃和 1 550℃烧成得到的 SiC 纤维进行了 FTIR 测试,结果如图 3-15 所示。从图中可以看出,经过

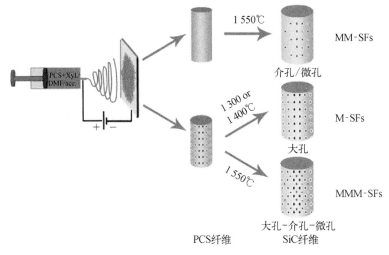

图 3 – 14　不同孔结构 SiC 超细纤维制备路线示意图

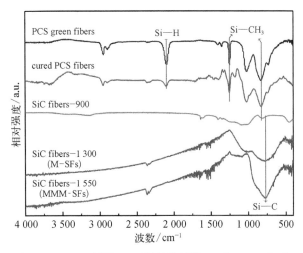

图 3 – 15　PCS 纤维、PCS 预氧化纤维、900℃、1 300℃ 和
1 550℃烧成得到的 SiC 纤维的 FTIR 谱图

预氧化以后,在 2 100 cm^{-1} 处代表 Si—H 键的特征峰明显地降低,这表明纤维中发生了氧化交联反应。而在 900℃ 烧成得到的 SiC 纤维的 FTIR 谱图中可以观察到微弱的代表 Si—C 键的特征峰(800 cm^{-1}),表明此时开始有 SiC 生成,而随着烧成温度的上升(1 300℃ 和 1 550℃),这个特征峰越来越强且更尖锐,表明纤维中越来越多的 PCS 转化为 SiC,SiC 晶体的结晶性更好。

　　MMM-SFs 的微观结构已在 3.2.3 节中介绍过了,这里主要对 M-SFs 和 MMM-SFs 的组成和结构进行分析。图 3 – 16 是 M-SFs 和 MM-SFs 的 XRD 谱图。与 MMM-SFs

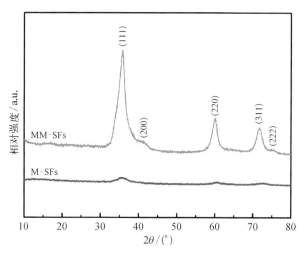

图 3 - 16　M-SFs 和 MM-SFs 的 XRD 谱图

的 XRD 测试结果类似，从谱图上都可以观察到属于 SiC 相(111)、(200)、(220)、(311)和(222)晶面的特征衍射峰。但 M-SFs 的衍射峰强度远低于 MM-SFs，这主要是由于 M-SFs 的烧成温度为 1 300℃，低于 MM-SFs 的烧成温度(1 550℃)所引起的。

　　M-SFs 和 MM-SFs 的 SEM 图片如图 3 - 17 所示。在 M-SFs 中，准圆形的大孔分布在纤维的表面[图 3 - 17(a)]，其孔径大小约为 70 nm。图 3 - 17(a)中插图表明纤维的直径分布均匀，大小为 3.59±1.57 μm。与 M-SFs 不同，MM-SFs 的表面光滑，无大孔[图 3 - 17(b)]。其横截面的 SEM 照片[图 3 - 17(b)插图]显示纤维芯部有因为介孔和微孔生成而产生的粗糙结构，更进一步证明了没有大孔生成。

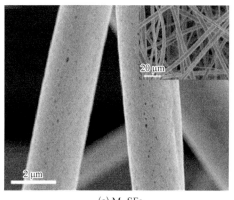

(a) M-SFs　　　　　　　　　　　(b) MM-SFs

图 3 - 17　M-SFs 和 MM-SFs 的 SEM 照片，(a)中插图是 M-SFs 的低倍数
SEM 照片，(b)中插图是 MM-SFs 的横截面形貌

　　为考察所制备纤维的微介孔结构特征,对三种不同孔结构的 SiC 超细纤维进行了等温 N_2 吸附-脱吸附测试。如图 3-18 所示,MM-SFs 和 MMM-SFs 的吸附等温曲线都为典型的Ⅳ型,表明纤维中存在介孔结构。同时,M-SFs 的吸附等温曲线没有滞后环出现,表明纤维中没有介孔或微孔存在。M-SFs、MM-SFs 和 MMM-SFs 的比表面积分别是 $3.26\,m^2 \cdot g^{-1}$、$116.8\,m^2 \cdot g^{-1}$ 和 $128.2\,m^2 \cdot g^{-1}$。在低的 P/P_0 值处 ($P/P_0<0.1$)有对 N_2 的快速吸附现象,表明应该有微孔存在。从孔径分布曲线看[图 3-18(b)],对于 MM-SFs,根据 BJH 测量计算的孔径分布为 0.2~25 nm,峰值为 0.5 nm 和 5.2 nm。但是,这种孔径分布太宽,并且难以控制,不利于广泛的应用。相比于 MM-SFs,MMM-SFs 的孔径范围为 1.7~15 nm,分布范围更窄,同时也表明纤维中同时存在介孔和微孔。因此,纤维表面大孔的生成,可能更有利于高温下 SiO_xC_y 相分解所产生的气体的释放,使得介孔和微孔的孔径分布范围更窄。也就是说,MMM-SFs 表面的大孔有利于诱导产生更均匀的介孔和微孔。此外,没有在 M-SFs 中发现有介孔和微孔的分布,也进一步说明 M-SFs 中仅含有大孔。

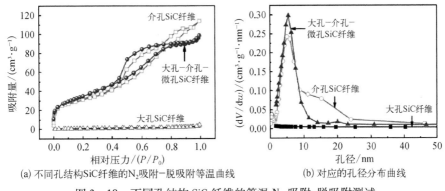

(a) 不同孔结构SiC纤维的N₂吸附-脱吸附等温曲线　　　　(b) 对应的孔径分布曲线

图 3-18　不同孔结构 SiC 纤维的等温 N_2 吸附-脱吸附测试

　　综上可见,以表面有大孔的 PCS 预氧化纤维在 1 550℃烧成可以得到由大孔、介孔和少量微孔组成的 MMM-SFs,且纤维中介孔和微孔孔径比 MM-SFs 更均匀。而在较低温度下(1 300℃)烧成只能得到表面含有大孔的 M-SFs。以表面没有大孔的 PCS 预氧化纤维在 1 550℃烧成可以得到仅含有介孔和微孔的 MM-SFs。

3.3　SiC 超细纤维中多级孔结构的形成机制

3.3.1　大孔的形成机制

　　由 3.2 节的分析可知,MMM-SFs 中的大孔、介孔和微孔多级孔结构主要是由两步孔结构演变而产生的。其中大孔的生成主要源于 VIPS 原理,介孔和微孔的产生主要是由于 SiO_xC_y 相分解所产生的。

图 3-19 为 PCS 纤维表面大孔形成机制示意图。由于 DMF 的沸点高达 153℃,在 25℃ 时的饱和蒸气压为 0.49 kPa,其挥发速率非常慢。一方面,PCS 在 DMF 中的溶解性非常小,DMF 对 PCS 而言是一种非溶剂,则 PCS 射流在静电场中逐渐拉伸细化的过程中,DMF 分子可能会被 PCS 分子排斥,DMF 分子受到 PCS 分子向外挤出的力而向纤维的表层迁移。另一方面,空气中相对湿度为 60% 以上,存在大量的水分子,水分子对于 PCS 也是非溶剂,但水分子与 DMF 分子具有极好的混溶性。因此,水分子可以诱导纤维中的 DMF 分子逐渐迁移至纤维表层,并将 DMF 分子包裹。同时,由于 PCS 分子的凝胶化速率非常快,这从 PCS 射流非常容易在纺丝喷头固化而堵塞喷头也可以判断,固化的 PCS 会阻挡非溶剂水分子进一步向纤维内部扩散。最后,当水分子包裹的 DMF 分子都挥发后,就会在纤维表层留下大孔,而在纤维内部没有大孔生成。

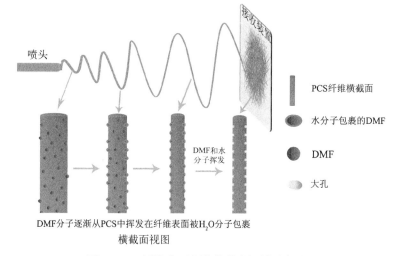

图 3-19　纤维表面大孔的形成机制示意图

本书的结论也验证了 Fashandi 等[8] 的关于 DMF 在孔结构形成过程中所起作用的推断。他们将 PEI/DMF 溶液进行纺丝,由于 PEI 具有小的混合区和结构形成区,聚合物溶液很容易发生液-液相分离,而且 PEI 非常容易凝胶化,可阻挡非溶剂向纤维内部扩散,从而得到了纤维表面多孔而内部无孔的 PEI 纤维。虽然也有文献报道,对于聚苯乙烯/DMF[4] 和聚丙烯腈/DMF 体系[9],更多的是在纤维内部生成孔。不过,在他们的体系中,DMF 对于溶质是一个良溶剂,而在本

书的体系中 DMF 对于 PCS 是一个非溶
剂(不良溶剂)。

　　为了证明纤维表面的大孔是在静
电纺丝过程中形成,而不是由于后续的
热处理过程产生的,从 PCS 原纤维的
SEM 测试结果(如图 3 - 20 所示)可以
清楚地看到,在 PCS 原纤维表面存在大
量的大孔。这也间接证明了上述 PCS
表面大孔形成机制推测的正确性。

3.3.2　介孔和微孔的形成机制

图 3 - 20　PCS 原纤维的 SEM 图片

　　在 1 550℃ 高温条件下,纤维中的 SiO_xC_y 相会发生分解反应而产生 SiO 和
CO 气体小分子,其反应方程式如方程(3 - 2)[10,11]:

$$SiO_xC_y(s) \rightarrow SiC(s) + SiO(g) + CO(g) \tag{3-2}$$

　　这些气体小分子逸出后会在纤维中留下介孔或微孔。然而,对于 M-SFs,由
于其烧成温度为 1 300℃,此时,在纤维表面只观察到大孔存在,这是由于在
1 300℃ 时 SiC_xO_y 相基本没有分解而导致的。

　　为证明上述推论,对 PCS 预氧化纤维进行了原位的程序升温质谱测试
(图 3 - 21)。在惰性气氛下,将 PCS 预氧化纤维由室温升至 1 600℃,升温速率
为 10℃ min^{-1}。在低于 1 000℃ 时,由于 PCS 从有机聚合物到无机陶瓷相转变,
释放出大量的 H_2O 和 CH_4 以及少量的 H_2、C_2H_6 和 CO_2。大量 H_2O 的形成主要
是由于 Si—OH 的脱水缩合以及吸附水的释放。其他气体的生成主要是由于
Si—H,Si—CH$_3$ 和 Si—CH$_2$—Si 键的脱氢和脱甲烷反应。但这些气体的释放伴
随着纤维收缩,因而对最后 MMM-SFs 中介孔和微孔的形成没有贡献。在
1 000~1 400℃ 主要发生的是 SiC 的结晶化过程,SiC 晶粒逐渐长大,结晶程度逐
渐提高,此温度范围内没有气体释放。当温度高于 1 470℃ 时,可以观察到由
SiO_xC_y 相分解而产生的 CO 气体产生。本节中 MMM-SFs 的烧成温度为 1 550℃,
并保温 1.5 h,所以会产生足量的 CO 气体,从而在纤维中形成介孔和微孔。

　　本节以 PCS 为先驱体,通过静电纺丝法结合先驱体转化法制备了大孔-介
孔-微孔三级孔结构 SiC 超细纤维。纤维中的大孔主要分布在纤维表面 400 nm
厚度范围内,是由于纺丝过程中气相非溶剂致相分离而产生的。纤维中的介孔

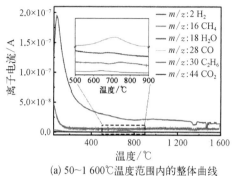
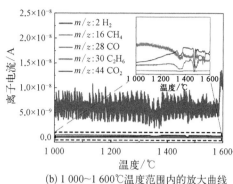

(a) 50~1 600℃温度范围内的整体曲线　　　(b) 1 000~1 600℃温度范围内的放大曲线

图 3-21　PCS 预氧化纤维的 TPD-MS 曲线：(a) 中的插图为 500~900℃温度
范围内的放大曲线；(b) 中的插图是 m/z：2 H_2，m/z：16 CH_4，
m/z：30 C_2H_6 以及 m/z：44 CO_2 的放大图像

和微孔大多分布在纤维芯部，主要是由于高温下 SiO_xC_y 相分解生成的气体逸出后而留下的孔洞。研究了溶剂配比、纺丝环境湿度、PCS 浓度和烧成温度对 SiC 超细纤维直径和孔结构的影响。通过对这些参数的调控，可以可控地制备仅含大孔、仅含微介孔以及同时含大孔、介孔和微孔的 SiC 超细纤维。制得的大孔-介孔-微孔 SiC 超细纤维的比表面积可在 86.1~128.2 $m^2 \cdot g^{-1}$ 调控。由于大孔-介孔-微孔 SiC 纤维具有高的比表面积和丰富的三级孔结构，将比单一孔结构纤维表现出更快的传质效率，在航天航空、发动机和核工业等极端性环境中具有很大的应用潜力。

3.4　大孔-介孔-微孔 SiC 超细纤维的性能

3.4.1　高温耐腐蚀性能

尽管 MMM-SFs 具有多级孔结构，但同样也保持了很好的柔性。如图 3-22 所示，由 MMM-SFs 组成的纤维毡可以保持平整，也可以不同角度地扭曲。纤维的柔性主要是由于两方面的原因。一是纤维具有独特的孔结构，虽然多孔材料一般柔性都较差，但本书所介绍的 MMM-SFs 中，大孔主要分布与纤维表层，芯部有部分介孔和微孔，形成了一个类似于核-壳型的结构。另一方面则是源于 Si—C 键是一个强的共价键，使 SiC 本身就有较好的力学性能。

实际应用中，材料或器件往往需要同时面对高温和腐蚀性环境，例如 H_2S

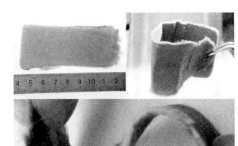

和正丁烷的选择性氧化（200℃）、硫-碘(S-I)循环中将 H_2SO_4 分解制氢气（650~850℃）和费托合成等众多多相催化反应过程。因此,材料的抗腐蚀性能,特别是高温环境下的抗腐蚀性,对于在极端环境中的应用是一个很重要的问题。MMM-SFs 的抗腐蚀性可通过在 0.5 mol/L 的稀 H_2SO_4 溶液中处理以及后续的热处理来进行表征。如图 3-23 (a)所示,在稀 H_2SO_4 处理 5 h 后,纤维能保持长纤维形貌,纤维表面孔结构也

图 3-22　MMM-SFs 毡的光学照片

(a) 表面特征

(b) 横截面特征

(c) N_2中800℃处理1 h后的SEM照片

(d) 空气中800℃处理1 h后的SEM照片

图 3-23　MMM-SFs 经过 0.5 mol/L 稀 H_2SO_4 处理 5 h 后的 SEM 照片

（a）,（c）和(d)中的插图分别是对应的低倍数 SEM 照片

没有被破坏。从纤维的横截面看,纤维内部也没有被腐蚀的迹象,孔结构没有发生变化[图 3 - 23(b)]。将稀 H_2SO_4 处理后的 MMM-SFs 干燥后继续在 800℃ N_2 或者空气中处理 1 h,发现纤维仍然能保持很好的连续性[图 3 - 23(c)和(d)插图],其孔结构也没被破坏[图 3 - 23(c)和(d)]。

　　为了验证不同条件处理后的纤维的组成是否发生变化,对相应的样品进行了 XRD 测试。从图 3 - 24 可以看出,经过 0.5 M 稀 H_2SO_4 处理及后续 800℃ N_2 处理的样品的 XRD 谱图相比于未处理的 MMM-SFs(图 3 - 7)没有发生明显变化,而经过 800℃ 空气处理的样品的 XRD 谱图中出现了一个较弱的对应于 SiO_2 的衍射峰,这可能是由于 SiC 表面的微弱氧化而引起的。但总体而言,从 XRD 谱图可以反映出经过稀 H_2SO_4 处理及后续的高温热处理,纤维的主要相结构没有发生改变,表明纤维具有很好的抗腐蚀性和热稳定性。

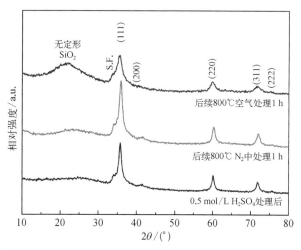

图 3 - 24　MMM-SFs 经过 0.5 M 稀 H_2SO_4 处理 5 h 及后续在
800℃ N_2 或者空气中处理 1 h 后的 XRD 谱图

　　MMM-SFs 的热稳定性可以通过高温热重分析进行进一步验证(图 3 - 25)。在空气气氛中,将 MMM-SFs 由室温升至 1 400℃,升温速率为 10℃·min^{-1}。结果表明,当温度低于 800℃ 时纤维基本没有失重和增重现象发生,而在 800 ~ 1 400℃ 范围内,纤维仅仅增重了 17.32%,也说明纤维在空气中具有较好的热稳定性。

3.4.2　亲水亲油性

　　材料的亲水性亲油性对于理想的催化剂载体而言十分重要,特别是应用于

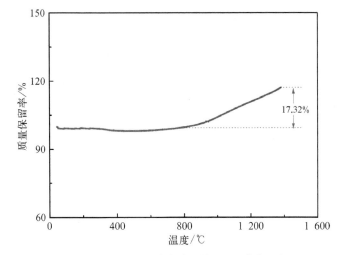

图 3 – 25　MMM-SFs 空气气氛下的 TGA 曲线：室温~
1 400℃；升温速率为 10℃ · min⁻¹

生物传感和生物医药(药物释放和组织工程等)。为了测得 MMM-SFs 对水和油
的浸润性,分别将一定量的 MMM-SFs 浸入二甲苯、水以及二甲苯/水(比例为
1∶1)混合溶液中,结果如图 3 – 26 所示。可以看出,MMM-SFs 能很好地浸没
在水和二甲苯中,在纤维表面也没有观察到气泡,即 MMM-SFs 在水和二甲苯
中都有很好的浸润性。当纤维浸没在水和二甲苯混合液中,经过剧烈的摇动,
纤维竖直地悬浮在二甲苯和水的交界面,同样表明 MMM-SFs 具有很好的亲水亲
油两亲性能。

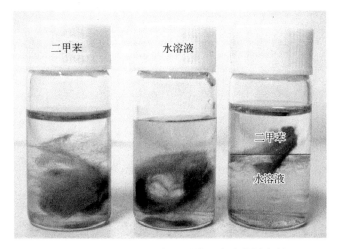

图 3 – 26　MMM-SFs 在二甲苯和水中的浸润性

　　接触角测试是表面探测的重要技术手段,根据静态接触角的大小可以更直接地了解材料表面对不同液体的浸润性。用微量注射器滴加约 2 μL 水或二甲苯到 MMM-SFs 的水平面上,在液滴(液体)、MMM-SFs(固体)和空气(气体)三相交界处,自固液界面经液体内部到气体界面的夹角即为静态接触角。测试结果如图 3 - 27 所示。可见,MMM-SFs 对水的接触角为 11.3°[图 3 - 27(a)],对二甲苯的接触角为 8.6°[图 3 - 27(b)],再一次验证了 MMM-SFs 具有很好的亲水亲油性。材料的亲疏水性与其组成和结构有很大关联。SiC 本征是疏水亲油的,而本书所介绍的 MMM-SFs 表现出的亲水亲油性可能是由于纤维表面的多孔结构导致粗糙度高且表面含有 Si—O 键所致。将 MMM-SFs 置于 10% 的 HF 溶液中处理 12 h 除去纤维表面的 Si—OH 和 SiO_2 等,样品标记为 MMM-SFs-HF。接触角测试结果发现 MMM-SFs-HF 对水的接触角为 33.1°[图 3 - 27(c)],比处理前亲水性略差,但仍是亲水的。而对二甲苯的接触角减小为 6.3°[图 3 - 27(d)],

(a) 未处理 MMM-SFs 对水的接触角

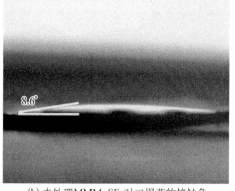

(b) 未处理 MMM-SFs 对二甲苯的接触角

(c) 10%HF 处理后的 MMM-SFs 对水的接触角

(d) 10%HF 处理后的 MMM-SFs 对二甲苯的接触角

图 3 - 27　(a)、(b) 未处理及 (c)、(d) 10%HF 处理后的 MMM-SFs 对水和二甲苯的接触角

表明纤维的亲油性变好。这表明,纤维的亲水性一定程度上是由于纤维表面的
Si—O 键,但更重要的是取决于纤维表面的多孔结构。

3.4.3 快速传质性能

在气体分离和多相催化等领域,多孔材料的传质速率往往对分离效果或催
化转换效率有着很大的影响。一般的多孔材料往往只含有单一孔结构,而不管
是单一的介孔还是微孔,由于孔径单一,客体大分子物质在其中的运动会产生很
大的阻力。所以,仅含有单一介孔或微孔的材料虽然比表面积大,但应用过程中
的传质效率一般都较低。在材料中引入大孔和介孔等多级孔结构,不仅能提高
材料的比表面积,更有利于大分子物质的移动,从而提高传质效率。本书以亚甲
蓝(methylene blue, MB)作为大分子物质,通过 MMM-SFs 对 MB 的吸附动力学
研究,考察多级孔结构之间的协调效应,进而研究 MMM-SFs 的传质性能。

不同溶液平衡浓度时的吸附量可以由吸附等温线来表示。图 3 - 28 是
MMM-SFs 对 MB 的吸附等温线。纤维对 MB 的吸附过程可以由式(3 - 3)所示
的 Langmuir 方程来描述:

$$q_e = \frac{q_{max}K_LC_e}{1 + K_LC_e} \qquad (3-3)$$

式中,C_e 是溶液中 MB 的平衡浓度($mg \cdot L^{-1}$);q_e 是纤维对 MB 的平衡吸附量
($mg \cdot g^{-1}$);q_{max} 是纤维对 MB 的最大吸附量($mg \cdot g^{-1}$);K_L 是 Langmuir 吸附速率

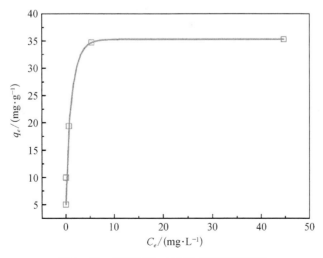

图 3 - 28 MMM-SFs 对 MB 的吸附等温线

常数($L \cdot mg^{-1}$)。

式(3-3)还可以改写成式(3-4)的形式：

$$\frac{C_e}{q_e} = \frac{1}{q_{max}K_L} + \frac{C_e}{q_{max}} \qquad (3-4)$$

以 C_e/q_e 对 C_e 作图(图3-29)，发现二者呈现很好的线性关系，线性相关系数 $R^2 = 0.999\,9$，表明平衡吸附数据很好的吻合 Langmuir 方程。这一结果说明 MMM-SFs 对 MB 的吸附是 Langmuir 吸附，也即是 MMM-SFs 表面各个吸附位点的性质是相同的，而 MB 在 MMM-SFs 表面上是单层吸附。

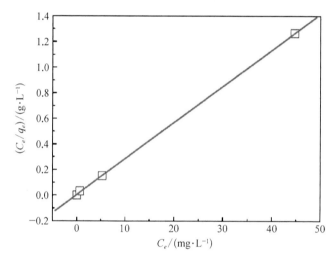

图3-29　MB 在 MMM-SFs 上的 Langmuir 吸附等温线

为了研究大孔、介孔和微孔之间的协同作用，对比了 M-SFs、MM-SFs 和 MMM-SFs 对 MB 的吸附行为。图3-30(a)是添加样品 MMM-SFs 后 MB 溶液的 UV-vis 吸收光谱，表明 MMM-SFs 对 MB 具有很快的吸附速率。仅仅在 2 min 内，MB 溶液从蓝色完全变成了无色[图3-30(a)中插图]。对比时间 t 时溶液中 MB 的浓度 C 与溶液初始浓度 C_0 发现，在 5 min 以内，MMM-SFs 吸附了95%的 MB，而此时，MM-SFs 和 M-SFs 分别只吸附了82.9%和15.9%。这说明介孔和微孔对吸附 MB 起了决定性作用，大孔的贡献较少。而介孔和微孔越多，纤维的比表面积越大，也就是说，材料的吸附量主要是与材料的比表面积大小有关。有趣的是，MMM-SFs 的吸附量基本是 M-SFs 和 MM-SFs 的总和，需要进一步开展实验来验证大孔-介孔-微孔的贡献是否可以简单的由大孔以及介孔-微孔的贡献加和得到。

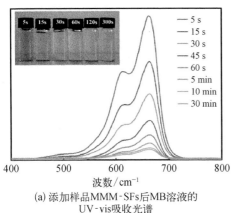

(a) 添加样品MMM-SFs后MB溶液的 UV-vis吸收光谱

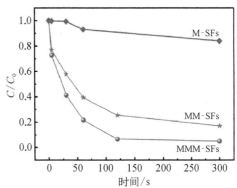

(b) M-SFs，MMM-SFs和MMM-SFs对 MB的吸附动力学曲线

图 3-30　M-SFs，MM-SFs 和 MMM-SFs 对 MB 的吸附行为

(a)中插图是 MB 溶液颜色随时间变化

　　材料的吸附量决定于其比表面积,这一结论已得到众多学者的认可,而材料的吸附速率可能更多的是受材料的孔结构影响。为了深入探索孔结构对吸附速率的影响,我们对样品的吸附行为进行了准一级和准二级动力学方程[式(3-5)和式(3-6)]模拟[12,13]:

$$In(C_0/C) = K_1t \tag{3-5}$$

$$\frac{t}{q_t} = \frac{1}{K_2q_e^2} + \frac{t}{q_e} \tag{3-6}$$

其中,$q_e(mg \cdot g^{-1})$、$K_1(s^{-1})$ 和 $K_2(g \cdot mg^{-1} \cdot s^{-1})$ 分别是平衡吸附量,准一级和准二级吸附速率常数。拟合结果列于图 3-31 和表 3-1。从图 3-31 可以看出,MM-SFs 和 MMM-SFs 对 MB 的吸附过程与准一级反应过程相关性较小[图 3-31(a)],而与准二级反应过程非常吻合[图 3-31(b)],说明是一个 Langmuir 吸附过程。如表 3-1 所示,准二级反应动力学模拟结果与实验结果非常一致,样品的理论吸附平衡值与实际值非常接近,且线性相关系数 R^2 都大于 0.999。而准一级反应模拟结果的 R^2 分别为 0.804 6 和 0.678 2,也表明 MM-SFs 和 MMM-SFs 对 MB 的吸附不符合准一级反应动力学。值得一提的是,MMM-SFs 的比表面积仅仅是 MM-SFs 的 1.1 倍,但 MMM-SFs 的吸附速率常数 $K_2(13.74\ g \cdot mg^{-1} \cdot s^{-1})$ 是 MM-SFs $(10.44\ g \cdot mg^{-1} \cdot s^{-1})$ 的 1.3 倍。MMM-SFs 拥有更快的吸附速率可能是纤维中大孔-介孔和微孔之间的协同效应导致更高的传质效率引起的。所以,MMM-SFs 表现出如此快的传质效率主要是由于引入了大孔,使得 MB 在纤维中的吸附更为容易。

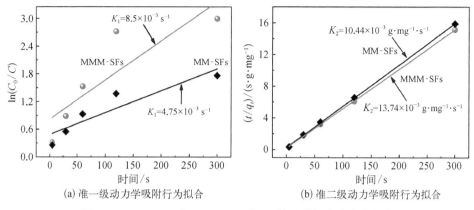

(a) 准一级动力学吸附行为拟合　　　　　(b) 准二级动力学吸附行为拟合

图 3 - 31　MM-SFs 和 MMM-SFs 对 MB 的吸附行为动力学拟合

表 3 - 1　MMM-SFs 对 MB 的吸附行为准一级和准二级动力学模拟结果

样　品	准一级模拟结果		准二级模拟结果			
	$K_1(\times 10^{-3} \cdot s^{-1})$	R^2	$q_{e\text{-}exp}$	$q_{e\text{-}cal}$	$K_2(\times 10^{-3} g \cdot mg^{-1} \cdot s^{-1})$	R^2
MM-SFs	4.75	0.804 6	19.52	19.12	10.44	0.999 6
MMM-SFs	8.50	0.678 2	19.98	20.04	13.74	0.999 8

　　材料的可再生使用同样是实际应用过程中一个至关重要的问题。大部分材料的脱吸附再生需要较为繁琐的工序。利用 MMM-SFs 的高温稳定性和抗氧化性以及有机吸附物高温下分解的特性,MMM-SFs 的吸附循环性能可通过吸附-回收-热再生过程进行。MB 溶液初始浓度为 5 g・mL^{-1},将 MMM-SFs 加入 MB 溶液中,待吸附完成后取出,然后在 500℃马弗炉中保温 2 h 除去 MB 即可得到再生的 MMM-SFs。如图 3 - 32 所示,循环性能测试过程中,MMM-SFs 的吸附量和吸附速率都基本没有变化。经过 5 个循环后,MMM-SFs 对 MB 的吸附效率仍然保持在 93.3%,表明 MMM-SFs 仅仅通过简单的空气热处理就可以实现重复利用。

　　由于在吸附循环过程中,MMM-SFs 经过了反复的退火和吸附过程,有必要对纤维表面的孔结构进行进一步表征。图 3 - 33 是 MMM-SFs 经过 5 个循环后的 SEM 照片。从图中可以看出,无论是纤维表面还是纤维横截面的孔结构都没有被破坏,纤维表面的大孔也没有堵塞现象。由此可以说明,所制备的 MMM-SFs 可以成功地通过简单的煅烧退火过程得到再生,这对于提高使用效率尤为重要。

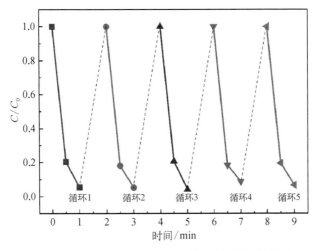

图 3-32　MMM-SFs 对 MB 染料的吸附循环性能

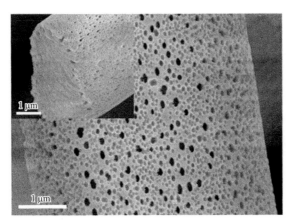

图 3-33　MMM-SFs 经过 5 个循环后的 SEM 照片。
图中插图为纤维横截面照片

　　综上所述,MMM-SFs 具有较好的柔性和耐高温耐腐蚀性,在 0.5 mol/L 的稀 H_2SO_4 溶液中浸泡及后续 800℃空气或 N_2 处理后,孔结构和相结构均未发生明显变化。MMM-SFs 还具有很好的亲水亲油双亲性能,对水的接触角为 11.3°,对二甲苯的接触角为 8.6°。此外,MMM-SFs 还表现出比 MM-SFs 更快的传质速率,以吸附亚甲基蓝为例,MMM-SFs 拥有更高的吸附量,更快的吸附速率和优异的吸附循环性能。MMM-SFs 的这些优异性能,使其在多相催化、高温过滤和其他极端环境中都有着广阔的应用前景。

参 考 文 献

[1] Wu R B, Zhou K, Yue C Y, et al. Recent progress in synthesis, properties and potential applications of SiC nanomaterials. Progress in Materials Science, 2015, 72: 1 - 60.

[2] Lu P, Huang Q, Liu B, et al. Macroporous silicon oxycarbide fibers with luffa-like superhydrophobic shells. Journal of the American Chemical Society, 2009, 131(30): 10346 - 10347.

[3] Leventis N, Sadekar A, Chandrasekaran N, et al. Click synthesis of monolithic silicon carbide aerogels from polyacrylonitrile-coated 3D silica networks. Chemistry of Materials, 2010, 22(9): 2790 - 2803.

[4] Lu P, Xia Y. Maneuvering the internal porosity and surface morphology of electrospun polystyrene yarns by controlling the solvent and relative humidity. Langmuir, 2013, 29(23): 7070 - 7078.

[5] Madhugiri S, Zhou W, Ferraris J P, et al. Electrospun mesoporous molecular sieve fibers. Microporous and Mesoporous Materials, 2003, 63(1): 75 - 84.

[6] Gupta A, Saquing C D, Afshari M, et al. Porous nylon - 6 fibers via a novel salt-induced electrospinning vethod. Macromolecules, 2009, 42(3): 709 - 715.

[7] Li D, Xia Y. Electrospinning of nanofibers: reinventing the wheel? Advanced Materials, 2004, 16: 1151 - 1170.

[8] Fashandi H, Ghomi A. Interplay of phase separation and physical gelation in morphology dvolution within nanoporous fibers electrospun at high humidity atmosphere. Industrial & Engineering Chemistry Research, 2015, 54(1): 240 - 253.

[9] Nayani K, Katepalli H, Sharma C S, et al. Electrospinning combined with nonsolvent-induced phase separation to fabricate highly porous and hollow submicrometer polymer fibers. Industrial & Engineering Chemistry Research, 2012, 51(4): 1761 - 1766.

[10] Colombo P, Mera G, Riedel R, et al. Polymer-derived ceramics: 40 years of research and innovation in advanced ceramics. Journal of the American Ceramic Society, 2010, 93(7): 1805 - 1837.

[11] Bunsell A R, Piant A. A review of the development of three generations of small diameter silicon carbide fibres. Journal of Materials Science, 2006, 41(3): 823 - 839.

[12] Chen R, Yu J, Xiao W. Hierarchically porous MnO_2 microspheres with enhanced adsorption performance. Journal of Materials Chemistry A, 2013, 1(38): 11682 - 11690.

[13] Cheng B, Le Y, Cai W, et al. Synthesis of hierarchical $Ni(OH)_2$ and NiO nanosheets and their adsorption kinetics and isotherms to Congo red in water. Journal of Hazardous Materials, 2011, 185(2): 889 - 897.

第4章 模板法制备介孔 SiC 纳米纤维

由于 PCS 的分子量小,线性度差,不利于 PCS 在静电纺丝过程中的牵伸细化,只能得到直径为微米级(1~5 μm)的 SiC 超细纤维。为了防止 PCS 在高温烧成过程中熔融并丝,烧成前必须经过空气预氧化,但空气预氧化会在纤维中引入大量的氧,因此,所得到的纤维中仍然含有少量 SiO_xC_y 和 SiO_2 等杂质。这限制了 SiC 超细纤维在光电化学领域的应用。

与传统的气-液-固(vapor-liquid-solid,VLS)法相比,碳热还原法制备的 SiC 具有形貌可控、结构有序、堆垛层错少、无需催化剂和便于规模化生产等优点[1]。目前报道的纳米 SiC 大多是以粉末或纳米线形式存在,光催化分解水制氢的性能不理想。主要的原因在于其比表面积小,光催化活性位点少,而且光生电子-空穴复合快。相比于 SiC 粉末或纳米线,介孔 SiC 纳米纤维(nanofibers,NFs)具有连续的载流子迁移路径、比表面积更大、不易团聚和便于回收等优点。目前关于介孔 SiC NFs 制备的报道还很少,更没有 SiC NFs 在光催化领域应用的报道。

本章将以 CNFs 为碳源,同时作为形貌模板,以商业 Si 粉为 Si 源,通过碳热还原反应制备介孔 SiC NFs,详细研究了碳热还原温度和反应时间等因素对 SiC NFs 组成和结构的影响。考察了不同组成 SiC NFs 的光催化分解水制氢性能,研究了 SiC NFs 的形成机制和光催化分解水产氢机制。提出通过对 SiC NFs 中碳含量和产氢溶液中 pH 值的调控,实现光生电子和空穴同时分离的目的,大大提高了光催化制氢效率。

4.1 介孔 SiC 纳米纤维的制备

本节以 PAN 为先驱体,结合静电纺丝和碳热还原法制备了不同直径有序排列的 SiC NFs,通过调控反应温度和时间,制备了不同碳含量原位嵌入的介孔 SiC NFs,考察了碳热还原温度和反应时间对 SiC NFs 组成和孔结构的影响。还通过调控保护气体流速实现了 SiC NFs 和 SiC NWs 的选择性制备,研究了 SiC NFs 的选择性形成机制。

4.1.1　碳纳米纤维的制备

相比于采用 PCS 作为先驱体制备 SiC 超细纤维,以 CNFs 为碳源,通过碳热还原法制备纳米 SiC 具有多方面的优势:① 可制备纳米级 SiC 纤维;② 制备 CNFs 的先驱体来源更广泛(PAN,酚醛树脂和沥青等),成本更低廉;③ PAN 等 CNFs 的先驱体分子量远大于 PCS,可纺性更好;④ 制得的 SiC 纯度更高、相同温度制备的样品结晶性更好。

以 PAN 为先驱体,经过静电纺丝、预氧化和高温碳化得到 CNFs。所制备的 CNFs 的光学照片如图 4 - 1 所示。所制备 CNFs 毡的大小为 25×25 cm²,表明 CNFs 可以通过静电纺丝法较大面积制备。同时,CNFs 纤维毡还具有较好的力学性能和柔性,这为制备具有一定强度的 SiC NFs 提供了基础。

图 4 - 1　CNFs 纤维毡的光学照片

图 4 - 2 是 CNFs 的 SEM 照片。从低倍数的 SEM 照片可以看出,CNFs 的直径非常均匀,大小为 150~200 nm。纤维还具有高长径比和规整的形貌,在纤维之间及纤维上都没有观察到串珠。纤维与纤维之间存在微米级的孔隙,这有利于碳热还原反应过程中气态 Si 源向纤维毡内部扩散。从放大的 SEM 图片可知,

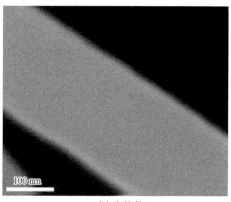

(a) 低倍数　　　　　　　　　　　　　　　(b) 高倍数

图 4 - 2　CNFs 的 SEM 照片

纤维表面非常光滑,未发现孔结构生成。

4.1.2　碳热还原温度对 SiC NFs 组成和结构的影响

SiC NFs 的碳热还原制备过程是:在 $50×50×30\ mm^3$ 的刚玉坩埚底部均匀铺设过量的商业硅粉,将上一小节制备的 CNFs 置于硅粉上方 1.5 cm 处(Si 与 CNFs 的摩尔比大于 5∶1),然后将坩埚转移至管式炉中,在一定流速的 Ar 保护下,升温至 1 300~1 500℃,保温 1~5 h,待自然冷却至室温后,即可得到 SiC NFs。可以看出,温度是影响碳热还原反应进行程度的最主要因素,在高于 1 300℃ 的条件下,Si 可直接与 C 发生碳热还原反应生成 SiC。但不同碳源和 Si 源的反应活性不同,体系中实际反应温度也不尽相同。本小节研究了碳热还原温度对 CNFs 与商业 Si 粉之间碳热还原反应及产物组成结构的影响。

图 4-3 是不同碳热还原温度反应 5 h 制备的 SiC NFs 的 FTIR 谱图。800 cm^{-1} 的吸收峰是 Si—C 键的伸缩振动峰。1 100 cm^{-1} 附近的吸收峰为 Si—O 键的伸缩振动峰。当反应温度为 1 250℃ 时,对应的 FTIR 谱图中没有发现 Si—C 键的吸收峰,说明此时 CNFs 与 Si 粉没有发生反应生成 SiC。但有非常弱的属于 Si—O 键的特征峰,这可能是 Si 与残留的 O_2(或 Si 粉中不纯的 SiO_2)反应生成 SiO 气体,冷却后沉积在纤维表面的原因。当反应温度高于 1 300℃ 时,其相应的 FTIR 谱图中能明显观察到属于 Si—C 键的吸收峰。并且反应温度越高,吸收峰强度越强,峰形也更尖锐,这表明由更高反应温度制得的 SiC NFs 中 SiC 含量更

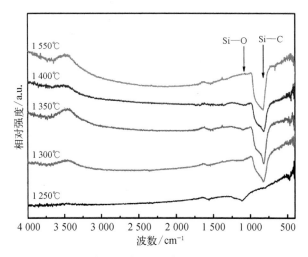

图 4-3　不同温度下反应 5 h 制备的 SiC NFs 的 FTIR 谱图

高,CNFs 与 Si 粉之间的反应越彻底。另一方面,谱图中几乎观察不到属于 Si—O
键的特征峰,表明 SiC NFs 中基本没有 SiO_2 或 SiO_xC_y 相。

采用 XRD 测试分析了不同温度下反应 5 h 制备的 SiC NFs 的相结构(图 4 - 4)。
从图可见,当反应温度为 1 250℃时,对应的 XRD 谱图中没有 SiC 的特征衍射
峰,只观察到在 2θ 为 21°附近属于无定形 SiO_2 的衍射峰及 26.3°附近属于无定形
碳的宽峰,这表明此温度下 CNFs 不能与 Si 粉反应生成 SiC,这与 FTIR 测试结果
一致。谱图中,所有明显的衍射峰都归属于 β-SiC 晶体的特征衍射峰。在 2θ 为
35.6°、60.2°和 71.9°处的衍射峰分别对应 β-SiC 晶体的(111)、(220)和(311)晶
面。从图中可以看出,在较低温度下(1 300~1 400℃),SiC 的各衍射峰比相同温
度下 PCS 基 SiC 纤维的衍射峰峰形更尖锐,表明相同温度下通过碳热还原法制
得的 SiC NFs 具有更高的结晶度。此外,还可以发现,(111)晶面的衍射峰强度
最高,表明在生成 SiC 过程中晶体主要沿[111]晶向生长。

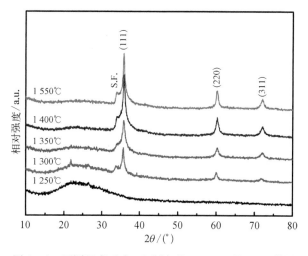

图 4 - 4　不同温度反应 5 h 制备的 SiC NFs 的 XRD 谱图

图 4 - 5 是不同温度下反应 5 h 制备的 SiC NFs 的 SEM 照片。与 CNFs 相
比,不同温度反应后所得到的纤维直径没有发生太大变化,大小为 150~200 nm,
但反应温度对纤维表面的形貌有很大的影响。反应温度为 1 250℃时,纤维表面
依然光滑,可观察到直径为 50~100 nm 的球状颗粒附着在纤维表面,这可能是
Si 与残余 O_2(或 Si 粉中 SiO_2 杂质)生成的气体沉积在纤维表面。反应温度为
1 300℃时,纤维表面变得粗糙,球状颗粒物消失,但在纤维表面发现存在明暗相
间的区域。推测暗区可能是未反应的 CNFs,而较亮的区域为生成的 SiC 相。随

着反应温度的继续升高,纤维表面更加粗糙,出现大量的沟壑,这可能是由于更高温度下反应更剧烈引起的。

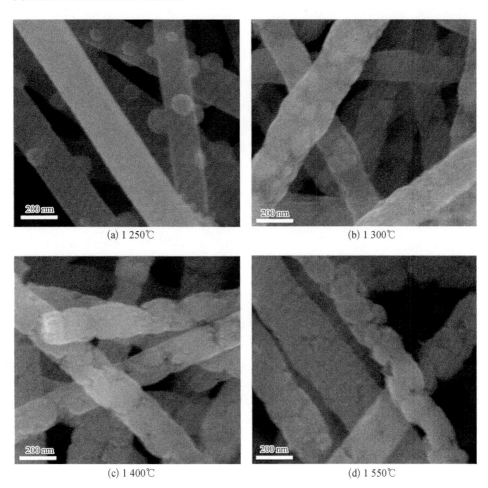

(a) 1 250℃　　　　　　　　　　　　　(b) 1 300℃

(c) 1 400℃　　　　　　　　　　　　　(d) 1 550℃

图 4-5　不同温度反应 5 h 制备的 SiC NFs 的 SEM 照片

　　SiC NFs 的微观结构可进一步通过 TEM 进行表征。图 4-6 是反应温度为 1 400℃时制备的 SiC NFs 的 TEM 和 SAED 图片。从图 4-6(a)可知,SiC NFs 具有规整的纤维形貌,纤维直径约 200 nm,且纤维为多孔结构。多孔结构有利于增大纤维的比表面积,使纤维具有更多的活性位点。纤维的 SAED 图片[图 4-6(b)]清晰地呈现出三个衍射环,表明纤维为多晶结构。三个衍射环由内而外分别是 SiC 晶体中的(111)、(220)和(311)晶面,这与 XRD 测试结果相一致。从纤维更大倍数的 TEM 照片可更清楚地印证 SiC NFs 的直径及多孔结构。高分辨率 TEM 图片显示,SiC NFs 中结晶性能较好,可明显分辨晶面间距为 0.25 nm,这一晶面间距为 SiC(111) 晶面的晶面间距。也由此可说明生成的 SiC 晶面主要沿着[111]晶向生长,这一结果与 XRD 结果相符。

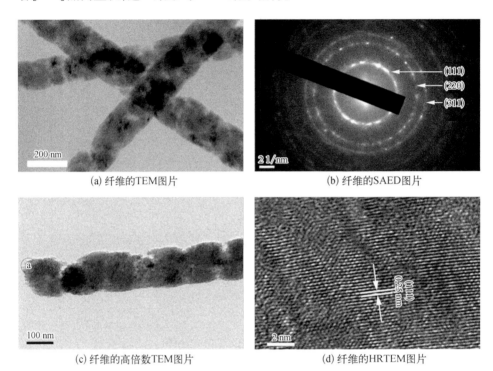

(a) 纤维的TEM图片   (b) 纤维的SAED图片

(c) 纤维的高倍数TEM图片   (d) 纤维的HRTEM图片

图 4 - 6   在 1 400℃反应 5 h 制备的 SiC NFs 的 TEM 图片和 SAED 衍射图案

4.1.3   反应时间对 SiC NFs 组成和结构的影响

反应时间也是影响碳热还原反应进程的重要因素。图 4 - 7 是温度为 1 350℃时反应不同时间制备的 SiC NFs 的 FTIR 谱图。类似地,在 800 cm⁻¹ 附近发现了属于 Si—C 键的伸缩振动峰,表明在 1 350℃即使反应 1 h,也会由大量 SiC 生成。谱图中 1 100 cm⁻¹ 附近属于 Si—O 键的伸缩振动峰十分微弱,说明得到的 SiC NFs 表面基本没有 SiO₂ 生成。

采用 XRD 分析了 1 350℃时反应不同时间制备的 SiC NFs 的相结构变化。如图 4 - 8 所示,对应于 SiC 晶体(111)、(220)和(311)晶面的特征衍射峰非常明显,表明生成了具有较好结晶度的 SiC。当反应时间为 1~2 h 时,在 2θ 为 26.2°附近出现了属于自由碳的衍射峰,这是由于反应时间短,CNFs 中的碳还未

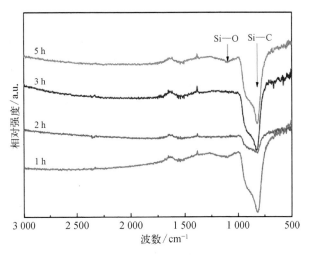

图 4-7　温度为 1 350℃时反应不同时间制备的 SiC NFs 的 FTIR 谱图

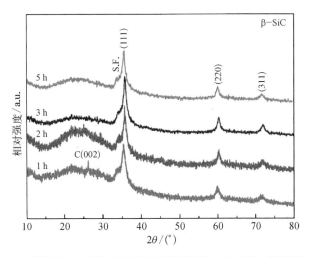

图 4-8　温度为 1 350℃时反应不同时间制备的 SiC NFs 的 XRD 谱图

完全转化为 SiC。实际上,SiC NFs 含有适量的碳有利于提高 SiC 纤维的导电性,也将对 SiC NFs 纤维的光电性能产生重要影响。延长反应时间至 3~5 h,对应的 XRD 谱图中没有自由碳的衍射峰,此时 CNFs 可能已完全转变为 SiC NFs。

图 4-9 是在 1 350℃条件下反应 1~5 h 制备的 SiC NFs 的 SEM 照片。反应时间为 1 h 时,纤维表面依然保持类似 CNFs 表面的光滑。随着反应时间的延长,纤维表面变得更加粗糙。这也间接说明 CNFs 与 Si 之间的反应是由 CNFs 表面逐渐向纤维芯部进行。虽然纤维表面结构发生变化,但所有纤维的直径都为 200 nm 左右,与 CNFs 的直径相比没有明显变化。

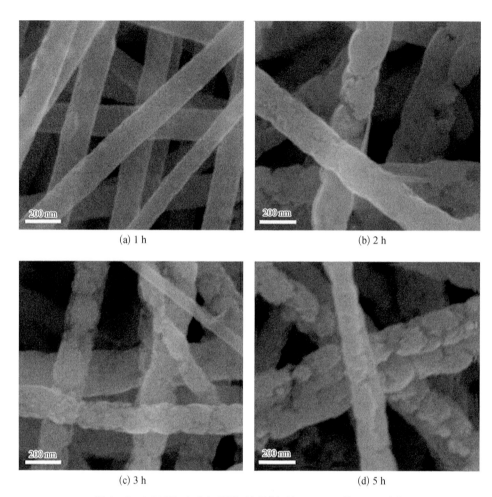

(a) 1 h   (b) 2 h

(c) 3 h   (d) 5 h

图 4-9   1 350℃时反应不同时间制备的 SiC NFs 的 SEM 照片

4.1.4　不同直径及有序 SiC NFs 的制备

　　形状和尺寸对 SiC 的光学和电学性质有很大的影响。同时,纤维直径主要通过影响反应物向径向方向的扩散而影响碳热还原反应进行的程度。Lee 等[2]曾采用直径为 8 μm 的 PAN 基碳纤维及沥青基碳纤维作为碳源,通过碳热还原制备 SiC 纤维,结果表明,在 1 800℃反应 4 h 后得到了表层为 SiC,芯部仍然为碳纤维的核-壳结构复合纤维。

　　为了制备不同直径的 SiC NFs,首先通过控制 PAN 的浓度(9%、11%和13%)制备了三种不同直径的 CNFs。图 4-10 是三种不同直径 CNFs 的低倍数

(a) 直径120~180 μm, 低倍数　　　　　(b) 直径120~180 μm, 高倍数

(c) 直径150~260 μm, 低倍数　　　　　(d) 直径150~260 μm, 高倍数

(e) 直径470~650 μm, 低倍数　　　　　(f) 直径470~650 μm, 高倍数

图 4-10　不同直径 CNFs 的低倍数和高倍数 SEM 照片

和高倍数 SEM 照片。从低倍数 SEM 照片[图 4 - 10(a),(c)和(e)]可看出,三种 CNFs 的直径均匀,形貌规整,长径比大。CNFs 的直径为 120~180 nm、150~260 nm 及 470~650 nm。从高倍数 SEM 照片上看[图 4 - 10(b)、(d)和(f)],三种 CNFs 纤维表面仍然是光滑的,没有明显的孔洞缺陷,这也有利于保证纤维具有较好的柔性和一定的强度。

　　根据 4.1.3 节的结果,选择将不同直径的 CNFs 与 Si 粉在 1 500℃反应 5 h 以制备不同直径的 SiC NFs。图 4 - 11 是所得不同直径 SiC NFs 的 SEM 及纤维直径分布图。在高温碳热还原后,三种直径的 SiC NFs 都能保持良好的纤维形貌[图 4 - 11(a)、(c)和(e)]。与 CNFs 相比,制备的三种 SiC NFs 表面生成了大量的孔隙,纤维变脆,特别是细直径纤维的脆断现象更为明显[图 4 - 11(a)]。图 4 - 11(b)、(d)和(f)是三种纤维的直径分布图。可以看出,三种纤维的平均直径分别为 156 nm、206 nm 和 491 nm,分别记为 SiC NFs - 156、SiC NFs - 206 和 SiC NFs - 491。

(a) SiC NFs-156的SEM图片

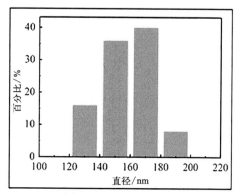

(b) SiC NFs-156的直径分布图

(c) SiC NFs-206的SEM图片

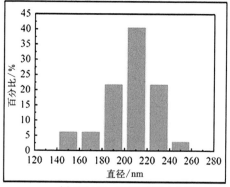

(d) SiC NFs-206的直径分布图

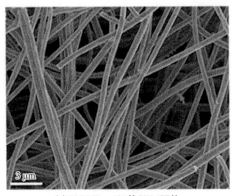 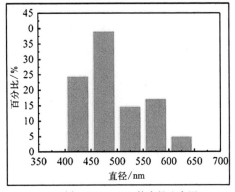

(e) SiC NFs-491的SEM图片　　　　　　(f) SiC NFs-491的直径分布图

图 4-11　不同直径 SiC NFs 的 SEM 及纤维直径分布图

图 4-12 是 SiC NFs-156、SiC NFs-206 和 SiC NFs-491 的 XRD 谱图。三种直径的 XRD 谱图中可以明显观察到属于立方相 SiC 的(111)、(200)、(220)、(311)和(222)晶面的衍射峰,表明纤维主要由 SiC 相组成。当纤维直径较小时,在 SiC NFs-156 的 XRD 谱图中还发现有属于无定形 SiO₂ 的宽峰,这可能是由于纤维直径小,反应时间较长的情况下,纤维表面相对更容易被氧化引起的。在 SiC NFs-491 的 XRD 谱图中没有观察到碳的衍射峰,这表明即使 CNFs 的直径增大至 491 nm,CNFs 也能完全转化为 SiC NFs。这从 SiC NFs-491 的表面及横截面 SEM 图片也可以得以验证(图 4-13)。SiC NFs-491 的表面同样存在上述其他 SiC NFs 表面的孔隙,但明显孔隙的尺寸减小,这可能与纤维具有更大的

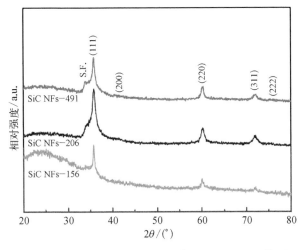

图 4-12　SiC NFs-156、SiC NFs-206 和 SiC NFs-491 的 XRD 谱图

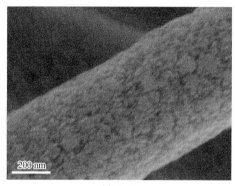

(a) 表面

(b) 横截面

图 4-13　SiC NFs-491 的表面(a)和横截面(b)的 SEM 图片

直径有关。而从 SiC NFs-491 的横截面的 SEM 可以看到,在纤维芯部没有观察到类似 Lee 等[2]实验结果中的碳芯,即没有形成芯部为碳纤维,壳层为 SiC 的核-壳结构。纤维表面和内部的结构具有很好的均一性,无明显界面,这也可以佐证直径增大为 491 nm 的 CNFs 在 1 500℃反应 5 h 后可完全转化为 SiC NFs。

　　采用静电纺丝法制微纳纤维,一个明显的优点在于可以通过改变接收器的形状得到一定排列顺序的纤维。而在实际应用过程中,例如微机电系统、复合材料和纺织品等领域,往往需要有序排列的纤维,以利于材料性能的提高和器件的制备。实验采用图 4-14 所示的平行铝片替代平板铝箔作为接收器进行静电纺丝,首先制备了平行排列的 PAN 纤维。

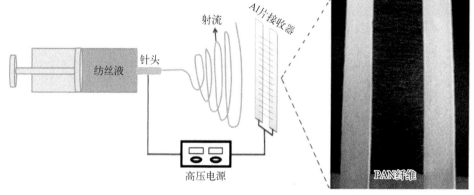

图 4-14　制备平行排列的 PAN 纤维装置示意图及对应的光学照片

　　实验考察了纺丝时间对纤维有序度的影响。图 4-15 是纺丝不同收集时间后得到的有序 PAN 纳米纤维的光学照片。可以看到,在纺丝开始 2 min 内,PAN

纳米纤维在 Al 电极之间基本呈平行有序排列。从纺丝 2 min 所得 PAN 纤维的光学照片[图 4-15(f)]也可以清晰地看到 PAN 纳米纤维具有高度的有序性。当纺丝时间为 5 min 后,开始出现混乱的 PAN 纤维,随着纺丝时间继续延长,Al 片电极之间出现更混乱的 PAN 纳米纤维。因此,为制得平行有序的 PAN 纳米纤维,较为合适的纺丝时间为 2 min。Li 等利用平行的金电极作为接收器,静电纺 PVP 纳米纤维时,也发现当收集时间短于 30 s 时可以获得高有序度的 PVP 纳米纤维[3]。

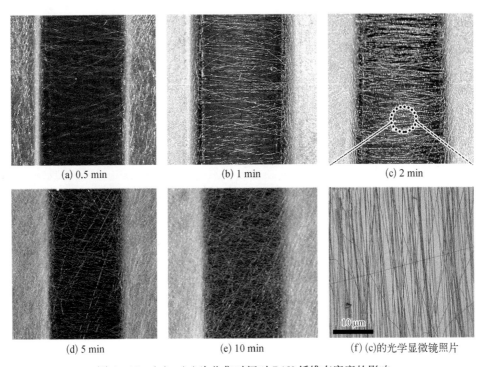

(a) 0.5 min　　　　　　(b) 1 min　　　　　　(c) 2 min

(d) 5 min　　　　　　(e) 10 min　　　　(f) (c)的光学显微镜照片

图 4-15　(a)~(e)为收集时间对 PAN 纤维有序度的影响

图 4-16(a)是以平行电极为接收器时纺丝喷头与接收器之间的电场强度分布图。与平板铝箔接收器不同,在平行电极附近,电场分为两部分,分别指向平行的两个电极。Li 等[4]对纤维在电场中的受力进行了分析,如图 4-16(b)所示。纤维在电场中主要收到两个力,一是电场作用下的静电力(F_1),另一个是由于纤维带电而产生的库伦相互作用力(F_2)。电场静电力 F_1 的方向应与电场线的方向一致,所以纤维的前端会逐渐向 Al 电极靠近。当纤维前端无限接近 Al 电极时,由于静电力与电荷间距离的平方成反比,这时纤维前端将受到最强的静

电力 F_2,从而导致纤维与 Al 电极垂直以使系统能量最小化,这样纤维就会与电极垂直而横跨在两个电极之间。同时,横跨的纤维仍然带电,所带电荷不能像在平面铝箔接收器上能迅速转移,所以纤维与纤维之间存在静电排斥而互相平行。

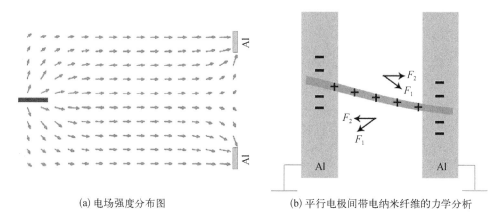

(a) 电场强度分布图　　　　　　　　　　(b) 平行电极间带电纳米纤维的力学分析

图 4 - 16　平行电极为接收器时纺丝喷头与接收器之间的电场分布图与力学分析

　　将得到的有序 PAN 纳米纤维经空气预氧化、高温碳化和碳热还原反应后,即可制得有序排列的 SiC NFs。图 4 - 17 是制得的不同直径的有序 SiC NFs 的 SEM 照片。从低倍数 SEM 照片可见[图 4 - 17(a)、(c) 和 e],三种纤维都具有较好的有序性,且同时保持很好的纤维形貌,纤维的平均直径分别为 200 nm、370 nm 和 550 nm。从放大倍数的 SEM 照片可观察到纤维表面都存在狭缝型的孔结构。与前面所述不同直径 SiC NFs 的表面相似,随直径的增大,纤维表面的凹折越来越小。Pan 等[5]曾以有序碳纳米管为碳源,经碳热还原后制备

(a) 平均直径200 nm,低倍数　　　　　　　　　(b) 平均直径200 nm,高倍数

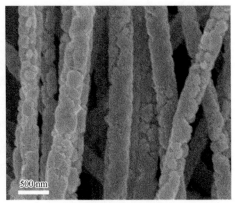

　　　　(c) 平均直径370 nm,低倍数　　　　　　　　　(d) 平均直径370 nm,高倍数

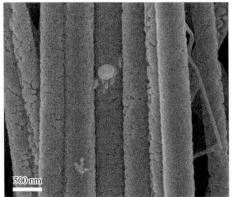

　　　　(e) 平均直径550 nm,低倍数　　　　　　　　　(f) 平均直径550 nm,高倍数

图 4 - 17　不同直径有序 SiC NFs 的低倍数及对应的高倍数 SEM 照片

了有序的多孔 SiC 纳米线,并指出相较于无序的纳米线,有序的纳米线更便于测定 SiC 的场发射性能。Yang 等[6]也以有序 Si 纳米线为 Si 源制备了高度有序的多孔 SiC 纳米线,这些有序的多孔 SiC 纳米线表现出了优异的场发射性能。本书的有序多孔 SiC 纳米纤维制备方法更简单,成本更低,可一次成型在理想的(不同形状、导电或不导电等)基底上,有望应用于传感器和场发射等微电子器件中。

4.1.5　SiC NFs 的合成机制

　　总的来说,碳热还原反应的进行需要经历三个过程。首先是固态 Si 粉末的气化。由于 Si 具有较低的熔点(1 420℃)和升华温度(1 127℃),固体 Si 粉在反应温度下产生气态的 Si 蒸气,如反应式(4 - 1)所示。同时,Si 粉还会与残余的氧气(或保护气中微量的氧气)发生如式(4-2)所示的氧化反应生成气态的SiO,CNFs也会与氧气反应生成CO,如式(4-3)。第二个过程是生成的Si或SiO蒸气向CNFs中扩散-渗透的过程。最后一个过程是Si/SiO气体与CNFs/CO发生式(4-4)、式(4-5)或式(4-6)所示的碳热还原反应。反应过程中式(4-1)和式(4-4)所示的化学反应应该是系统中发生的主要反应,这是由于系统中残余的氧气和保护气中的氧气含量都非常低,不可能生成大量的SiO和CO。在高流速Ar气氛保护下,得到的气态Si、SiO和CO都会容易地被Ar带离反应系统。而SiC NWs的生成主要是依赖于典型的气-液-固(或气-固)反应过程,大量的气态反应物被带离反应系统,限制了气-液-固(或气-固)反应过程的进行,从而不能得到SiC NWs,只能通过固态的CNFs与Si蒸气(Si粉用量大大过量,所以系统中Si蒸气足量)反应原位生成SiC NFs。

$$Si(s) \rightarrow Si(g) \qquad\qquad (4-1)$$

$$2Si(s) + O_2(g) \rightarrow 2SiO(g) \qquad\qquad (4-2)$$

$$2C(s) + O_2(g) \rightarrow 2CO(g) \qquad\qquad (4-3)$$

$$Si(g) + C(s) \rightarrow SiC(s) \qquad\qquad (4-4)$$

$$SiO(g) + 2C \rightarrow SiC(s) + CO(g) \qquad\qquad (4-5)$$

$$SiO(g) + CO(g) \rightarrow SiC(s) + CO_2(g) \qquad\qquad (4-6)$$

此外,在碳热还原反应温度下(1 300~1 500℃),由于CNFs的表面光滑密实,会阻碍气态反应物向纤维内部的扩散,并且较高的反应温度可为碳热还原反应提供足够的能量,所以,反应过程中气态反应物的扩散-渗透速率应低于Si与C反应的速率。由此可以推断,碳热还原反应应该从CNFs的表面逐渐向纤维芯部进行。为了验证这一反应机制,实验设计让Si与CNFs在1 400℃反应0 min(不保温)后立即降温,将得到的产物置于马弗炉中在700℃处理2 h以除去纤维中的碳。所得纤维的SEM如图4-18所示。

从SEM照片中可以看到所得纤维为中空结构,这主要由于纤维内部未反应完的CNFs在空气热处理过程中被氧化而除去,由此也表明,Si与CNFs的反应确实是由CNFs的表面逐渐向芯部进行。而本书中CNFs能完全转化为SiC NFs要得益于纤维的细直径。即使CNFs直径达到491 nm,经过1 500℃高温及延长反应时间至5 h,CNFs也能与Si完全反应。

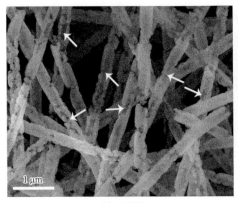
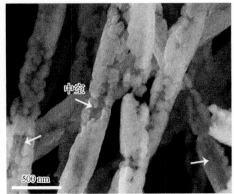

(a) 低倍数　　　　　　　　　　　　(b) 高倍数

图 4-18　在 1 400℃反应 0 min 后继续在 700℃马弗炉中处理 2 h 所得 SiC NFs 的 SEM 照片

4.2　介孔 SiC 纳米纤维的组成调控及其对光催化性能的影响

　　SiC 具有很高的饱和电子迁移速率,但其导电性往往不够理想,这也限制了其在传感器和光催化等领域的应用。例如,在气体传感器中,材料的导电性往往决定了传感器响应和恢复时间的长短。又如,SiC 用于光催化分解水制氢气时,由于光生电子和空穴的快速复合,使 SiC 的光催化效率大大降低。若纤维中含有一定量的碳,可快速转移生成的光生电子,避免光生电子与空穴的复合,由此可提高 SiC 的光催化性能。

　　前两节中分析了反应温度和反应时间对制备的 SiC NFs 中组成和结构的影响,发现在一定温度下(特别是相对较低的温度时)反应较短的时间(1~2 h),所制备的 SiC NFs 中仍然含有部分自由碳,而在高温和长时间反应制得的 SiC NFs 中没有发现自由碳相,这表明可以通过控制反应温度和时间,对 SiC NFs 中的碳含量进行调控,从而调节 SiC NFs 的导电性和光学性能。

4.2.1　SiC NFs 中自由碳含量的调控

　　将 CNFs 与 Si 分别在 1 300℃、1 400℃和 1 500℃反应 2 h,以及在 1 500℃延长反应时间至 5 h。对制得的 SiC NFs 进行空气热重分析,以确定产物中的自由碳含量。所得 SiC NFs 的空气 TGA 曲线如图 4-19 所示。对于在 1 300℃、1 400℃和 1 500℃反应 2 h 制备的 SiC NFs 热失重分别为 17.2%、4.5% 和 3.2%,

这是由于纤维中存在自由碳在空气中氧化而挥发产生的失重。在 1 500℃ 反应 5 h 所得的 SiC NFs 基本没有热失重,表明 CNFs 已完全转变为 SiC NFs,纤维中没有自由碳。为了区分方便,将不同碳含量的 SiC NFs 标记为 SiC NFs-Cx(x = 17.2、4.5、3.2 和 0),其中 x 代表纤维中自由碳的质量百分比。

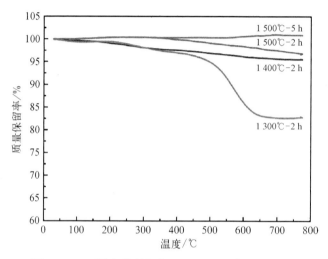

图 4-19　不同条件制备的 SiC NFs 的空气 TGA 曲线

　　图 4-20 是不同碳含量 SiC NFs 的 XRD 谱图。与前面 XRD 谱图类似,在 2θ 为 35.6°、41.2°、60.2°、72.1° 和 75.5° 附近的衍射峰分别为 SiC 晶体中(111)、(200)、(220)、(311) 和(222)晶面的衍射峰(JCPDS, No. 29 - 1129)。在样品 SiC NFs-C17.2 的 XRD 谱图中还观察到了 $2\theta = 26.3°$ 处属于 C (002)晶面的衍射峰,这表明在纤维中的自由碳已趋向于石墨化。在 $2\theta = 33.6°$ 处标记为 S.F.的衍射峰为 SiC 晶体中的堆垛层错。但与通过 PCS 制备的 SiC 超细纤维相比,该衍射峰强度明显降低,表明纤维中的层错缺陷量远低于 PCS 基 SiC 超细纤维。而样品 SiC NFs-C4.5 和 SiC NFs-C3.2 的 XRD 谱图中没有发现自由碳的特征衍射峰,这可能是由于纤维中的自由碳含量较低的原因。根据 Scherrer 公式 $d = K\lambda/(\beta\cos\theta)$ 计算了四种不同碳含量 SiC NFs 的晶粒尺寸,式中,d 是样品的平均晶粒尺寸;λ 是入射光的波长;β 是所选择特征衍射峰校正后的半高宽;θ 是所选衍射峰对应的布拉格衍射角;K 是形状系数,一般取 0.9,结果如表 4-1 所示。随反应温度升高和保温时间延长,样品的晶粒尺寸都逐渐增大。SiC NFs-C17.2、SiC NFs-C4.5、SiC NFs-C3.2 和 SiC NFs-C0 的晶粒尺寸分别为 13.9 nm、15.9 nm、17.4 nm 和 17.8 nm。

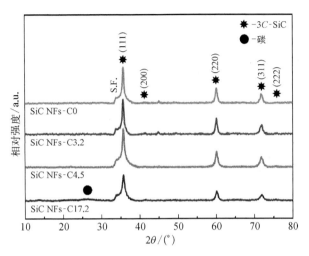

图 4 - 20　不同自由碳含量 SiC NFs-C*x* 的 XRD 谱图

表 4 - 1　SiC NFs-C*x* 的晶粒尺寸对比

样　品	反应温度(℃)	反应时间(h)	晶粒尺寸(nm)
SiC NFs-C17.2	1 300	2	13.9
SiC NFs-C4.5	1 400	2	15.9
SiC NFs-C3.2	1 500	2	17.4
SiC NFs-C0	1 500	5	17.8

　　采用 SEM 表征了 SiC NFs-C*x* 的微观形貌。如图 4 - 21 所示,制备的 SiC NFs-C*x* 在高温反应得到后仍然能保持良好的纤维形貌。与 CNFs 相比,SiC NFs-C*x* 的直径没有明显的变化,大小约为 200 nm,但纤维表面生成了更多的孔隙。SEM 照片中的插图是高倍数下 SiC NFs-C*x* 的 SEM 照片,孔隙均匀分布在纤维表面。但整体上,不同自由碳含量的 SiC NFs-C*x* 具有非常相近的形貌。

　　采用 TEM 测试进一步表征了 SiC NFs-C17.2、SiC NFs-C4.5 和 SiC NFs-C3.2 的微观结构和组成。图 4 - 22(a)、(c) 和 (e) 分别是 SiC NFs-C17.2、SiC NFs-C4.5 和 SiC NFs-C3.2 的整体特征,也证实样品保持了规整的纤维形貌,并且纤维中存在互相贯通的孔结构。纤维的直径都与 CNFs 相近,大小均为 200 nm 左右。图 4 - 22(b)、(d) 和 (f) 是 SiC NFs-C17.2、SiC NFs-C4.5 和 SiC NFs-C3.2 的高分辨 TEM 照片。三个样品的照片都明显证明了纤维中存在自由碳,随反应温度的升高,纤维中的碳含量也变少。1 300℃时,在 SiC 晶体之间有小面积的自由碳,均为无定形态。温度升高至 1 400℃时,无定形碳趋于有序化排列,可测得晶面间

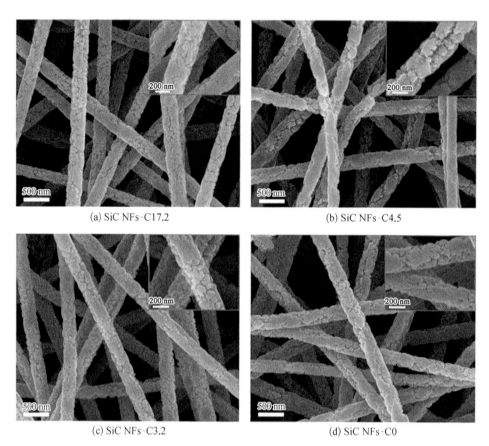

(a) SiC NFs-C17.2　　　　　　　　(b) SiC NFs-C4.5

(c) SiC NFs-C3.2　　　　　　　　(d) SiC NFs-C0

图 4－21　样品 SiC NFs-Cx 的 SEM 照片。图中插图为相应的高倍数照片

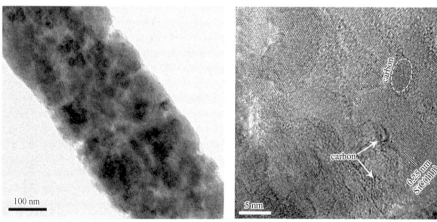

(a) SiC NFs-C17.2的TEM图片　　　　　　(b) SiC NFs-C17.2的高分辨TEM图片

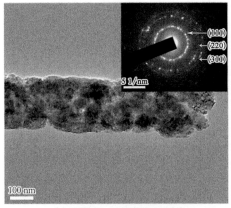
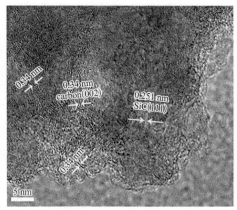

(c) SiC NFs-C4.5的TEM图片　　　　　　(d) SiC NFs-C4.5的高分辨TEM图片

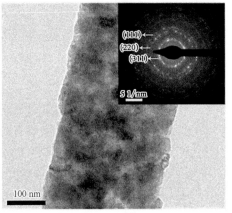
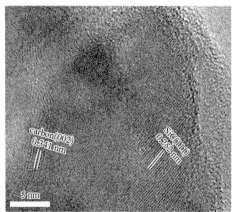

(e) SiC NFs-C3.2的TEM图片　　　　　　(f) SiC NFs-C3.2的高分辨TEM图片

图 4 - 22　SiC NFs-Cx 的 TEM 和高分辨 TEM 图片

距为 0.34 nm,这与石墨碳的(002)晶面的晶面间距相符。随反应温度继续上升至 1 500℃,自由碳的有序排列更加明显,但含量大幅减少。三个样品中,晶面间距为 0.25 nm 的晶面对应于 SiC 的(111)晶面。[111]晶向是 SiC 晶体最常见的生长方向,这主要是由于(111)晶面是 SiC 晶体所有晶面中表面能最小的晶面。

　　实验对 SiC NFs-C0 也进行了 TEM 测试,结果如图 4 - 23。从形貌上,SiC NFs-C0 与 SiC NFs-Cx(x = 17.2、4.5 和 3.2)的形貌相近,同样发现有贯通的孔结构。但由高分辨 TEM 照片[图 4 - 23(b)]可知,纤维中没有发现自由碳的晶格条纹,只有属于 SiC 的(111)晶面的晶格,这表明在 SiC NFs-C0 中 CNFs 已完全反应生成 SiC NFs。图 4 - 23(b)中的插图为 SiC NFs-C0 的快速傅里叶变换(FFT)图谱。从图谱中也可看出,纤维中 SiC 晶体主要沿[111]晶向生长。

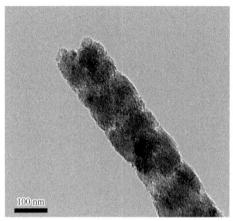
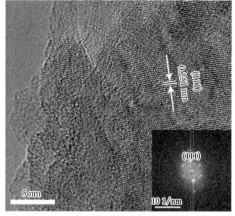

(a) 整体形貌　　　　　　　　　　　　(b) 高分辨TEM图片

图 4-23　SiC NFs-C0 的 TEM 图片[(b)中插图为相应的 FFT 图谱]

采用 XPS 对 SiC NFs-Cx(x=17.2、4.5、3.2 和 0)表面的元素组成和成键情况进行了详细分析。图 4-24 是 SiC NFs-Cx 的 XPS 全谱分析。从图中可知,所制备的 SiC NFs-Cx 的均主要由 Si、C 和 O 三种元素组成,其原子百分比分别为 33% ~ 47%、33% ~ 40%和 14% ~ 28%。其中 Si2p 和 C1s 的结合能分别为 102.1 eV 和 284.1 eV,处于 Si—C 键、Si—O 键、C—Si 键和 C—C 键的结合能附近,这表明样品表面主要为纤维的主要组成为 SiC 以及少量的自由碳和 SiO$_2$。纤维表面的 SiO$_2$ 可能是由于烧成及后处理过程中纤维表面氧化所致。SiC NFs-C17.2 中的氧含量最高,原子百分比达到了 27.6%,除上述纤维表面氧化以外,还可能与反应温度较低时纤维表面吸附了少量的硅氧化物有关。

为了进一步了解纤维中 C 元素的成键情况,对四种样品中的 C 元素的高分辨 XPS 谱图进行了拟合。如图 4-25 所示,在中心结合能为 283.6 eV、284.8 eV、286.1 eV、287.2 eV 和 288.3 eV 处的特征峰应分别归属于 C—Si、sp^2—C(C=C)、C—O、C=O 和 O=C—O 基团的特征峰。在样品 SiC NFs-Cx(x = 17.2、4.5 和 3.2)中,均发现有属于 sp^2—C 的特征峰,而且随反应温度上升,sp^2—C 的特征峰强度逐渐降低,这表明三种纤维中确实存在自由碳,且自由碳含量逐渐减少。而 C—O、C=O 和 O=C—O 键的存在,是因为自由碳的氧化及吸附的水分子等引起的,这在石墨烯和碳纳米管等高活性炭材料中非常普遍,这也间接表明纤维中

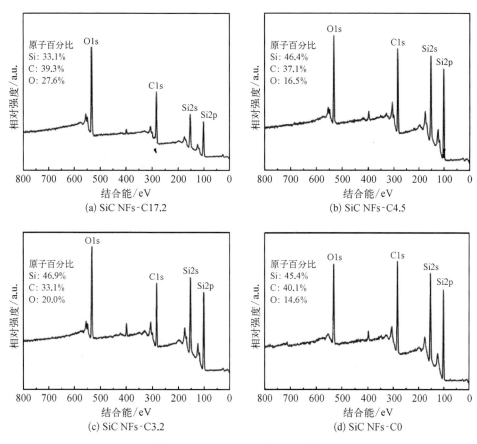

图 4-24　SiC NFs-Cx 的 XPS 谱图

存在自由碳。Shafiei 等[7] 也曾报道在石墨烯/SiC 薄膜中观察到 C—Si、C—C、C—O 和 O =C—O 键的存在。在样品 SiC NFs-C0 中的 C1s 谱图中,没有观察到 sp^2—C 的特征峰,进一步证明了纤维中没有自由碳存在,这与上述 XRD 和 TEM 的测试结果一致。

　　SiC NFs-Cx 的孔结构可通过 N$_2$ 吸附-脱吸附等温线进行表征。图 4-26 是 SiC NFs-Cx($x=17.2$、4.5、3.2 和 0)在 77 K 时的 N$_2$ 吸附-脱吸附等温线及对应的孔径分布曲线。从图 4-26(a)中可以看出,根据 IUPAC 命名,四种纤维都呈现 Ⅲ型吸附等温线。同时,在 P/P_0 为 0.4~0.9 范围内出现 H3 型滞后环,这表明四种纤维中存在大量的狭缝型介孔,这些介孔可能是 CNFs 与 Si 反应过程中由于气体释放或(和)生成 SiC 后纤维体积轻微膨胀产生的。由吸附等温线可以计算出 SiC NFs-C17.2、SiC NFs-C4.5、SiC NFs-C3.2 和 SiC NFs-C0 的比表面积分别为

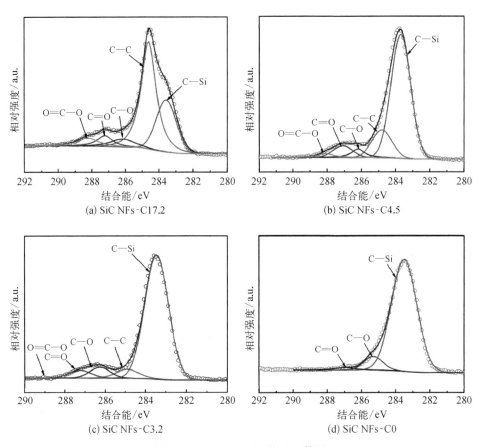

图 4-25　SiC NFs-Cx 的 C1s 谱图

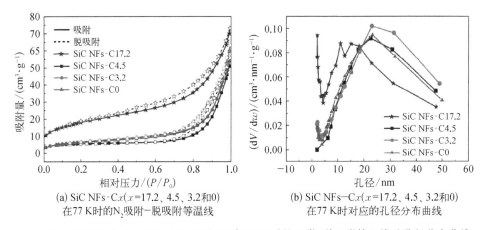

(a) SiC NFs-Cx(x=17.2、4.5、3.2和0)
在77 K时的N₂吸附-脱吸附等温线

(b) SiC NFs-Cx(x=17.2、4.5、3.2和0)
在77 K时对应的孔径分布曲线

图 4-26　SiC NFs-Cx(x=17.2、4.5、3.2 和 0)在 77 K 时的吸附-脱吸附等温线及孔径分布曲线

65.8 m² · g⁻¹、19.6 m² · g⁻¹、24.6 m² · g⁻¹ 和 23.2 m² · g⁻¹。相应的总孔容为 0.10 cm³ · g⁻¹、0.07 cm³ · g⁻¹、0.08 cm³ · g⁻¹ 和 0.07 cm³ · g⁻¹。从图 4 - 26(b)可知,SiC NFs-C4.5、SiC NFs-C3.2 和 SiC NFs-C0 的平均孔径约为 25 nm,而 SiC NFs-C17.2 的主要孔径分布分别在 15 nm 和 2 nm 左右,这可能是由于 CNFs 与 Si 的反应在相对温和的反应条件(低的反应温度)下进行,生成的 SiC 较少,体积膨胀程度更小的原因。另一方面,纤维中含有大量的即将反应的碳,此时的碳中可能存在 2 nm 左右的微孔。也正是由于孔径更小,且存在 2 nm 左右的微孔,使得 SiC NFs-C17.2 相比于其他三种碳含量更少的纤维具有更大的比表面积。

综上,通过控制反应温度和反应时间,对 SiC NFs 中的碳含量进行有效的调控,合成了碳含量分别为 17.2%、4.5%、3.2% 和 0% 的 SiC NFs。通过 FTIR、XRD、SEM、TEM、XPS 和 N₂ 吸附-脱吸附测试,表征了不同碳含量 SiC NFs 的组成和微观结构。在 1 500℃反应 5 h,CNFs 可完全转化为 SiC NFs。四种纤维中都含有狭缝型的介孔结构,比表面积为 19.6 ~ 65.8 m² · g⁻¹。正是源于这些特性,SiC NFs-Cx 在气体传感器和光催化领域都有广泛的应用前景。

4.2.2　不同碳含量 SiC NFs 的光催化制氢性能

通过光催化分解水产氢实验考察了碳含量对 SiC NFs 的光催化性能的影响。所制备的 SiC NFs-Cx 未经任何后处理纯化过程,直接用于光催化测试。图 4 - 27(a)给出了不同碳含量 SiC NFs-Cx 及商业 SiC 粉末在模拟太阳光下的产氢量随时间的变化关系曲线,其中,溶液的 pH = 13,光源为氙灯,牺牲剂为甲醇。可以看出,所有样品的产氢量随时间呈近线性的增加,表明样品的光催化活性在测试时间范围内没有降低。SiC NFs-Cx 的产氢量均比商业 SiC 纳米粉末(25 nm)的产氢量高,这也说明所制备的 SiC NFs-Cx 相比于粉末状 SiC 具有更高的光催化活性,体现了纳米纤维相比于粉末在光催化性能上的优势。图 4 - 27(b)比较了 SiC NFs-Cx 和商业 SiC 粉末的产氢速率。当 SiC NFs 中的碳含量为 3.2% 时,即样品 SiC NFs-C3.2 的产氢速率明显高于其他样品,可达 95.4 μmol · g⁻¹ · h⁻¹,比 SiC NFs-C0 的 60.3 μmol · g⁻¹ · h⁻¹高出 1.6 倍。从 XRD 分析可知,SiC NFs-C3.2 与 SiC NFs-C0 具有非常相近的晶粒尺寸(17.4 nm 和 17.8 nm),因此,引起二者巨大产氢速率差异的主要原因不是晶粒尺寸的变化。我们推断 SiC NFs-C0 表现出较低的光催化活性可能是由于样品中没有碳存在,使光生电子和空穴快速复合所致,这也验证了适量的碳对于提升 SiC NFs 光催化活性的重要性。当 SiC NFs

中的碳含量高于 3.2%,即样品 SiC NFs-C17.2 和 SiC NFs-C4.5,样品的产氢速率又迅速降低,这可能是过量的碳会导致遮光效应,使样品上的活性位点由于过量自由碳的遮挡而接收不到光照。Li 等[8]在研究石墨烯与 CdS 的比例关系对光催化活性影响规律时同样发现当石墨烯含量过高会造成遮挡效应而使样品的产氢效率降低。同时,碳本身是基本没有光催化活性的,甚至有可能成为光生电子和空穴的复合中心[9]。因此,适量的碳对于优化 SiC NFs 的光催化活性有着至关重要的作用。

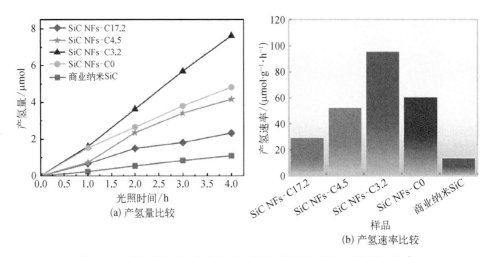

图 4-27　SiC NFs-C17.2,SiC NFs-C4.5,SiC NFs-C3.2,SiC NFs-C0 与商业 SiC 纳米粉末的产氢性能比较

　　光催化材料活性的循环稳定性是材料实际应用时需要考量的重要指标。实验考察了样品 SiC NFs-C3.2 光催化制氢的循环稳定性。如图 4-28 所示,经过 5 次循环以后,样品的产氢量和产氢速率都没有发生明显的变化,这表明 SiC NFs-C3.2 的光催化活性具有高的稳定性,为 SiC NFs 的实际应用提供了基础。

　　太阳光中紫外光的比例只占约 4%,而可见光的比例约为 43%。光催化剂对可见光的响应活性十分重要。而立方相 SiC 的禁带宽度为 2.4 eV,最大吸收波长可达 510 nm,所以理论上在可见光下应具有一定的光催化活性。实验考察了 SiC NFs-C3.2 在波长大于 450 nm 的可见光下的光催化活性。如图 4-29 所示,SiC NFs-C3.2 在可见光下的产氢速率达到 31.0 $\mu mol \cdot g^{-1} \cdot h^{-1}$。

　　在 4.2.1 节中,介绍了 SiC NFs 与 SiC NWs 的选择性制备。同时,文献中也大量报道了 SiC NWs 相关材料的光催化产氢性能。本书对 SiC NFs 与 SiC NWs

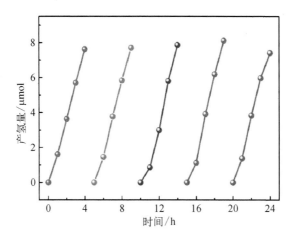

图 4 - 28　SiC NFs-C3.2 光催化析氢的循环稳定性

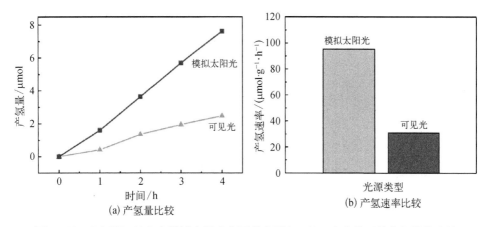

(a) 产氢量比较　　　　　　　　　　　(b) 产氢速率比较

图 4 - 29　SiC NFs-C3.2 在模拟太阳光和可见光下 (>450 nm) 条件下的产氢性能比较

在相同条件下的光催化活性进行了对比。图 4 - 30 给出了 SiC NFs 和 SiC NWs 在相同条件下的产氢量及产氢速率。可以看出,虽然二者的产氢量随时间均呈线性增长,但 SiC NFs-C3.2 的产氢量远大于 SiC NWs。对比二者的产氢速率发现,SiC NFs-C3.2 的产氢速率是 SiC NWs 的 2.4 倍。SiC NWs 较低的光催化活性可能与其光生电子和空穴无法及时转移而快速复合有关。

前文中已阐述可以通过 SiC NFs 中原位嵌入的碳实现光生电子的快速转移。实际上,空穴的转移比电子的转移更难,也是学者们研究的焦点问题。虽然可以在溶液中加入牺牲剂来转移空穴,但实际上,由于 SiC 上产生的光生空穴转移到牺牲剂上的势垒过高,所以光生空穴不能直接氧化甲醇得以转移。OH⁻ 可

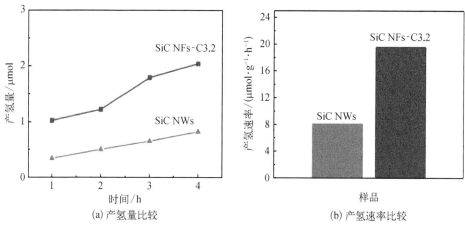

(a) 产氢量比较　　　　　　　　　　(b) 产氢速率比较

图 4-30　SiC NFs-C3.2 与 SiC NWs 的产氢性能比较

快速与 SiC 上的光生空穴发生反应生成具有高氧化活性的·OH 自由基,·OH 可进一步快速将牺牲剂甲醇氧化,从而实现光生空穴的快速转移。考虑到 SiC 本身具有十分优异的耐酸碱腐蚀性,本书通过简单地提高溶液的 pH(即 OH⁻浓度),提高了 SiC 上空穴转移效率,从而提升了 SiC NFs 的光催化性能。这种用嵌入的石墨碳转移电子,用 OH⁻转移光生空穴的办法,可简单称为"电子-空穴双转移"法。

图 4-31 为 SiC NFs-C3.2 的产氢速率随溶液 pH 的变化关系。很明显,随着溶液 pH 的上升,SiC NFs-C3.2 的产氢速率也迅速增大。在 pH 为 14 的溶液中产氢速率达到 184.2 $\mu mol \cdot g^{-1} \cdot h^{-1}$,是 pH 为 2 的溶液中产氢速率(2.5 $\mu mol \cdot g^{-1} \cdot h^{-1}$)的 74 倍,这表明 SiC NFs-C3.2 的光催化活性可以通过简单地提高溶液的 OH⁻浓度而大大提高,从而可以避免使用贵金属作为催化剂,降低了光催化制氢的成本。由于 SiC 上的光生空穴不能直接氧化甲醇牺牲剂,当溶液的 pH 较低时,即溶液中 OH⁻浓度较低时,SiC 上的光生空穴得不到及时的转移,所以此时 SiC NFs-C3.2 的产氢速率很低。随 pH 上升,OH⁻浓度增大,光生空穴的转移效率提高,SiC NFs-C3.2 的产氢速率也逐渐增大。值得一提的是,即使溶液的 pH 达到 14,SiC NFs-C3.2 的产氢速率也持续的升高,没有发现降低现象。而 Gao 等[10]曾报道,对于 SiC 纳米颗粒而言,溶液 pH 小于 12 时,产氢速率逐渐上升,当溶液 pH 大于 12 时,SiC 纳米颗粒的产氢速率会急速下降,这主要是由于 SiC 纳米颗粒在高 pH 溶液中会发生团聚的原因。由此,也进一步验证了纳米纤维在光催化性能,特别是极端环境中的光催化性能远优于

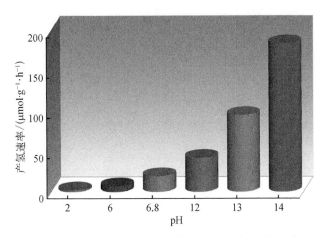

图 4-31 SiC NFs-C3.2 的产氢速率随溶液 pH 的变化

纳米颗粒。

    表 4-2 比较了近年来文献中报道的纳米 SiC 及复合材料在模拟太阳光和可见光下的光催化产氢性能。产氢速率单位 $\mu L \cdot g^{-1} \cdot h^{-1}$ 与 $\mu mol \cdot g^{-1} \cdot h^{-1}$ 之间通过理想状态平衡方程进行转换。可以看到,在可见光条件下以 CH_3OH 为牺牲剂时,SiC NFs-C3.2 的光催化产氢速率远大于其他 SiC 光催化材料,表明本书通过简单的原位嵌入适量的碳以及提升溶液的 pH 实现光生电子和空穴同时分离的方法对提升 SiC NFs 产氢速率具有明显的效果。虽然以 KI 和 Na_2S/Na_2SO_3 为牺牲剂时,SiC-氧化石墨烯和 B 掺杂 SiC NWs 的产氢速率更高,但一方面含 I 和 S 的化合物会污染环境;另一方面,Na_2S/Na_2SO_3 本身在紫外光照射下也具有一定的产氢性能。此外,在模拟太阳光照射下,不采用贵金属作为助催化剂,SiC NFs-C3.2 在 pH 为 14 的溶液中产氢速率($4\,506\ \mu L \cdot g^{-1} \cdot h^{-1}$)与 Pt/SiC NWs 的产氢速率($4\,572\ \mu L \cdot g^{-1} \cdot h^{-1}$)相当,这也表明 SiC NFs-C3.2 是一种高效的、低成本的、稳定的、无需助催化剂的光催化剂。

表 4-2 文献报道纳米 SiC 基光催化剂与 SiC NFs-C3.2
催化剂的光催化产氢性能比较

催化剂	产氢速率/ ($\mu L \cdot g^{-1} \cdot h^{-1}$)	光　源	牺牲剂	参　考　文　献
SiC 纳米线	83.9	可见光 ($\lambda > 420$ nm)	CH_3OH	Catal. Today, 2013, **212**, 220.
SiC 纳米颗粒	82.8	可见光 ($\lambda > 420$ nm)	CH_3OH	Catal. Today, 2013, **212**, 220.

续表

催化剂	产氢速率/ ($\mu L \cdot g^{-1} \cdot h^{-1}$)	光　源	牺牲剂	参　考　文　献
SiC 晶须	45.7	可见光 ($\lambda>420$ nm)	CH_3OH	Catal. Today, 2013, **212**, 220.
酸处理 SiC 纳米线	81.0	可见光 ($\lambda>420$ nm)	CH_3OH	Int. J. Hydrogen Energy, 2012, **37**, 15038.
SiC-石墨烯	87.5	可见光 ($\lambda>420$ nm)	CH_3OH	Int. J. Hydrogen Energy, 2013, **38**, 12733.
SiC-氧化石墨烯	950.0	可见光 ($\lambda>420$ nm)	KI	Appl. Phys. Lett., 2013, **102**, 083101.
B 掺杂 SiC 纳米线	166.0	可见光 ($\lambda>420$ nm)	CH_3OH	Acta Phys. -Chim. Sin, 2014, **30**, 135.
B 掺杂 SiC 纳米线	2 651.9	可见光 ($\lambda>420$ nm)	Na_2S/Na_2SO_3	Nanoscale, 2015, **7**, 8955.
SiC NFs-C3.2	774.5	可见光 ($\lambda>420$ nm)	CH_3OH	This work
Pt-SiC 纳米线	4 572.0	模拟太阳光	CH_3OH	Int. J. Hydrogen Energy, 2014, **39**, 1.
SiC NFs-C3.2	4 506(pH=14)	模拟太阳光	CH_3OH	This work

本节通过对碳热还原温度和时间的控制,制备了可控石墨碳含量(0~17.2%)原位嵌入的 SiC NFs。利用"电子-空穴双转移"方法,即通过嵌入的石墨碳转移光生电子,同时增强催化剂的可见光响应,通过光催化溶液中加入的 OH⁻转移光生空穴,同时实现光生电子和空穴的分离,提高了 SiC NFs 的光催化活性。在无助催化剂作用下,溶液的 pH 为 14 时,SiC NFs-C3.2 的产氢速率最高为 180.2 $\mu mol \cdot g^{-1} \cdot h^{-1}$;在 $\lambda>450$ 的可见光下,其产氢速率为 31.0 $\mu mol \cdot g^{-1} \cdot h^{-1}$,高于文献报道了其他 SiC 基光催化剂的产氢速率。这种"电子-空穴双转移"方法还可以拓展于其他无助催化剂、高稳定性光催化剂,如 B_4C 等。

4.3　介孔 SiC 纳米纤维的
光催化产氢机制研究

影响光催化剂催化活性的三个重要因素是催化剂的亲疏水性能、光生电子和空穴的分离效率和催化剂对光(特别是可见光)的吸收。本书将从 SiC NFs 的亲疏水性、碳含量以及 pH 对 SiC NFs 上光生电子和空穴的分离效率及对光的响应三个方面研究 SiC NFs 的光催化产氢机制。

4.3.1　SiC NFs 的亲疏水性能

　　SiC NFs 的亲疏水性主要影响水分子在催化剂上的吸附及解离,从而影响产氢速率。图 4 - 32 是 SiC NFs-C3.2 对水的静态接触角测试结果。可以看出,SiC NFs-C3.2 对水的静态接触角为 11.27°,远远小于体相 SiC 对水的接触角(75°)。这表明 SiC NFs-C3.2 对水有很好的亲和性。样品具有如此低的接触角可能与 SiC NFs 表面存在大量的狭缝型孔结构及微量的 Si—O 键有关。SiC NFs-C3.2 的良好亲水性使水分子能

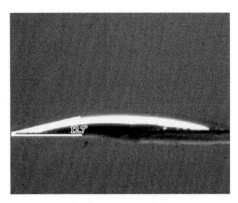

图 4 - 32　SiC NFs-C3.2 对水的静态接触角测试结果

更好地在 SiC NFs-C3.2 上吸附和解离,有益于提高 SiC NFs-C3.2 的光催化性能。

4.3.2　碳含量对 SiC NFs 光吸收范围的影响

　　UV-vis 漫反射吸收光谱是研究材料对不同波段光吸收的重要方法。本小节通过测定不同自由碳含量 SiC NFs(SiC NFs-Cx, x = 17.2、4.5、3.2 和 0)的 UV-vis 漫反射吸收光谱表征了碳含量对 SiC NFs-Cx 在光的响应范围上的影响,结果如图 4 - 33 所示。从图中可以看出,随着碳含量的上升,SiC NFs-Cx 对光的吸收强

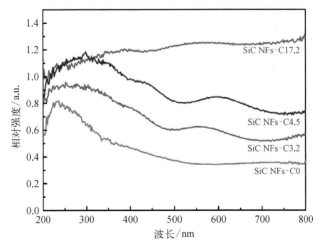

图 4 - 33　SiC NFs-C17.2、SiC NFs-C4.5、SiC NFs-C3.2 和 SiC NFs-C0 的 UV-vis 漫反射光谱

度也不断上升,特别是在可见光区,SiC NFs-C17.2 的吸光强度是 SiC NFs-C0 的 3
倍。即使低碳含量的 SiC NFs-C3.2 的吸光强度也是 SiC NFs-C0 的 1.5 倍。这表
明通过在 SiC NFs 中引入少量的碳就可以大大提高材料对光,特别是可见光的
吸收,使 SiC NFs 在可见光下的产氢速率大大提升。

　　此外,从不同碳含量 SiC NFs-Cx 的光学照片也可以看出,随着纤维中的碳
含量提高,纤维的外观颜色从灰白色变为灰黑色(图 4 - 34)。纤维颜色的变深
也表明纤维对光的吸收增强。可以推测,自由碳的引入可能会提高 SiC NFs 在
太阳光及可见光范围内的光催化产氢效率。

(a) SiC NFs-C17.2

(b) SiC NFs-C4.5

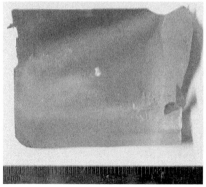
(c) SiC NFs-C3.2

(d) SiC NFs-C0

图 4 - 34　样品 SiC NFs-C17.2、SiC NFs-C4.5、SiC NFs-C3.2 和
SiC NFs-C0 的普通光学照片

4.3.3　碳含量对 SiC NFs 上光生电子和空穴分离效率的影响

　　为了验证碳的引入对 SiC NFs-Cx 上电荷转移速率的影响,对 SiC NFs-Cx 和

商业 SiC 粉末的电化学阻抗谱(EIS)进行了表征。EIS 结果是通过典型的三电极系统测得的,其中 Pt 丝为对电极,Ag/AgCl 电极作为参比电极。图 4-35 是五种样品的尼奎斯特(Nyquist)曲线。可以看出,商业 SiC 粉末样品的半环直径远小于 SiC NFs-Cx 的半环直径,这表明商业 SiC 粉末中电荷转移速率最低。随着 SiC NFs 中的自由碳含量由 0 升至 17.2%,对应样品的半环直径也逐渐减小,表明碳含量的提高有效地降低了 SiC NFs 中的电荷转移阻力,也就是说,在 SiC NFs 原位嵌入的碳可以明显地提高光生电子和空穴分离的效率。

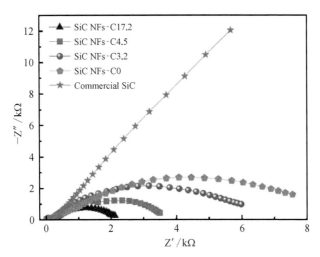

图 4-35 SiC NFs-Cx 和商业 SiC 粉末的尼奎斯特曲线: Z′为阻抗实部,
-Z″是阻抗虚部,扫描速率为 2 mV·s^{-1}

材料的光致发光(PL)光谱是表征光生载流子复合和转运效率的有效手段。对于光催化剂,PL 光谱的强度越低,表明催化剂中光生电子和空穴的复合率越低。图 4-36 给出了 SiC NFs-Cx 室温下的 PL 光谱,激发光波长为 350 nm。图中,在 410 nm 附近的强峰应属于 SiC NFs 表层无定形 SiO_2 的氧差异性造成的(微量 SiO_2 的存在已在 SiC NFs 的 XPS 谱图中得已证明)。在 437 nm 附近的峰是由于 SiC NFs 上电子-空穴对激子复合而产生的峰。对比体相 SiC 的 PL 光谱可以发现,SiC NFs-Cx 的发射峰位置有了强的蓝移,这可能是由于 SiC 的量子尺寸效应和纳米纤维形貌引起的。从图中可以明显看到,SiC NFs-C3.2 的发射峰强度最低,这表明 SiC NFs-C3.2 具有最强的淬灭效应,即可以最大限度地抑制光生电子和空穴的复合,所以 SiC NFs-C3.2 表现出最高的产氢速率。

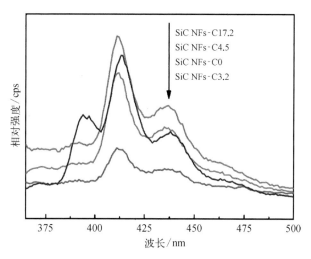

图 4 - 36　SiC NFs-C*x* 在 350 nm 激发波长下的室温 PL 光谱

4.3.4　溶液 pH 值对 SiC NFs 上光生电子和空穴分离效率的影响

由于 OH⁻ 与 SiC NFs 上的光生空穴反应后会生成·OH 自由基,溶液中的·OH 与对苯二酸(TPA)在光照下可发生反应生成 2 -羧基对苯二酸,该酸溶液在 315 nm 波长激发光照射下会在 PL 光谱中 426 nm 处产生发射峰。所以本书首先在不同 pH 溶液中加入等质量的 SiC NFs-C3.2 催化剂光照 1 h,然后通过测定溶液的 PL 光谱,对比 426 nm 处的发射峰强度即可表征不同 pH 对光生空穴分离效率的影响。

图 4 - 37 是不同 pH 溶液中加入光催化剂光照 1 h 后所得 2 -羧基对苯二酸溶液的室温 PL 光谱,激发波长为 315 nm。当溶液中的 pH 值由 6.8 升至 14 时,位于 426 nm 处的发射峰强度逐渐升高,这表明溶液 pH 越高,产生的·OH 量越多,也即是 pH(OH⁻浓度)越大,光生空穴从 SiC NFs 上分离的效率越高。这主要是由于光生空穴首先快速地与 OH⁻反应生成·OH,而后·OH 又快速与牺牲剂甲醇反应生成甲醛或甲酸,从而达到快速转移光生空穴的目的。Simon 等也报道了类似的结果。他们在研究 CdS 纳米线的光催化产氢性能时,发现随 pH 增大,CdS 纳米线的产氢速率逐渐提高,并表明这是由于 OH⁻有利于提高光生空穴的分离效率所致。

为了进一步验证 OH⁻的作用,将 SiC NFs - 3.2 在 pH = 14 的溶液中产氢前后的样品进行固体 PL 测试。如图 4 - 38 所示,产氢后的样品在 447 nm 处的发射

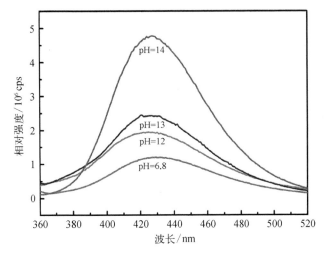

图 4-37　2-羧基对苯二酸(TPA 与·OH 光照 1 h 后反应产物)
溶液的室温 PL 光谱,用以表征·OH 的量,即 OH⁻对
光生空穴的分离效率。激发波长为 315 nm

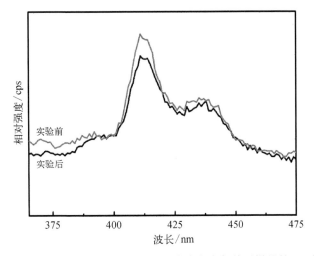

图 4-38　SiC NFs-3.2 在 pH=14 的溶液中产氢前后样品的 PL 光谱

峰强度比产氢前样品的峰强度低,表明产氢后的样品具有更低的电子-空穴复合
效率。这是由于产氢后的样品表面存在一定量的 Si⋯OH 悬挂键,⋯OH 可快速
转移空穴,抑制电子和空穴复合。

　　综上所述,我们可以推断 SiC NFs 的光催化产氢机制如下。第一,SiC NFs
原位嵌入的石墨碳可以快速地转移光生电子(从一个 SiC 晶体转移至另一个晶

体或留在至石墨碳层上），从而限制了光生电子和空穴的复合。第二，石墨碳的引入还可以增强 SiC NFs 对光，特别是可见光的吸收。第三，高 pH 溶液中的大量 OH⁻ 可以作为空穴转移载体，即被空穴氧化生成高氧化活性的·OH，·OH 可进一步快速地与牺牲剂甲醇反应。于是原本 SiC 上的空穴与甲醇之间不能发生的反应，变为空穴与 OH⁻ 以及·OH 与甲醇之间两个快速的反应，从而迅速转移 SiC NFs 上产生的光生空穴。第四，相比于纳米颗粒，嵌有石墨碳的一维纳米纤维可以提供一个长程的连续的载流子输运通道，进一步提高光生电子和空穴的分离效率。此外，纳米纤维表面粗糙，存在狭缝型的介孔，有效提高了纤维的比表面积，为光催化反应提供了更多的活性位点。总之，SiC NFs-Cx 具有高的光催化活性可以归因于光生电子和空穴的有效分离以及一维介孔纳米纤维形貌。其原理示意图如图 4-39 所示。

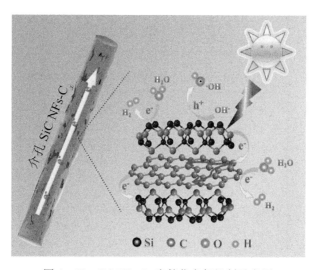

图 4-39　SiC NFs-Cx 光催化产氢机制示意图

参 考 文 献

[1] Ye H, Titchenal N, Gogotsi Y, et al. SiC nanowires synthesized from electrospun nanofibers templates. Advanced Materials, 2005, 17(12): 1531-1535.

[2] Lee Y. Formation of silicon carbide on carbon fibers by carbothermal reduction of silica. Diamond and Related Materials, 2004, 13(3): 383-388.

[3] Li D, Wang Y, Xia Y. Electrospinning nanofibers as uniaxially aligned arrays and layer-by-layer stacked films. Advanced Materials, 2004, 16(4): 361-366.

［ 4 ］ Li D, Wang Y, Xia Y. Electrospinning of polymeric and ceramic nanofibers as uniaxially aligned arrays. Nano Letters, 2003, 3(8): 1167 - 1171.

［ 5 ］ Pan Z, H Lai, Frederick C, et al. Oriented silicon carbide nanowires and field emission properties. Advanced Materials, 2000, 12(16): 1186 - 1190.

［ 6 ］ Yang Y, Meng G, Liu X, et al. Aligned SiC porous nanowire arrays with excellent field emission properties converted from Si nanowires on silicon wafer. Journal of Physical Chemistry C, 2008, 112(51): 20126 - 20130.

［ 7 ］ Shafiei M, Spizzirri P G, Arsat R, et al. Platinum/graphene nanosheet/SiC contacts and their application for hydrogen gas sensing. Journal of Physical Chemistry C, 2010, 114(32): 13796 - 13801.

［ 8 ］ Li Q, Guo B, Yu J, et al. Highly efficient visible-light-driven photocatalytic hydrogen production of CdS-cluster-decorated graphene nanosheets. Journal of the American Chemical Society, 2011, 133(28): 10878 - 10884.

［ 9 ］ Sun Z, Guo J, Zhu S, et al. A high-performance Bi_2WO_6-graphene photocatalyst for visible light-induced H_2 and O_2 generation. Nanoscale, 2014, 6(4): 2186 - 2193.

［10］ Gao Y, Wang Y, Wang Y. Photocatalytic hydrogen evolution from water on SiC under visible light irradiation. Reaction Kinetics and Catalysis Letters, 2007, 91(1): 13 - 19.

第 5 章　共混法制备纳米 SiC 纤维

5.1　引　　言

　　静电纺纯 PCS 溶液制备 SiC 纤维过程中存在纺丝不稳定和纤维直径较粗的问题,限制了先驱体转化法制备纳米 SiC 纤维的规模化制备和应用。设计新的纺丝溶液体系,提高 PCS 溶液静电纺丝的稳定性,并将 SiC 纤维直径降至 1 μm 以下,对稳定静电纺 SiC 纤维的制备工艺,提高纤维性能及扩展应用范围都具有重要意义。

　　聚合物的相对分子质量和分子结构直接影响溶液的黏度与表面张力,是溶液静电纺丝的一个重要参数。相对分子质量直接反映聚合物分子的分子链长度,分子链长的聚合物在溶液中容易发生缠结,从而增加溶液的黏度。对于相同质量分数的聚合物溶液来说,高分子量聚合物溶液黏度比同种低分子量聚合物溶液的黏度大。

　　聚合物分子链在溶液中发生缠结,在静电力的作用下链与链之间相对滑移,一定数量的缠结点能使力在纺丝射流上稳定传递,所以,缠结点的存在是静电纺丝制备聚合物纤维的必要条件。当聚合物溶液射流在泰勒锥表面形成以后,射流在高压静电场中受到电场力的拉伸,聚合物分子会延射流的轴向取向。当聚合物分子链之间的缠结作用足以平衡电场力的拉伸作用时,射流将保持连续性,形成连续纤维;如果分子链之间缠结作用力太小,射流就会断裂形成液滴或短纤维。

　　静电纺丝选用的聚合物一般都是高分子聚合物,相对分子质量为几万至几十万,常用的高分子聚合物包括:聚乙烯吡咯烷酮(PVP)、聚苯乙烯、聚氧化乙烯、聚乙烯醇和聚丙烯腈(PAN)等。Shenoy 等[1]采用分子质量为 1 300 000 的 PVP 为高分子聚合物,配制了质量分数为 9% 的 PVP/乙醇溶液,通过静电纺丝制备了直径为 300 nm 的 PVP 纳米纤维。Wang 等[2]采用分子量为 120 000 的 PAN 为纺丝聚合物,配制了质量分数为 9% 的 PAN/DMF 溶液,通过静电纺丝制备了直径为 400 nm 的 PAN 纳米纤维。以上实验说明,高分子量聚合物在较低浓度下,分子链之间的缠结作用足以平衡电场力的拉伸作用,可得到形貌均匀的聚合物纳米纤维。

PCS 是一种低分子量聚合物,其相对分子质量一般为 1 500～2 000,分子链短且支化程度高。当 PCS 溶液浓度较低时,由于 PCS 分子链短,PCS 分子之间没有发生缠结或者缠结程度过低,不足以平衡电场力对射流的拉伸作用,导致纺丝射流断裂。同时,由于 PCS 分子链的黏弹性作用而趋向于收缩,导致 PCS 分子链团聚形成液滴。

为了平衡电场力的拉伸作用,得到连续的 PCS 纤维,需要提高 PCS 纺丝溶液浓度,增加 PCS 分子之间缠结点的数量并增强缠结程度[图 5 - 1(a)],以提升 PCS 分子之间缠结作用力。前期研究表明合适的 PCS 纺丝溶液浓度为 1.05～1.35 g/mL,PCS 在溶液中的质量分数超过 60%,明显高于高分子型聚合物在溶液中的质量分数,如 PAN/DMF 纺丝溶液中 PAN 质量分数仅为 9%。

由于 PCS 分子的分子链短,分子链之间的缠绕力较弱,为了平衡静电场的拉伸作用,与高分子量聚合物相比,需要更多的 PCS 分子在轴向上产生缠结作用,导致静电纺丝得到的 PCS 纤维较粗。此外,可纺的 PCS 溶液浓度较高且黏度较大,抑制射流在静电场中的不稳定鞭动和牵伸细化,也会导致 PCS 纤维直径较大。图 5 - 1(b)为 1.25 g/mL PCS 溶液通过静电纺丝和高温热处理得到的 SiC 纤维 SEM 图。可以发现,所得 SiC 纤维直径为 3～6 μm 且形貌分布不均匀,未能得到纳米尺寸的 SiC 纤维。

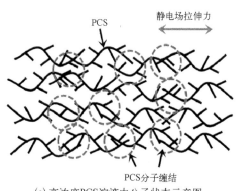

(a) 高浓度PCS溶液中分子状态示意图

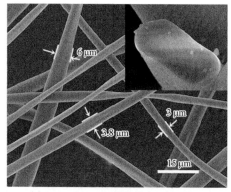

(b) 1.25 g/mL PCS溶液静电纺丝得到的 SiC纤维SEM图

图 5 - 1　高浓度 PCS 溶液中分子状态及 SiC 纤维 SEM 图

由于可纺的 PCS 溶液浓度太高,溶剂在纺丝过程中挥发导致纺丝喷头处的溶液黏度迅速增大,溶液表面的静电斥力和溶液的表面张力之间不再维持平衡状态,造成泰勒锥不稳定及纤维形貌不均匀。随着喷头处溶液黏度的进一步增

图 5-2　静电纺纯 PCS 溶液过程照片

大,溶液表面的静电斥力不足以克服溶液的表面张力,造成纺丝喷头堵塞,需要将喷头处固化的 PCS 剥离,才能保证静电纺丝过程的连续,不仅增加了工作量,还会造成聚合物浪费。图 5-2 展示了 1.25 g/mL PCS 溶液静电纺丝 30 s 后喷头处的光学照片,可以清晰看到喷头处固化的 PCS,这种静电纺丝过程不稳定现象严重影响了超细 PCS 纤维的规模化制备。

综上所述,尽管通过静电纺 PCS 溶液已实现了超细 SiC 纤维的制备,但由于 PCS 分子量低和分子链短,导致可纺的 PCS 溶液浓度过高和黏度较大,造成 PCS 纤维直径粗和静电纺丝过程不稳定的问题,不利于超细 SiC 纤维的规模化连续制备和应用。

5.2　纳米 SiC 纤维的制备

静电纺 PCS 溶液制备超细 SiC 纤维过程中存在的问题,其根源在于 PCS 分子量低和分子链短,造成可纺的 PCS 溶液浓度过高。而高分子量聚合物分子链长,保证在低浓度的高分子聚合物溶液中,聚合物分子间缠结作用力足以抵抗电场力的拉伸作用,可以得到纳米尺寸的聚合物纤维。如果将合适的高分子聚合物与 PCS 配制成混合溶液,降低可纺混合溶液中 PCS 的浓度,在高分子聚合物形成纳米纤维的过程中,将其周围的 PCS 分子一起牵引拉伸,有望得到直径细小均匀的混合纤维,并解决 PCS 溶液静电纺丝过程不稳定的问题,其机制示意图如图 5-3 所示,虚线圆圈部分表示高分子聚合物之间的缠结作用。尽管 PCS 在混合溶液中浓度较低,但其与高分子聚合物之间存在足够的缠结和分子间作用力,可以弥补 PCS 分子之间缠结程度较低的问题,最终实现低浓度 PCS 溶液的连续稳定纺丝。

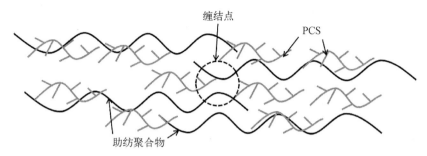

图 5-3　助纺聚合物改善 PCS 溶液静电纺丝过程的机制示意图

　　为了实现上述设想,首先要选择一种合适的高分子聚合物作为助纺聚合物。助纺聚合物的选择要考虑以下几个问题:一是助纺聚合物应是线性好的高分子聚合物,本身纺丝性好,确保添加少量助纺聚合物即可改善低浓度 PCS 溶液的纺丝性能;二是助纺聚合物可以完全溶解于 PCS 静电纺丝所选溶剂中,即需要溶解于二甲苯和 DMF 的混合溶剂中;三是助纺聚合物在高温烧成过程中要分解完全,残留在最终无机纤维中的产物越少越好,确保得到的纤维完全是 PCS 的热解产物。

5.2.1　助纺聚合物对纤维形貌的影响

　　选取聚丙烯腈(PAN,分子量为 190 000)、聚氧化乙烯(PEO,分子量为 280 000)、聚苯乙烯(PS,分子量为 350 000)、聚乙烯亚胺(PEI,分子量为 200 000)和聚乙烯吡咯烷酮(PVP,分子量为 1 300 000)这五种可纺性良好的高分子聚合物,考察其在二甲苯/DMF 溶剂中的溶解性。方法是分别称取 0.8 g 上述五种高分子聚合物加入 4 mL 二甲苯/DMF 混合溶剂中,室温下以 600 r/min 的搅速搅拌 6 h。根据溶解度实验,确定采用 PS 作为助纺聚合物。

　　进一步试验了分子量分别为 350 000 和 1 920 000 的 PS。林金友[3]对分子量为 350 000 的 PS 合适的静电纺丝浓度进行了研究,通过对质量分数为 5%、10%、20% 和 30% 的 PS 溶液进行静电纺丝,发现当 PS 质量分数为 5% 和 10% 时,所得 PS 纤维中存在大量串珠;当 PS 质量分数为 20% 时,可以得到形貌均匀的 PS 纤维。Eick 等[4]通过对质量分数为 3%、分子量为 1 920 000 的 PS 溶液进行静电纺丝,得到了尺寸均匀的纳米 PS 纤维。基于以上文献结果,首先配制了质量分数为 20%、分子量为 350 000 的 PS 溶液和质量分数为 3%、分子量为 1 920 000 的 PS 溶液,并向两种不同的 PS 溶液中分别加入质量分数为 9% 的 PCS,混合均匀后进行静电纺丝,所得 PS/PCS 原纤维形貌如图 5-4 所示。可以看出,分子量为 350 000 的 PS/PCS 混合溶液制备的纤维直径范围在 2 μm 左右[图 5-4 (a)],分子量为 1 920 000 的 PS/PCS 混合溶液制备的纤维直径范围为 500~900 nm[图 5-4(b)]。可见,采用高分子量 PS 为助纺聚合物,不但最终纤维直径更小,且加入的 PS 量更少,这显然有利于最终 SiC 纤维的性能,故选择分子量为 1 920 000 的 PS 为助纺聚合物。

 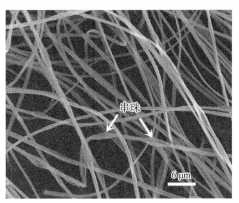

(a) 分子量为350 000的PS/PCS溶液　　　　　(b) 分子量为1 920 000的PS/PCS溶液

图 5-4　不同纺丝溶液制备的 PS/PCS 原纤维 SEM 图

　　助纺聚合物确定后,下一步就是要确定助纺聚合物在溶液中的比例。从成型角度考虑,希望溶液中含有较多的 PS 助纺聚合物,利于静电纺丝;而从最终 SiC 纤维性能考虑,希望纺丝溶液中 PS 含量越少越好。因此,尝试将图 5-4(b)

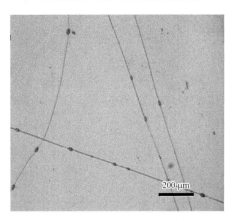

图 5-5　含 2% PS 的纺丝溶液制备的 PS/PCS 原纤维光学显微照片

中 PS/PCS 纤维的纺丝溶液中 PS 的质量分数降至 2%,PCS 的质量分数保持 9%不变,经相同静电纺丝条件,得到的 PS/PCS 原纤维形貌如图 5-5 所示。从 PS/PCS 纤维的光学显微照片中可以看到纤维中存在大量串珠,说明含质量分数为 2% PS 的纺丝溶液中,PS 分子之间缠结度较低,不能完全平衡静电场力的拉伸作用,在射流拉伸过程中受力不均匀,PS 分子链取向化协同不一致,在黏弹性作用下趋于收缩,得到串珠结构纤维。因此,为了得到形貌均匀的 PS/PCS 纤维,PS 在纺丝溶液中的质量分数为 3%。

　　将制备的 PS/PCS 纤维经空气不熔化和高温热处理后,得到的 SiC 纤维形貌如图 5-6 所示。由图可见,PS/PCS 纤维转化的 SiC 纤维平均直径只有 500 nm,是纯 PCS 溶液制备的 SiC 纤维 [图 5-1(b)]直径的 1/9。此外,对 10 mL PS/PCS 溶液连续 12 h 静电纺丝,

图 5-6　纳米 SiC 纤维 SEM 图

未发现喷头堵塞现象,说明添加助纺聚合物可实现 PCS 溶液的稳定静电纺丝。

5.2.2　表面活性剂对纤维形貌的影响

　　尽管 PS 的加入降低了 PCS 原纤维直径,但是纤维中仍存在少许串珠(图 5-4 中白色箭头标注)。串珠结构对纳米纤维的力学性能以及纤维的功能化应用都带来不利影响,是需要避免的纺丝缺陷问题。

　　向 PS/PCS 纺丝溶液中添加十二烷基苯磺酸钠(SDS),有望增加溶液电荷密度和降低表面张力,改善 PCS 和 PS 两种聚合物之间的相容性和表界面性质,消除纤维中的串珠现象。

　　SDS 分子在溶剂中可以电离出十二烷基硫酸根和钠离子,提高溶液的电荷密度。实验表明,向纺丝溶液中添加质量分数为 1% SDS 后,经室温下搅拌,SDS 可以完全溶解于 PS/PCS 纺丝液中,最终得到的 SDS/PS/PCS 纺丝溶液仍为澄清透明。为了考察 SDS 的添加对纺丝溶液性质的影响,测试了添加 SDS 前后纺丝溶液的黏度和电导率变化。添加质量分数为 1% SDS 后,纺丝溶液的黏度由 52.1 mPa·s 降至 43.6 mPa·s,电导率由 1.0 μS/cm 增至 36.7 μS/cm。由此可见,SDS 的确可以起到降低溶液黏度和提高溶液电导率的效果。

　　采用与 PS/PCS 纺丝溶液相同的静电纺丝工艺条件,对 SDS/PS/PCS 溶液进行静电纺丝,所得纤维形貌如图 5-7 所示。从图中可以看出,加入 SDS 后,原纤维表现为连续均匀分布[图 5-7(a)],纤维中的串珠结构消失,直径降至 450~700 nm[图 5-7(b)],说明 SDS 的加入改善了纤维形貌并有利于降低纤维直径。

　　依据射流不稳定原理,加入阴离子表面活性剂 SDS 后,增加了纺丝溶液电

(a) 低倍SEM图　　　　　　　　　　　　(b) 高倍SEM图

图 5 - 7　溶液中加入 SDS 后静电纺丝原纤维 SEM 图

导率和射流表面的电荷密度,提高了射流在电场中受到的拉伸力及电荷之间的排斥力,同时 SDS 降低了射流的黏度及表面张力,这些因素增加了射流的轴对称不稳定性,消除串珠结构并降低纤维直径。此外,SDS 可以改善 PCS 和 PS 之间的界面性质,增强两种聚合物的分散均匀性,提高 PCS 分子与 PS 分子之间的缠结程度。静电纺丝过程中,PCS 分子在 PS 分子的牵引拉伸带动下不会发生断裂,最终形成了形貌均匀的 PS/PCS 纤维。

5.2.3　静电纺丝工艺参数对纤维形貌的影响

　　静电纺丝过程中,环境温湿度、纺丝电压、溶液推进速率和接收距离等参数对纤维的形貌具有重要影响。基于前期研究结果[5],在静电纺丝制备 PS/PCS 纤维过程中,首先固定接收距离为 20 cm,推进速率为 0.75 mL/h。纺丝过程中,根据观察针头处泰勒锥的连续性及稳定性,确定纺丝电压范围为 11～12 kV。环境湿度是由空气中水蒸气浓度决定,其作为纺丝射流周围的一种气态介质,会对射流中溶剂的挥发速率产生影响,高湿度环境容易造成纤维中出现串珠结构。

　　图 5 - 8 为同一 PS/PCS 纺丝溶液在不同环境湿度下(其他纺丝工艺参数相同)得到的 PS/PCS 原纤维 SEM 图。当环境相对湿度为 30%[图 5 - 8(a)]或 40%[图 5 - 8(b)]时,纤维形貌规整均匀;当相对湿度达到 50%时,纤维的直径变小,但是纤维中出现明显串珠现象[图 5 - 8(c)]。这是由于溶剂中的 DMF 可以与水互溶,在高湿度环境下,溶剂中 DMF 的挥发被抑制,射流在被拉伸的过程中仍保持带电状态,被电场力持续拉伸,导致纤维直径变小;但由于某一时刻纤维轴向拉伸部位直径降低和表面积增加,导致单位电荷密度减小,使得轴向射流

不稳定性增加,导致连续串珠出现。为了得到连续均匀的纳米 SiC 纤维,最终确定适宜的纺丝环境相对湿度范围为 30%~40%。

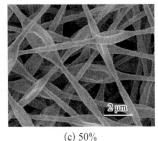

(a) 30%　　　　　　　　　(b) 40%　　　　　　　　　(c) 50%

图 5 - 8　不同相对湿度下得到的 PS/PCS 原纤维 SEM 图

综上,确定以二甲苯和 DMF 为混合溶剂,以分子量为 1 920 000 的 PS 为助纺聚合物,通过向溶剂中添加相应比例的 SDS、PS 和 PCS 配制成纺丝溶液。采用合适的静电纺丝工艺,得到了直径分布范围在 450~700 nm 的 PS/PCS 纤维,经后处理得到的纳米 SiC 纤维直径是纯 PCS 溶液得到的 SiC 纤维直径的 1/9。添加 PS 助纺聚合物后,纺丝稳定性明显提高。

5.2.4　热处理工艺对纤维形貌及组成的影响

图 5 - 9 为 PS/PCS 原纤维空气不熔化处理前后的 FTIR 谱图。由于 PS 中没有活泼基团,且其熔融温度在 230℃ 以上,分解温度至少在 300℃ 以上。因此,在 210℃ 不熔化条件下,PS 的化学键不发生变化。FTIR 谱图中显示归属于 PS 的特征峰(1 500 cm^{-1} 附近)基本没有变化,证明不熔化过程对 PS 分子结构没有影响。但是不熔化处理后,2 100 cm^{-1} 处的 Si—H 伸缩振动峰基本消失,1 250 cm^{-1} 处 Si—CH$_3$ 弯曲振动峰强度明显减弱,说明经过空气不熔化处理,Si—H 和 Si—CH$_3$ 都被氧化,实现了 PCS 分子的交联。

得到的不熔化纤维在氩气气氛下进行高温热处理,完成从有机聚合物向无机陶瓷转化。首先,通过热重-差热分析法(TG-DSC)分析不熔化纤维的热解过程。图 5 - 10(a) 为经过空气不熔化工艺处理的 PS 在惰性气氛下的 TG 曲线。从曲线可以看出,PS 在 350℃ 开始分解,质量开始下降,到 410℃ 时,PS 的残留质量下降至 0,说明在高温热处理过程中,PS 完全分解,其分解产物一般为苯、甲苯和苯乙烯等气态小分子,最终的 SiC 纤维全部为 PCS 的热解产物。对不熔化的 PS/PCS 纤维进行 TG-DSC 分析,结果如图 5 - 10(b) 所示。TG-DSC 显示纤维在 350~

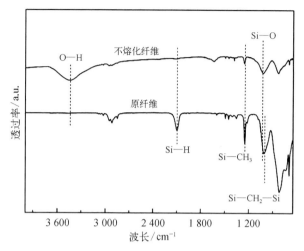

图 5-9　原纤维和不熔化纤维的 FTIR 谱图

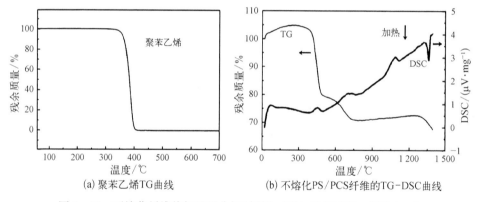

(a) 聚苯乙烯TG曲线　　　　　(b) 不熔化PS/PCS纤维的TG-DSC曲线

图 5-10　不熔化纤维热解过程分析(气氛: 氩气;升温速率: 10℃/min)

420℃出现明显的热失重及吸热峰,这是由于 PS 的热分解所致,与图 5-10(a)结果吻合。同时,根据溶液中各种成分的质量比,PS 在 PS/PCS 原纤维中的质量分数约为 25%。PS 的热分解后,纤维的质量保留率由 100% 降到 78%,与 PS 的质量分数基本吻合,再次证明 PS 在高温下完全分解。继续升高温度,PCS 分子发生裂解,释放出氢气和甲烷等小分子气体,导致纤维失重。当温度达到 750℃时,纤维基本完成无机化转变,此时的陶瓷产率约为 70.3%。从 750~1 280℃,纤维质量基本保持不变,说明在此过程纤维的组成和结构未发生明显变化。当温度高于 1 280℃,纤维发生显著失重,且在 DSC 曲线 1 360℃附近出现一个明显的放热峰,这是由于纤维热解过程中形成的 SiOC 相在高温下发生热分解产生 SiO 和 CO 气体,并伴随重结晶反应生成 SiC,放出热量。

纤维在不熔化和高温热处理过程中,由于 PCS 分子的交联聚合以及聚合物的分解,对纤维形貌和直径产生影响。图 5－11 展示了原纤维、不熔化纤维和高温热处理得到的 SiC 纤维的光学照片、SEM 图和直径分布图。光学照片显示原纤维和不熔化纤维都为白色,高温热解后纤维膜呈黑色,这与 PCS 分解产生了自由碳有关。图 5－11 中 SEM 图显示三个不同阶段纤维都呈连续均匀分布,未发现纤维断裂现象。光学照片显示[图 5－11(b)和 5.11(c)内部]面积为 21.1 cm² 的不熔化纤维膜,经高温热处理后,纤维膜面积减小至 16.2 cm²,收缩了 24.4%,这与高温条件下聚合物的分解有关。为研究不同阶段处理对纤维直径的影响,通过 ImageJ 软件测量不同阶段纤维直径,样本容量为 150±10,统计结果如图 5－11(d)~(f)所示。原纤维直径分布范围为 650±250 nm,不熔化纤维直径分布范围为 600±200 nm,经 1 100℃热处理后得到的纳米 SiC 纤维直径分布范围为 505±115 nm,说明高温热处理会明显降低纤维直径。

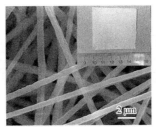
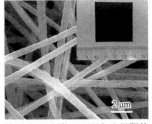

(a) 原纤维SEM图与光学照片　(b) 不熔化纤维SEM图与光学照片　(c) 纳米SiC纤维SEM图与光学照片

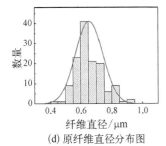
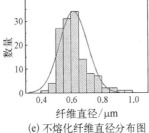
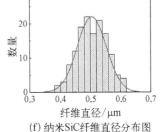

(d) 原纤维直径分布图　　(e) 不熔化纤维直径分布图　　(f) 纳米SiC纤维直径分布图

图 5－11　不同处理阶段纤维的 SEM 图、光学照片和直径分布图

由以上分析可知,由于聚合物分子的交联聚合以及分解,不熔化和高温处理都会造成纤维直径下降和纤维膜的收缩,但是纤维和纤维膜形貌都保持完整。

通过 XPS 对 1 100℃热处理后得到的纳米 SiC 纤维进行表面元素组成分析,结果如图 5－12 所示。元素全谱图[图 5－12(a)]显示纤维表面存在碳、硅、氧和钠元素,原子百分含量分别为21.3%、35.5%、40.7%和2.5%。其中,碳、硅和氧主要来源于PCS的热分解产物,钠元素来源于SDS的分解产物。对Na1s的高分辨谱图[图5-12(b)]分析发现,位于1 072 eV附近的特征峰为Na_2SiO_3,说明在高温分解过程中,SDS中有机成分分解,生成的氧化钠与PCS体系中的硅和氧结合生成了Na_2SiO_3。对Si2p峰进行拟合[图5-12(c)],103.5 eV、102.9 eV、102.4 eV和101.6 eV分别为SiO_2、SiO_3C、SiO_2C_2和$SiOC_3$的特征峰。对C1s峰拟合[图5-12(d)]后发现表面碳元素主要是以C—C键(284.6 eV)形式存在,在284.0 eV处也发现了SiO_xC_y特征峰。XPS结果表明,1 100℃热处理得到的纳米SiC纤维成分主要是以SiO_xC_y相、自由碳和少量的Na_2SiO_3。

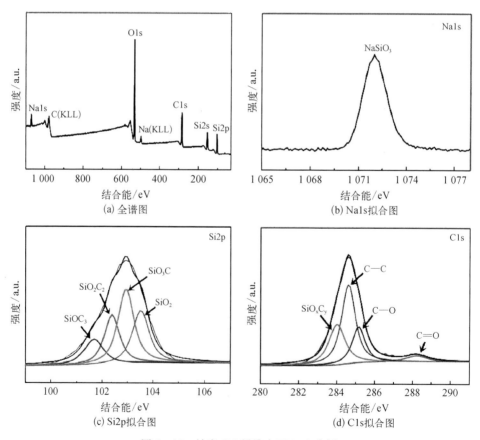

图5-12　纳米SiC纤维表面XPS分析

　　根据上述对纤维的不熔化和高温烧成阶段的表征与分析,发现PS在不熔化阶段分子结构没有发生明显变化,但在高温热处理过程中完全分解。SDS热分解后残留的钠元素与基体反应生成 Na_2SiO_3,最终 SiC 纤维成分主要是 SiO_xC_y、自由碳和少量的 Na_2SiO_3。不熔化和高温烧成都会引起纤维直径下降,经 1 100℃ 热处理得到的纳米 SiC 纤维的平均直径为 500 nm,高温处理会导致纤维膜面积收缩 24.4%。

5.3　纳米 SiC 纤维的性能

本节主要对纳米 SiC 纤维的力学性能、耐高温耐腐蚀性能和高温氢气传感性能进行分析。

5.3.1　纳米 SiC 纤维膜的力学性能

静电纺纳米纤维膜与其他纳米材料(纳米颗粒、纳米棒、纳米管、纳米片)相比,纤维膜不需要额外载体,可以作为自支撑材料使用,在柔性功能器件及零维催化剂载体方面具有应用潜力。

图 5 - 13(a)显示纳米 SiC 纤维膜具有一定强度和自支撑特性。但是,纤维膜的柔性较差,轻微弯曲会发生脆性断裂[图 5 - 13(a)内部]。纳米 SiC 纤维膜的应力应变曲线[图 5 - 13(b)]表明其断裂方式为脆性断裂,其拉伸强度为 0.5 MPa,弹性模量为 289 MPa,单根 SiC 纤维强度为 1.3 MPa。图 5 - 13(c)为纳米 SiC 纤维膜拉伸测试后断裂处的 SEM 图,可以看出断裂面比较均一,未发现多层断面结构,说明纤维膜整体结构均匀,在热解过程中未出现因收缩程度不同导致的分层现象。

(a) 光学照片

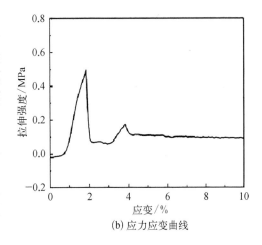

(b) 应力应变曲线

(c) 断裂处SEM图

图 5 - 13　纳米 SiC 纤维膜力学性能

5.3.2　纳米 SiC 纤维的耐高温耐腐蚀性能

SiC 材料具有耐高温和耐腐蚀特性,常用于高温和强腐蚀等极端环境中。本节对制备的纳米 SiC 纤维的耐高温耐腐蚀性能进行了介绍。

将纳米 SiC 纤维在 1 mol/L H_2SO_4 和 6 mol/L KOH 溶液中,80℃条件下处理4 h,观察处理后纤维形貌变化,结果如图 5 - 14(a)和图 5 - 14(b)所示。可以看出,在热的强酸强碱溶液中处理后,SiC 纤维仍然保持连续均匀形貌,表面未出现多孔或被刻蚀现象。XRD 结果[图 5 - 14(d)]表明处理后的纤维仍为无定形SiOC 相。通过氩气条件下的热重测试表征纤维的耐高温性能,结果如图 5 - 14(c)所示。热重曲线表明经过 500℃氩气中处理后,纳米 SiC 纤维质量下降

(a) 1 mol/L H_2SO_4处理后的纤维SEM图

(b) 6 mol/L KOH处理后的纤维SEM图

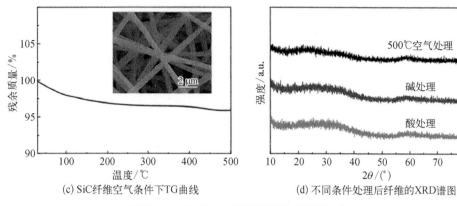

(c) SiC纤维空气条件下TG曲线　　　　(d) 不同条件处理后纤维的XRD谱图

图 5 - 14　纳米 SiC 纤维耐高温耐腐蚀性能

4.1%,这与纤维中吸附的水分蒸发有关。此外,纤维在高温箱式炉内 500℃ 处理 2 h 后,仍保持连续均匀形貌[图 5 - 14(c)内部],XRD 结果[图 5 - 14(d)]表明纤维在 500℃ 处理 2 h 后结构未发生明显变化。

　　总之,制备的纳米 SiC 纤维在强酸强碱以及 500℃ 高温环境中能够保持形貌和结构稳定,可以用作高温腐蚀环境下的功能材料使用。

5.4　柔性纳米 SiC 纤维膜的制备

5.4.1　普通陶瓷纳米纤维脆性问题分析及解决方案

　　静电纺丝技术制备的陶瓷纳米纤维膜普遍存在拉伸强度低和柔性差的问题。改善纤维膜的弯曲柔性并提高其抗拉强度,对扩大静电纺丝纳米纤维的应用具有重要意义。

　　从原理上分析,由于静电纺陶瓷纤维过程中,纺丝溶液中必须含有一定比例的高分子聚合物,作为原纤维的骨架。高温条件处理之后,高分子聚合物分解,在陶瓷纤维中留下大量纳米孔,同时纤维中的陶瓷基体之间存在明显的晶界缺陷,影响纤维膜的力学性能。

　　图 5 - 15 展示了多种常见的静电纺丝陶瓷纤维膜的光学照片及应力应变曲线。Yin 等[6]报道了采用静电纺丝 PAN/PVP 混合溶液和碳化处理制备了碳纳米纤维膜[图 5 - 15(a)]。纤维膜在弯曲条件下容易发生脆断,认为是碳纳米纤维内部含有过多的裂纹缺陷,在弯曲过程中裂纹扩展导致纤维断裂。Dallmeyer 等[7]在利用木质素经过静电纺丝制备碳纳米纤维过程中,同样发现了纤维膜容易

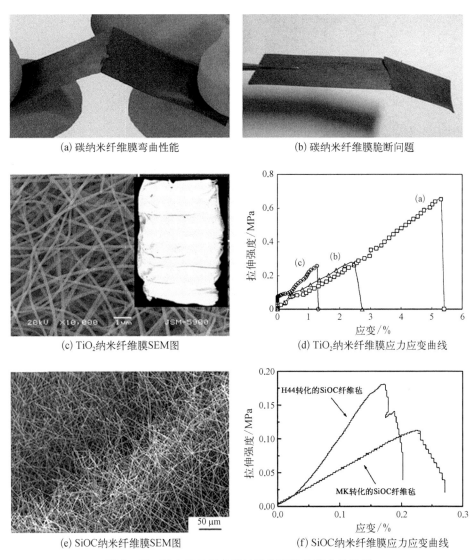

(a) 碳纳米纤维膜弯曲性能　　　　　　　　(b) 碳纳米纤维膜脆断问题

(c) TiO₂纳米纤维膜SEM图　　　　　　　　(d) TiO₂纳米纤维膜应力应变曲线

(e) SiOC纳米纤维膜SEM图　　　　　　　　(f) SiOC纳米纤维膜应力应变曲线

图 5 - 15　静电纺丝制备的纳米陶瓷纤维膜力学性能

脆断的问题［图 5 - 15(b)］。对于氧化物纳米纤维,由于纺丝溶液中的聚合物先驱体在高温空气热解过程中全部氧化分解,导致氧化物纳米纤维只是由纳米颗粒堆积而成,导致纤维膜力学性能较差。在实际使用过程中,大部分氧化物纳米纤维是以短纤维的形式在气敏和光催化领域应用,这没有充分发挥纳米纤维膜的三维网络结构和一维纳米纤维优异的电子传输性能的优势。图 5 - 15(c)为通过静电纺丝制备的 TiO₂纳米纤维 SEM 图及纤维膜的光学照片,尽管热解后纤维膜仍保持较为完整的形貌,但是拉伸性能测试表明,TiO$_2$纤维膜的抗拉强度只有 0.3 MPa [图 5-15(d)],基本不能满足实际应用对纤维膜力学性能的要求。Guo 等[8]通过静电纺丝 H44 先驱体制备了无定形 SiOC 纳米纤维膜[图 5-15(e)],纤维膜虽然具有一定自支撑特性,但是其抗拉强度只有 0.18 MPa[图 5-15(f)]。

　　最近几年,许多研究者开始关注静电纺丝制备的陶瓷纤维膜力学性能不足的问题,通过实验和理论相结合为制备出柔性陶瓷纤维膜提出有意义的研究思路。东华大学丁彬等在提高纳米氧化物陶瓷纤维力学性能方面开展了许多有意义的研究工作。Guo 等[9]将 TEOS 溶于 PVA 水溶液制备了可纺溶胶,经静电纺丝和高温热解制备了具有柔性的 SiO$_2$纳米纤维膜,研究了 PVA 的添加量对纤维形貌和纤维膜的力学性能的影响。对柔性 SiO$_2$纳米纤维膜进行表面修饰处理,制备了具有疏水、磁性、耐腐蚀等功能特性的纤维膜,在污水处理和电磁屏蔽领域具有应用潜力。Mao 等[10]通过向纳米 ZrO$_2$纤维添加氧化铝和氧化钇等烧结助剂,制备了柔性 ZrO$_2$纳米纤维。实验结果表明,烧结助剂的添加能有效改善晶粒尺寸和减少晶粒间裂纹缺陷,总结出纤维内部的裂纹及其扩展是造成纤维膜脆性的主要原因,纤维膜弯曲变形的基本单元是晶粒内的位错运动。Song 等[11]在 TiO$_2$纳米纤维中引入锆离子,明显提高 TiO$_2$纳米纤维膜的力学性能。图 5-16(a)显示纯TiO$_2$纳米纤维存在较多裂纹及孔隙缺陷,纤维膜为粉化状态且内部纤维断裂现象严重。而引入锆离子后,抗拉强度提高至 1.3 MPa[图 5-16(b)],TiO$_2$纤维表面光滑且纤维膜可以弯曲和缠绕[图 5-16(c)]。同样认为是锆离子阻碍了TiO$_2$晶粒的长大,降低晶界缺陷来改善纤维柔性。以上研究工作主要是通过降低晶粒尺寸和减少晶界缺陷的方法来改善结晶型的陶瓷纳米纤维柔性问题,而针对无定形的陶瓷纤维脆性问题,没有相关研究工作的报道。

(a) 脆性TiO$_2$纳米纤维SEM图

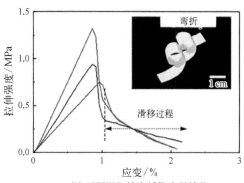

(b) 不同TiO$_2$纳米纤维力学性能

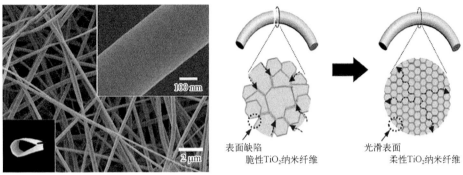

(d) TiO$_2$纳米纤维力学性能改善机理

图 5 - 16　锆离子改善 TiO$_2$纤维膜力学性能

　　陶瓷材料虽然具备耐高温、抗腐蚀及高硬度等优点,但其本身的分子结构键合特点,导致其在受外力冲击时,难以发生滑移引起塑性变形来抵消部分应力,表现出脆性。另外,陶瓷材料一般都经过高温热解,内部会形成大量微孔和裂纹,外力条件下易发生应力集中,裂纹扩展长大造成基体断裂。以上是导致陶瓷材料脆性断裂的主要原因,由于陶瓷材料共价键的本质无法改变,只能通过控制微孔和裂纹的扩展来改善陶瓷的强度与韧性。

　　纳米颗粒增强增韧复合材料是最近 30 年工业界和科学界广泛研究的课题。颗粒增韧机制主要包括:减少微孔尺寸及数量、微裂纹析出增韧、残余应力场增韧、裂纹桥连增韧和裂纹偏转增韧等,增韧效果主要受颗粒大小、颗粒体积含量、颗粒与基体的表界面关系、膨胀系数、弹性模量和两相化学相容性等因素影响[12]。基于以上对纳米陶瓷纤维膜脆性根源及颗粒弥散增韧陶瓷机制的分析,也许能为改善无定形陶瓷纤维膜的力学性能提供一种有效的解决方案。

5.4.2　SiC 纳米纤维脆性问题分析及解决方案

　　一般而言,纤维的抗拉强度与直径大小成反比。楚增勇等[13]通过测试不同直径 SiC 纤维的抗拉强度发现,强度大小与纤维直径呈 $-2/m$ 次方关系,其中,m 为 Weibull 模数。静电纺丝得到的纳米纤维直径较小,但是其力学性能远远低于常规方法制备的普通纤维。Huang 等[14]认为静电纺丝得到的聚合物纤维取向性和结晶度较低,是导致聚合物纳米纤维膜抗拉强度不高的主要原因。而静电纺丝制备的纳米陶瓷纤维膜不仅强度较低,还表现出较脆的问题。因此,找出纳米陶瓷纤维膜柔性不好和强度较低的原因,并通过技术手段解决力学性能差的问题,具有理论和实际应用双重意义。

毛雪[15]通过静电纺丝技术制备了柔性 ZrO_2 纳米纤维膜,并对纤维柔性机制进行了分析,认为 ZrO_2 晶粒尺寸、纤维中晶界缺陷和微裂纹数量决定了 ZrO_2 纳米纤维的柔性。通过添加 Y_2O_3,降低了 ZrO_2 晶粒大小,并提升纳米晶粒之间的位错滑移,在纤维弯曲过程中,通过产生位错环抵消应力集中,达到改善柔性的目的,相关机制如图 5-17(a)所示。此外,也可通过掺杂钠、镁和铝等异质元素降低微裂纹缺陷数量和孔体积大小,显著提升了 ZrO_2 纳米纤维的柔性,其机制如图 5-17(b)所示。但是,上述方法及机制主要适用于结晶型纳米陶瓷纤维,针对无定形 SiC 纤维的强度及柔性改善方法还没有报道。

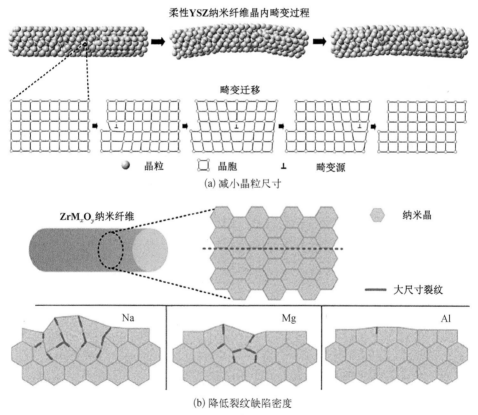

图 5-17　提高 ZrO_2 纳米纤维柔性性能的机制示意图

图 5-18 为纳米 SiC 纤维内部结构的 TEM 图和 HRTEM 图。从图中可看出,普通纳米 SiC 纤维为无定形结构,纤维基体中分布大量纳米孔(TEM 和 HRTEM 中的白色区域),这是由于不熔化纤维在高温烧成过程中,纤维中的 PS 和 PCS 中小分子分解后产生了孔隙,导致纤维中纳米孔的存在。

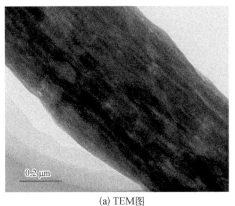 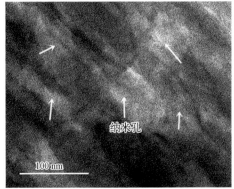

(a) TEM图　　　　　　　　　　　　　　(b) HRTEM图

图 5 - 18　普通纳米 SiC 纤维内部结构

　　通过氮气吸脱附方法测试和分析普通纳米 SiC 纤维内部孔体积及孔径大小,结果如图 5 - 19 所示。其等温曲线为典型的Ⅳ型,说明普通纳米 SiC 纤维中存在介孔结构,且由于在较高相对压力下($P/P_0 = 0.8 \sim 1.0$)存在 H3 型回滞环,说明介孔尺寸偏大和孔结构不规整。根据图 5 - 19 内部的孔结构分布图可以看出,纳米 SiC 纤维内部的孔径主要分布在 $10 \sim 45$ nm,平均孔径为 18.2 nm。基于 BET 和 BJH 模型计算纳米 SiC 纤维的比表面积和孔体积分别 29.2 m^2/g 和 0.137 cm^3/g。

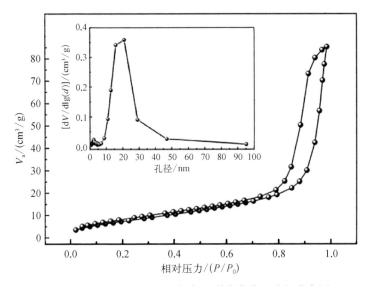

图 5 - 19　纳米 SiC 纤维的氮气吸脱附曲线和孔径分布图

　　基于以上对纳米 SiC 纤维内部结构的表征分析,发现无定形纳米 SiC 纤维内部存在大量尺寸在 10~45 nm 的不规整介孔,在弯曲或拉伸过程中容易引发纳米孔或裂纹尖端产生应力集中,裂纹急剧扩展,导致纤维断裂,是纳米 SiC 纤维力学性能较差的根本原因。

　　目前,许多无机纳米颗粒已被应用于改善聚合物基、金属基及陶瓷基复合材料的强度和韧性,改性后的复合材料力学性能显著提高,在工程中得到实际应用。

　　Konopka 等[16]分析了金属颗粒提高陶瓷基复合材料韧性的机制,认为金属颗粒通过控制陶瓷基体中裂纹大小和偏转方向来改善陶瓷复合材料的韧性,并分析了四种颗粒增韧机制,如图 5-20 所示。当裂纹在扩展过程中,遇到金属颗粒后,会发生整体穿过[图 5-20(a)]、一侧环绕穿过[图 5-20(b)]、沿两相界面穿过[图 5-20(c)]和整体环绕穿过[图 5-20(d)]等四种方式变形,这都会减小原始裂纹宽度和长度,对裂纹的扩展产生阻碍作用,提高陶瓷材料的韧性。

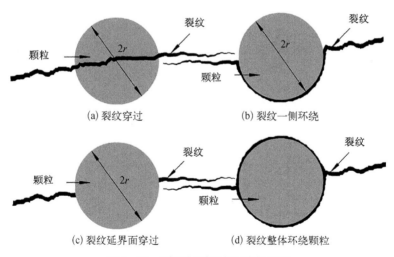

图 5-20　裂纹与颗粒之间接触机制

　　基于以上颗粒增强增韧机制,An 等[17]通过在 PEO 纺丝溶液中加入银-壳聚糖胶体,利用原位还原法在纤维中掺杂 Ag 纳米颗粒,将 PEO 纳米纤维膜的抗拉强度提高了 4 倍。Nguyen 等[18]采用静电纺丝和微波辅助还原方法在 PVA 纳米纤维中嵌入银纳米颗粒,将 PVA 纳米纤维膜的抗拉强度由 9 MPa 提高到 32 MPa。以上实验结果为改善无定形纳米 SiC 纤维的柔性和强度提供了一种思路,在纤维中原位掺入纳米颗粒有望改善陶瓷纳米纤维的力学性能。

制备纳米 SiC 纤维过程中至少要经过 1 100℃ 高温热处理,因此,在纤维中引入纳米颗粒的方法主要包括两种。一是在纺丝溶液中添加陶瓷纳米颗粒;二是在纺丝溶液中添加金属有机盐,经高温热处理在纤维中原位转化成纳米颗粒。由于纺丝溶液中直接添加陶瓷纳米颗粒会出现沉降、分散不均匀及堵塞喷头等影响静电纺丝稳定性的问题。所以,采用第二种方法更容易实现纳米颗粒的均匀引入。

乙酰丙酮化合物是常用的金属有机盐,可溶解在二甲苯/DMF 有机溶剂中。贵金属元素(铂、钯、金)熔点高,在高温下相对稳定。Kim 等[19] 通过在 250℃ 热处理乙酰丙酮钯附着的氧化硅微球,得到均匀分散钯纳米颗粒的氧化硅微球,说明乙酰丙酮钯在高温下分解可以形成金属钯纳米颗粒。因此,在纳米 SiC 纤维中引入钯纳米颗粒,不仅有望提升纤维膜的力学性能,还可能对提升材料的其他功能特性起到积极作用。

为此,我们通过在制备普通纳米 SiC 纤维的纺丝溶液中添加乙酰丙酮钯 [Pd(acac)$_2$],经静电纺丝、不熔化和高温烧成制备了含钯柔性纳米 SiC 纤维。考察了 Pd(acac)$_2$ 的添加对溶液性质、静电纺丝过程和纤维形貌的影响,并对钯元素在纤维中的存在形式及对纤维膜物理性质的影响进行了研究。

5.4.3 有机盐对纺丝溶液性质的影响

Pd(acac)$_2$ 在纺丝溶液中会发生电离反应,产生的离子会影响溶液的导电性能。另外,聚碳硅烷中活泼的 Si—H 键可能与 Pd(acac)$_2$ 中的乙酰丙酮基团发生反应,改变 PCS 的分子结构并影响纺丝溶液黏度,这都会对后续的静电纺丝过程及纤维形貌造成影响。因此,静电纺丝前首先对 Pd(acac)$_2$ 添加后溶液的黏度和电导率变化进行了研究。

表 5-1 列出不同 Pd(acac)$_2$ 添加量纺丝溶液的黏度和电导率值,Pd(acac)$_2$ 添加量是相对于溶液中 PS 和 PCS 总质量的百分比。从表 5-1 可看出,未添加 Pd(acac)$_2$ 的 PS/PCS 溶液黏度为 43.6 mPa·s;添加质量分数为 2% 的 Pd(acac)$_2$ 后,PS/PCS-2.0Pd 溶液黏度增加到 44.5 mPa·s,黏度变化不明显。由于 Pd(acac)$_2$ 在溶液中会电离出钯离子和乙酰丙酮基团,增加溶液中导电离子数量,导致溶液电导率变化明显。从表看出,PS/PCS 溶液电导率为 36.7 μS/cm,随着 Pd(acac)$_2$ 含量的增加,溶液电导率逐渐升高,PS/PCS-2.0Pd 溶液电导率

为 62.3 μS/cm。电导率提高会提高纺丝射流中的电荷密度,从而对静电纺丝过程和纤维形貌产生影响。

表 5-1　不同样品黏度、电导率和 I_{Si-H}/I_{Si-CH_3} 对比

样　品	$Pd(acac)_2$ 质量分数	I_{Si-H}/I_{Si-CH_3}	黏度/ mPa·s	电导率/ (μS/cm)
PS/PCS	0	1.08	43.6	36.7
PS/PCS-0.5Pd	0.5%	1.06	44.2	46.8
PS/PCS-1.0Pd	1.0%	1.07	44.1	53.1
PS/PCS-2.0Pd	2.0%	1.03	44.5	62.3

为了考察 $Pd(acac)_2$ 的引入对溶液组成的影响,通过 FTIR 对不同纺丝溶液中官能团的种类及相对含量进行分析,结果如图 5-21 所示。FTIR 谱图中的主要特征峰如下: 817 cm^{-1} 为 Si—C 的伸缩振动峰;1 010 cm^{-1} 为 Si—CH$_2$—Si 中 Si—C—Si 的伸缩振动峰;1 258 cm^{-1} 为 Si—CH$_3$ 的变形振动峰;2 100 cm^{-1} 为 Si—H 的伸缩振动峰;2 925 cm^{-1} 为 C—H 的伸缩振动峰。添加 $Pd(acac)_2$ 后,主要特征峰的位置基本没有发生变化。由于 PCS 中 Si—CH$_3$ 键相对比较稳定,一般通过 I_{Si-H}/I_{Si-CH_3} 值的大小来表征溶液中 Si—H 活性基团的相对含量[20]。经计算,PCS/PS,PCS/PS-0.5Pd 和 PCS/PS-2.0Pd 的 I_{Si-H}/I_{Si-CH_3} 红外吸收强度比分别为 1.08,1.06 和 1.03(表 5-1),比值变化不明显,表明 Si—H 基团在常温条件下未与 $Pd(acac)_2$ 发生反应。

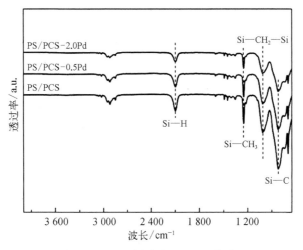

图 5-21　不同溶液的 FTIR 谱图

5.4.4   有机盐的引入对纤维形貌的影响

静电纺丝技术是依靠聚合物溶液在电场中受到的拉伸作用和射流中电荷产生的静电斥力将射流拉伸变细,形成纳米纤维。纺丝溶液的电导率对纤维形貌具有重要影响。电导率高的纺丝溶液,静电纺丝射流表面的电荷密度较高,在静电场中受到的拉伸作用较强,且射流内部电荷的排斥力大,容易获得直径较细的纤维。

图 5 - 22 为未添加 $Pd(acac)_2$ 和分别添加质量分数为 0.5%、1.0% 和 2% $Pd(acac)_2$ 的 PS/PCS 原纤维形貌。从图中可看出,不同 $Pd(acac)_2$ 含量的原纤维形貌与未掺杂 $Pd(acac)_2$ 的 PS/PCS 原纤维形貌[图 5 - 22(a)]相比,纤维中间部分出现凹槽结构,并且纤维截面呈现扁平化。PS/PCS - 0.5Pd 纤维的高倍 SEM 图[图 5 - 22(b)]可清楚看到纤维中的凹槽结构,且随着 $Pd(acac)_2$ 含量增

(a) PS/PCS

(b) PS/PCS-0.5Pd

(c) PS/PCS-1.0Pd

(d) PS/PCS-2.0Pd

图 5 - 22   不同 $Pd(acac)_2$ 含量的 PS/PCS 原纤维 SEM 图

加,凹槽结构更加明显清晰。PS/PCS - 1.0Pd[图 5 - 22(c)]和 PS/PCS - 2.0Pd[图 5 - 22(d)]纤维中间凹槽深度高于 PS/PCS - 0.5Pd 纤维,并且凹槽结构在纤维中呈连续分布,说明溶液中添加 Pd(acac)$_2$ 的确会影响纤维形貌。这是由于 Pd(acac)$_2$ 会提高纺丝溶液的电导率,纺丝射流表面的电荷密度增加后,射流在轴向的鞭动不稳定居于主导地位,纤维有再次分裂的倾向。但是,纤维分裂的电荷间排斥力和不稳定鞭动最终没有超过聚合物之间的缠结作用力,纤维并未再次分裂变细,最终形成凹槽结构。

　　将不同 Pd(acac)$_2$ 含量的原纤维经不熔化和 1 100℃高温热处理后,得到含钯的纳米 SiC 纤维。根据原纤维中乙酰丙酮钯的百分含量,将得到的含钯纳米 SiC 纤维命名为 SiC-xPd(x = 0.5、1.0、2.0),纤维形貌如图 5 - 23 所示。所有纤维都连续均匀分布,含钯纳米 SiC 纤维继承了原纤维的凹槽和扁平形状。由于含钯纳米 SiC 纤维趋于扁平,其表观纤维直径要大于普通纳米 SiC 纤维(直径约 500 nm)。图 5 - 23(f)清晰显示 SiC - 2.0Pd 纤维中的凹槽结构,并且凹槽结构连续均匀贯穿整根纤维。

(a) SiC - 0.5Pd　　　　　　(c) SiC - 1.0Pd　　　　　　(e) SiC - 2.0Pd

(b) SiC - 0.5Pd　　　　　　(d) SiC - 1.0Pd　　　　　　(f) SiC - 2.0Pd

图 5 - 23　不同钯含量纳米 SiC 纤维 SEM 图

5.4.5　柔性 SiC 纳米纤维组成结构

　　通过热重对 PS/PCS-xPd 不熔化纤维的热处理过程进行了分析(图 5 - 24)。

PS/PCS-*x*Pd 不熔化纤维在高温下的热分解行为与 PS/PCS 不熔化纤维基本相同,但在 150~250℃存在微弱的热失重过程,这是由于纤维中乙酰丙酮基分解所致。普通纳米 SiC 纤维在 700℃完成无机化后的陶瓷产率为 73%,而 SiC -0.5Pd 和 SiC - 1.0Pd 的陶瓷产率分别为 82%和 82.4%。

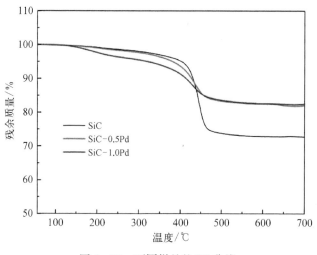

图 5 - 24   不同样品的 TG 曲线

通过 XRD 对 SiC-*x*Pd 纤维的相结构进行表征,结果如图 5 - 25 所示。与普通纳米 SiC 纤维相比,在 SiC-*x*Pd 纤维中,除了无定形 SiC 的衍射峰外,在 $2\theta =$ 35.2°、37.5°、59.5°和 71.2°出现属于 PdO 的特征峰(JCPDS,43 - 1024)。在 SiC -

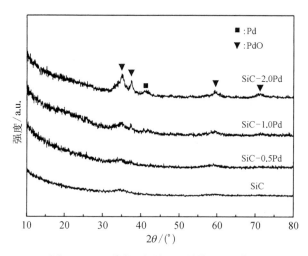

图 5 - 25   不同钯含量 SiC 纤维 XRD 谱图

1.0Pd 和 SiC－2.0Pd 中 $2\theta = 40.6°$ 位置处出现属于金属 Pd(111)晶面衍射峰（JCPDS,05－0618），说明乙酰丙酮钯在高温下分解后，遗留在纤维中的产物为氧化钯和金属钯。

为了进一步分析氧化钯和金属钯在纤维中的存在形式及分布情况，利用高分辨透射电子显微镜对 SiC－0.5Pd 和 SiC－1.0Pd 进行表征，结果如图 5－26 所示。图 5－26(a)和图 5－26(d)显示 SiC－0.5Pd 和 SiC－1.0Pd 纤维中存在大量均匀分布的纳米颗粒，HRTEM 结果[图 5－26(b)和图 5－26(e)]显示纳米颗粒为 Pd@PdO 核壳结构或者金属钯，表明氧化钯和金属钯在纳米 SiC 纤维中是以纳米颗粒形式存在。此外，从 HRTEM 图中可以看出纳米颗粒与纤维基体之间不存在明显界面，说明氧化钯和金属钯颗粒与无定形 SiC 基体之间的结合力较强。利用 ImageJ 软件测量 SiC－0.5Pd 和 SiC－1.0Pd 纤维中 50 个纳米颗粒大小，统计结果如图 5－26(c)和图 5－26(f)所示。SiC－0.5Pd 中纳米颗粒的分布范围在 4~16 nm，平均尺寸为 9.1 nm。SiC－1.0Pd 中颗粒的分布范围在 10~40 nm，平均尺寸为 26.4 nm。SiC－1.0Pd 纤维中纳米颗粒尺寸较大的原因可能是纤维中存在过多的 Pd(acac)$_2$，在热解过程中钯原子发生团聚，导致钯和氧化钯晶粒长大。

(a) SiC-0.5Pd低倍TEM图

(b) SiC-0.5Pd高倍HRTEM图

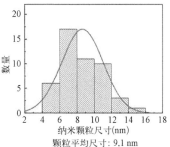

(c) SiC-0.5Pd颗粒尺寸分布

(d) SiC-1.0Pd低倍TEM图

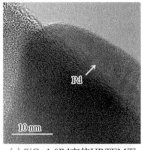

(e) SiC-1.0Pd高倍HRTEM图

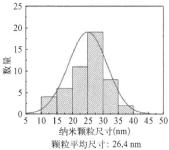

(f) SiC-1.0Pd颗粒尺寸分布

图 5－26　不同纤维的透射电镜图和内部颗粒尺寸分布图

利用 XPS 对 SiC－0.5Pd 纤维表面元素组成及钯元素的价态结构进行了分析(图5－27)。图5－27(a)显示 SiC－0.5Pd 纤维表面存在 Si、C、O、Na 和 Pd 等元素,其原子百分含量分别为 27.4%、51%、20%、1.1% 和 0.5%。对 Pd3d 峰位进行分峰拟合[图5－27(b)],在 336.7 eV 和 342.0 eV 处出现属于 PdO 的 $3d_{5/2}$ 和 $3d_{3/2}$ 的特征峰位,再次证明了氧化钯的存在。但是,未检测到金属 Pd 的峰位,可能由于 XPS 的检测厚度只有 5 nm,纤维表面基体以及核壳结构纳米颗粒中 PdO 外层的厚度超过 5 nm,阻碍了对金属 Pd 信号的检测。

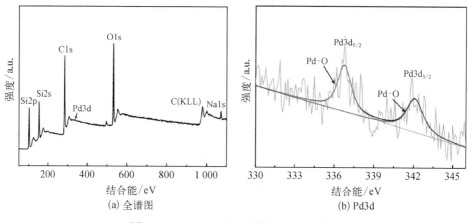

(a) 全谱图 (b) Pd3d

图5－27 SiC－0.5Pd 纤维表面 XPS 谱图

5.5 柔性纳米 SiC 纤维膜的力学性能

5.5.1 柔性纳米 SiC 纤维膜力学性能

选取 SiC－0.5Pd 纤维膜作为测试目标,对其进行弯曲、缠绕、超声和拉伸测试,结果如图5－28所示。SiC－0.5Pd 纤维膜在弯曲条件下不发生脆断,且可以在玻璃棒上任意缠绕[图5－28(a)],而未加钯的普通纳米 SiC 纤维膜很脆,说明钯的引入明显改善了纳米 SiC 纤维膜的柔性。采用 KQ－100E 型超声波清洗器对尺寸为 1 cm×2 cm 的普通纳米 SiC 纤维膜和 SiC－0.5Pd 纤维膜进行超声处理。超声 10 s 后发现[图5－28(b)],普通纳米 SiC 纤维膜由于单根纤维力学性能差导致其完全粉化,而 SiC－0.5Pd 纤维膜仍保持形貌完整,可见单根 SiC－0.5Pd 纤维同样具备较好的力学性能。

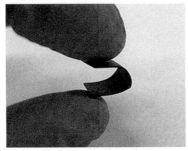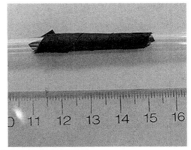

(a) SiC-0.5Pd纤维膜弯曲缠绕光学照片

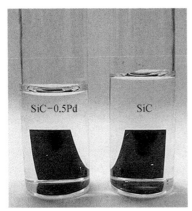

(b) SiC和SiC-0.5Pd纤维膜超声处理前后对比

图 5-28　SiC 和 SiC-0.5Pd 纤维膜的力学性能对比

　　对普通纳米 SiC 纤维膜和 SiC-xPd 纤维膜的力学性能进行测试,将代表性曲线和平均数据列于图 5-29 和表 5-2。从数据中可以发现,SiC-xPd 纤维膜的拉伸强度和柔性都明显优于普通纳米 SiC 纤维膜;随着钯含量的增加,纤维膜的拉伸强度逐渐增加。SiC-2.0Pd 纤维膜的平均拉伸强度为 33.2 MPa,是普通纳米 SiC 纤维膜的 66 倍。SiC-2.0Pd 纤维膜的应变为 7%,根据应力应变曲线形状,断裂处应力突然降到零点,纤维膜断裂形式为脆性断裂,说明纤维膜的整体结构均匀,未出现分层现象。此外,图 5-29 内部图片显示尺寸为 1 cm×2 cm×50 μm 的 SiC-1.0Pd 纤维膜可以承受 20 g 砝码的重力拉伸,同样验证了 SiC-1.0Pd 纤维膜优异的抗拉能力。由于普通纳米 SiC 纤维膜太脆,未获得其抗弯刚度。SiC-2.0Pd 的平均抗弯刚度只有 0.022 cN·cm,低于已报道的柔性 TiO$_2$/C 纳米纤维膜[6]。

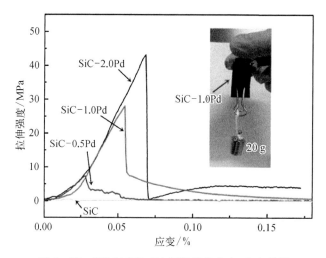

图 5 - 29　SiC 和 SiC-xPd 纤维膜的应力-应变曲线

表 5 - 2　不同纤维膜的力学性能

样　品	拉伸强度/MPa	抗弯刚度/(cN·cm)	抗弯模量/kPa
SiC	0.5±0.2	—	—
SiC - 0.5Pd	6.5±1.0	0.041±0.002	6.85±0.97
SiC - 1.0Pd	23.7±4.5	0.058±0.008	2.23±0.17
SiC - 2.0Pd	33.2±8.9	0.022±0.002	7.79±3.37

　　通过对纳米 SiC 纤维膜和 SiC - 0.5Pd 纤维膜垂直方向按压多次后,观察按压部位纤维微观形貌,结果如图 5 - 30 所示。普通纳米 SiC 纤维膜中出现许多断裂纤维[图 5 - 30(a),白色箭头所示],而 SiC - 0.5Pd 中未发现纤维断裂现象[图 5 - 30(b)]。此外,单根 SiC - 0.5Pd 可以承受的弯曲角度达 55°[图 5 - 30(c)]。因此,SiC - 0.5Pd 纤维膜在宏观和微观层面都展现出优异的弯曲性能。

　　为了研究含钯柔性纳米 SiC 纤维膜在高温和腐蚀环境下的柔性性能,将 SiC - 0.5Pd 纤维膜在 700℃空气和 6 mol/L 的 KOH 溶液中处理 1 h,结果如图 5 - 31(a)所示。经高温处理后,纤维膜由黑色转变为灰色,这是由于纤维表面的自由碳被部分氧化脱除造成的。但是 SiC - 0.5Pd 纤维膜仍保持较好的弯曲性能。经强碱溶液浸泡处理后,SiC - 0.5Pd 纤维膜没有发生任何破损,且柔性性能得到保持。

　　由于 SiC - 0.5Pd 纤维膜具有优异的柔性和抗拉性能,利用纳米纤维膜的多孔特性,还可以将其作为高温及其他苛刻环境下的过滤材料。图 5 - 31(b)展示

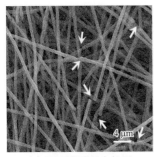
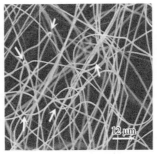
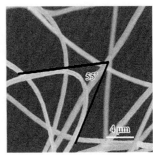

(a) SiC 纤维膜轴向按压　　　　(b) SiC-0.5Pd纤维膜轴向按压　　　　(c) SiC-0.5Pd单根纤维
多次后局部SEM图　　　　　　多次后局部SEM图　　　　　　　　弯曲SEM图

图 5-30　单根纤维的弯曲性能

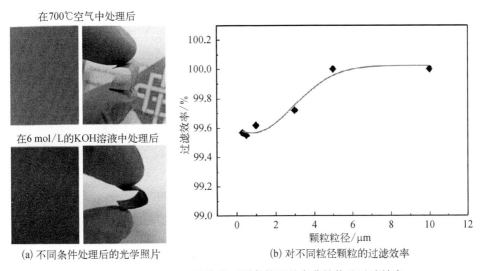

(a) 不同条件处理后的光学照片　　　　　(b) 对不同粒径颗粒的过滤效率

图 5-31　SiC-0.5Pd 纤维膜不同条件下的弯曲性能及过滤效率

了 SiC-0.5Pd 纤维膜对不用粒径离子的过滤效果。从数据分析可知,SiC-0.5Pd 纤维膜对 300 nm 和 500 nm 粒子的过滤效率可达 99.55%;对 1 μm 和 3 μm 粒子,过滤效率分别为 99.62% 和 99.71%;当粒子粒径超过 5 μm,SiC-0.5Pd 纤维膜的过滤效率达到 100%。对过滤实验重复 5 次,发现过滤效率基本没有变化,说明 SiC-0.5Pd 纤维膜在气体流速为 28.3 L/min 的条件下没有被破坏。此结果从另一侧面说明其具有较好的力学性能。

5.5.2　提高纳米 SiC 纤维力学性能的机制

通过 TEM 对普通纳米 SiC 纤维的内部结构进行表征,发现纤维内部存在大量纳米孔或裂纹。在弯曲或拉伸过程中,纳米孔或裂纹结构极易扩展合并延伸,导致纤维脆断,这是普通纳米 SiC 纤维膜力学性能不好的主要原因。而图 5 - 26 中确认钯在纤维中是以纳米颗粒形式存在,纳米颗粒的尺寸(平均为 9.1 nm)要小于纳米 SiC 纤维中平均孔径(18.2 nm)。纳米颗粒可能起到填充纤维内部孔隙的作用。通过氮气吸附实验对比普通纳米 SiC 纤维和 SiC - 0.5Pd 纤维内部孔径的变化,结果如图 5 - 32 所示。吸脱附曲线显示 SiC - 0.5Pd 纤维中大孔比例下降,介孔比例上升。基于 BJH 模型计算 SiC - 0.5Pd 纤维的平均孔径和孔体积分别为 11.2 nm 和 0.065 cm^3/g,低于普通纳米 SiC 纤维内部孔隙大小(18.2 nm)和孔体积(0.137 cm^3/g),说明原位形成的纳米颗粒可以降低纤维内部孔隙尺寸和减小孔体积。

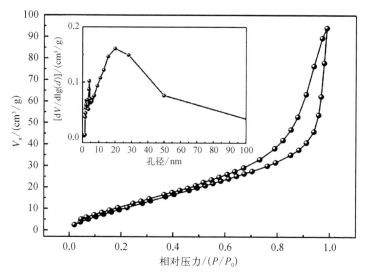

图 5 - 32　SiC - 0.5Pd 纤维的氮气吸脱附曲线和孔径分布图

　　根据纳米颗粒增强增韧机制,除了降低孔隙大小和孔体积作用外,还可以通过在颗粒周围析出微裂纹消除应力集中、阻碍裂纹扩展和引导裂纹偏转,达到颗粒增韧效果。为了观察纤维连续弯曲后,钯基纳米颗粒在柔性纳米 SiC 纤维中的分布及对纤维内部结构的影响,用高倍透射电镜对 300 次连续弯曲后的 SiC - 0.5Pd 纤维进行观察,结果如图 5 - 33 所示。除了许多纳米颗粒之外,连续弯曲后的 SiC - 0.5Pd 纤维中发现 5 种不同形式的微裂纹。箭头 1 表示在纳米颗粒周围形成裂纹环,能有效抵消弯曲过程中的应力集中;箭头 2 表示纳米颗粒对裂纹延展的阻碍作用,裂纹在纳米颗粒周围可能按照图 5 - 20 所示的机制进行延伸扩展,会进一步减小裂纹的尺寸和长度;箭头 3 表示弯曲中的残余应力场造成微裂纹集中区域,可以减缓应力集中;箭头 4 表示裂纹在延展过程中遇到纳米颗粒后发生偏转,改变应力方向;箭头 5 表示微裂纹的桥连。以上 5 种裂纹形式可以减缓弯曲过程中的应力集中和降低微裂纹尺寸,对改善纳米 SiC 纤维膜柔性具有积极作用。

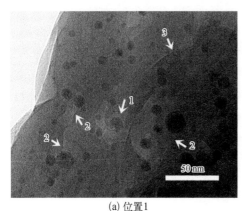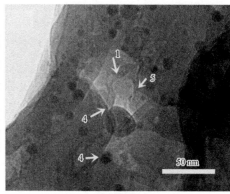

(a) 位置1　　　　　　　　　　　　　　　　　(b) 位置2

图 5 - 33　SiC - 0.5Pd 纤维多次弯曲后的 TEM 图

通过氮气吸脱附和高倍透射电镜测试,发现原位形成的钯基纳米颗粒可以填充到纳米 SiC 纤维内部的孔隙中,降低纤维内部孔径大小和孔体积。此外,由于钯基纳米颗粒与纳米 SiC 纤维基体之间结合力较强,弯曲过程中容易在纳米颗粒周围析出微裂纹来减缓应力集中,同时纳米颗粒会阻碍裂纹扩展和诱导裂纹偏转,降低裂纹宽度和长度,这都利于提高纳米 SiC 纤维的柔性。

为了验证颗粒填充和纳米颗粒增韧两种机制,通过向纺丝溶液中添加 $Zr(acac)_4$、$Al(acac)_3$ 和 $Y(acac)_3$ 等有机盐,分别制备了 SiC - 2.0Zr、SiC - 2.0Al 和 SiC - 2.0Y 三种不同元素掺杂的纳米 SiC 纤维,考察了不同元素掺杂纳米 SiC 纤维膜的力学性能,通过 TEM 和氮气吸脱附等方法分析了不同纤维内部孔隙大小、孔体积及纳米颗粒分布情况,并与普通纳米 SiC 纤维和含钯柔性纳米 SiC 纤维对比,进一步揭示纳米颗粒掺杂改善 SiC 纤维膜力学性能的机制。

对 SiC - 2.0Zr、SiC - 2.0Al 和 SiC - 2.0Y 三种纤维膜的力学性能及形貌结构表征如图 5 - 34 所示。SEM 结果显示不同元素掺杂的纳米 SiC 纤维都呈连续均匀分布,纤维直径分布在 500~650 nm 之间。但是,SiC - 2.0Al 和 SiC - 2.0Y 纤维膜都表现出与普通纳米 SiC 纤维膜类似的脆性问题[图 5 - 34(a1)和(b1)],轻微弯折 SiC - 2.0Al 和 SiC - 2.0Y 纤维膜会发生脆断。为了探寻 SiC - 2.0Al、SiC - 2.0Y、普通 SiC 和 SiC - 0.5Pd 纤维膜力学性能不同的原因,对 SiC - 2.0Al

和 SiC - 2.0Y 内部结构进行分析。从 TEM 图[图 5 - 34(a2)和(b2)]可以发现，
SiC - 2.0Al 和 SiC - 2.0Y 纤维均为无定形结构，内部未发现纳米颗粒的存在。氮
气吸脱附实验结果[图 5 - 34(a3)和(b3)]显示，SiC - 2.0Al 和 SiC - 2.0Y 纤维
内部的孔结构也是以介孔为主，平均孔径分别为 11.6 nm 和 9.7 nm，孔体积分别
为 0.06 cm³/g 和 0.072 cm³/g。通过与普通纳米 SiC 纤维的孔结构数据对比，发
现铝和钇元素的引入也会降低纤维的孔径和孔体积，但是两种元素在纤维中不
是以结晶颗粒的形式存在，这是因为铝和钇的氧化物结晶温度高于制备 SiC 纤
维的热处理温度。通过 SiC - 2.0Al 和 SiC - 2.0Y 两种纤维膜与 SiC - 0.5Pd 纤维
膜柔性性能对比发现，只降低纤维孔径和孔体积大小并不能有效改善纳米 SiC
纤维膜的柔性。而 SiC - 2.0Al、SiC - 2.0Y 与 SiC - 0.5Pd 最大的区别在于纤维中
是否存在纳米颗粒。

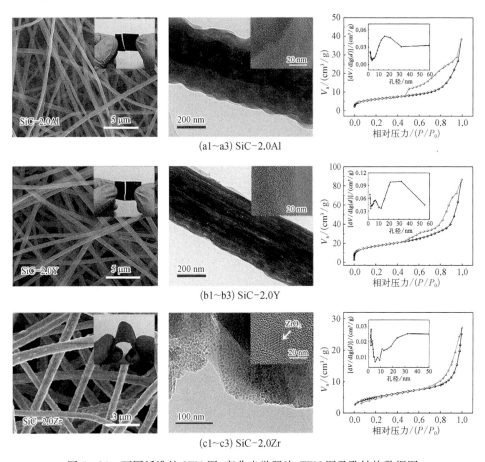

(a1~a3) SiC-2.0Al

(b1~b3) SiC-2.0Y

(c1~c3) SiC-2.0Zr

图 5 - 34　不同纤维的 SEM 图、弯曲光学照片、TEM 图及孔结构数据图

为了验证纳米颗粒对无定形纳米 SiC 纤维力学性能改善的重要性,采用相同方法进一步制备了含锆元素的纳米 SiC 纤维膜(SiC - 2.0Zr)。锆源在热解过程中容易形成 ZrO_2 纳米颗粒。从图 5 - 34(c1)可以看出,SiC - 2.0Zr 纤维膜表现出与 SiC - 0.5Pd 纤维膜类似的弯曲柔性,并可以反复弯折,说明锆元素的引入也改善了纳米 SiC 纤维膜的柔性。通过 TEM 对其内部组成进行表征[图 5 - 34(c2)],可看到大量纳米颗粒均匀分散在纤维内部,HRTEM 表征[图 5 - 34(c2)内部]证明纳米颗粒的晶格间距为 0.294 nm,属于立方相的 ZrO_2,纳米颗粒的平均粒径为 25 nm。氮气吸脱附实验结果[图 5 - 34(c3)]显示 SiC - 2.0Zr 内部孔结构主要为介孔,平均孔径为 9.7 nm,孔体积为 0.042 cm^3/g。

XRD 谱图(图 5 - 35)也证明了 SiC - 2.0Al 和 SiC - 2.0Y 纤维为无定形结构,未发现与掺杂元素相关的衍射峰。而 SiC - 2.0Zr 样品在 30.2°、35.1°、50.3° 和 59.9°出现属于立方相 ZrO_2 的特征峰(JCPDS,30 - 1468),与上述 HRTEM 结果吻合。

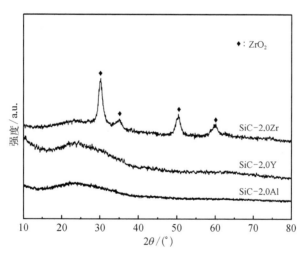

图 5 - 35　不同掺杂样品的 XRD 谱图

综合以上实验结果,可以发现,钯、锆、铝和钇四种异质元素的添加都可以降低纳米 SiC 纤维的平均孔径和孔体积大小。但是,只有分布许多纳米颗粒的 SiC-xPd 和 SiC - 2.0Zr 两种纤维膜具有柔性,而脆性的 SiC - 2.0Al 和 SiC - 2.0Y 纤维中都未发现结晶型纳米颗粒的存在。所以,通过对以上多种纤维的形貌、结构及性能分析,可以认为纤维中的纳米颗粒对改善纳米 SiC 纤维膜的柔性起到至关重要作用。

　　基于以上数据分析,图5-36展示了钯和锆元素引入改善纳米 SiC 纤维力学性能机制。普通纳米 SiC 纤维由于内部孔径较大,在弯曲过程中在纳米孔或裂纹尖端发生应力集中,纳米孔或裂纹急剧扩展延伸,导致纤维断裂。而钯和锆元素引入后,在纳米 SiC 纤维中形成纳米颗粒,填充到纤维内部,降低纤维内部孔隙和孔体积大小。由于氧化钯、金属钯和氧化锆纳米颗粒和碳化硅基体之间泊松比和杨氏模量的差别,在弯曲过程中形成的应力集中[21],会在纳米颗粒周围析出微裂纹(如图5-36所示),可以帮助释放弯曲能和减缓应力集中。此外,纳米颗粒通过在裂纹或孔隙中滑移,也可以减缓或抵消部分应力集中;通过纳米颗粒对裂纹的"钉扎效应",可使裂纹在扩展延伸过程中发生偏转或阻碍微裂纹的延展扩大,降低裂纹宽度和长度,这都对提高纳米 SiC 纤维膜的柔性和拉伸强度起到重要作用。

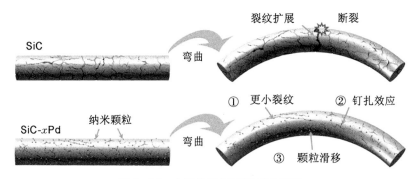

图5-36　力学性能提高机制示意图

　　综上所述,通过对不同异质元素掺杂的纳米 SiC 纤维的组成结构及性能测试对比后发现,添加钯和锆元素在纳米 SiC 纤维内部形成均匀分布的纳米颗粒,可以明显改善纳米 SiC 纤维膜的力学性能。其改善机制主要包括:① 纳米颗粒填充纳米 SiC 纤维孔隙,降低纤维内部孔隙和孔体积大小;② 纳米颗粒会阻碍裂纹扩展或诱导裂纹偏转,减缓应力集中。另外,此机制对于改善其他无定形陶瓷纤维力学性能具有借鉴意义。

5.6　柔性纳米 SiC 纤维膜疏水性能

　　静电纺丝法制备的疏水性纤维膜在油水分离、组织工程、传感器和纳米催化领域具有应用潜力。在某些苛刻环境下使用的气体传感器,不仅要承受高温腐蚀等条件,还要在高湿度环境下保持对目标气体的响应。例如,核电站安全壳内水蒸气的含量较高,对氢气浓度的监测过程中要保证传感器不受水蒸气浓度变化的影响,确保对氢气含量测量的准确性[22]。高湿度环境会导致气敏材料因吸水而阻断气体扩散通道,降低有效的活性位点数量,导致气敏性能下降或不稳定。改善气敏材料的疏水特性,可以有效避免以上问题。

　　静电纺丝技术制备的纳米纤维膜的亲疏水性能主要与纤维表面粗糙度和纤维表面能大小有关,通过静电纺丝技术制备疏水纤维膜的常用方法包括:① 构筑多级表面结构;② 静电纺低表面能聚合物;③ 在静电纺丝纤维表面涂覆低表面能疏水聚合物。Jiang 等[23]制备的超疏水性质的聚苯乙烯和聚苯胺/苯乙烯复合膜,主要是通过控制纤维形貌调控疏水性能。Guo 等[9]通过在氧化硅纤维膜表面涂覆疏水性的氟代烷基硅烷(FAS),提高纤维膜的疏水性能。但是聚合物长期暴露于高温、有机溶剂或酸碱环境中,会分解或破坏疏水支链,丧失疏水特性。因此,制备本征疏水性的陶瓷纳米纤维膜,减小对低表面能聚合物的依赖,可以改善疏水性气敏材料在苛刻环境下的性能稳定性,对拓展静电纺丝材料的应用范围具有重要意义。

5.6.1　纤维膜的疏水性能

　　为了测试普通纳米 SiC 纤维膜与 SiC-xPd 纤维膜亲疏水性能的区别,选用 SiC - 0.2Pd 和 SiC - 0.5Pd 两种柔性纤维膜作为测试样本。测试了普通纳米 SiC 纤维膜、SiC - 0.2Pd 和 SiC - 0.5Pd 纤维膜的亲疏水性能,结果如图 5 - 37 所示。普通纳米 SiC 纤维膜表现出超亲水特性,水接触角为 0°。SiC - 0.2Pd 和 SiC - 0.5Pd 纤维膜都显示出疏水特性,水接触角分别为 135.2° 和 137.1°。以上结果表明,钯元素的引入不仅提高了纳米 SiC 纤维膜的力学性能,还将纳米 SiC 纤维膜的亲水特性转变为疏水特性。

  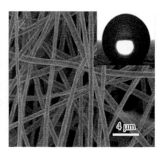

(a) SiC　　　　　　　(b) SiC-0.2Pd　　　　　　　(c) SiC-0.5Pd

图 5 - 37　不同纤维膜 SEM 图和水接触角照片

　　众所周知,SiC 具有优异的耐高温和耐腐蚀性能,在高温、高辐射和腐蚀环境中能保持材料性质的稳定。为了检测含钯柔性纳米 SiC 纤维膜疏水性能的稳定性,测试了其在高温处理及不同酸碱条件下的疏水性能。

　　为了考察含钯柔性纳米 SiC 纤维膜的耐高温性能,将 SiC－0.5Pd 纤维膜在不同温度下处理 1 h 后,在室温下进行水接触角测试,结果如图 5－38 所示。SiC－0.5Pd 纤维膜经过 400~700℃处理后,能够维持疏水性能不变,说明高温处理没有破坏 SiC－0.5Pd 纤维膜的疏水特性。经 700℃处理后,SiC－0.5Pd 纤维膜的水接触角仍保持在 130°以上,表明柔性纳米 SiC 纤维膜具有在高温条件下应用的潜力。与在陶瓷纳米纤维膜上涂覆低表面能的疏水聚合物方法相比,利用 SiC-xPd 纤维膜本征特性形成的疏水结构更具应用优势。

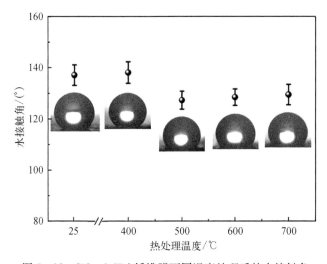

图 5－38　SiC－0.5Pd 纤维膜不同温度处理后的水接触角

　　通过测试不同 pH 水溶液在 SiC－0.5Pd 纤维膜上的接触角,来表征柔性纳米 SiC 纤维膜在酸碱条件下的疏水性能变化,结果如图 5－39 所示。SiC－0.5Pd 纤维膜在强酸(pH＝1)和强碱(pH＝13)下的接触角分别为 147.3°和138.5°,说明 SiC－0.5Pd 纤维膜在强酸和强碱环境下仍具有疏水性能。SiC－0.5Pd 纤维膜在强酸条件下展现出近超疏水特性(WCA>150°),是由于强酸性条件下发生了式(5－1)反应,硅醇中的氧被 H$^+$结合,纤维表面带正电荷且表面能进一步下降,纤维表面与水结合成氢键的数量降低,导致疏水性能提升[24]。

$$Si—OH+H^+ = Si—OH_2^+ \qquad (5－1)$$

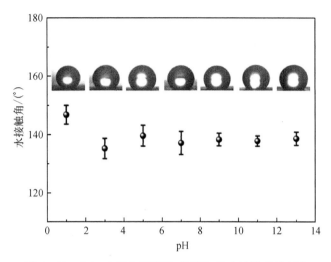

图 5-39　SiC-0.5Pd 纤维膜对不同 pH 水溶液的接触角

对 SiC-0.5Pd 纤维膜经 300 次弯折[图 5-40(a)]后的疏水性能进行测试。图 5-40(b)显示 SiC-0.5Pd 纤维膜经过多次弯折后弯折区域未发生破损或断裂现象,并且仍保持较好的疏水性能,测试弯折区的水接触角为 137°。通过 SEM 图对弯折区进行局部放大分析[图 5-40(c)],显示有极少数纤维(椭圆虚线部分)断裂,但并未影响纤维膜的整体疏水性能。实验证明,SiC-0.5Pd 纤维膜不仅具有较好的柔性,且在重复弯折条件下仍能维持疏水特性不变。

(a) 弯折过程图　　(b) 300次弯折后纤维膜疏水　　(c) 弯折区纤维SEM图
照片及接触角

图 5-40　SiC-0.5Pd 纤维膜弯折实验后的疏水性能

具有高黏附力的疏水材料在微液滴无损转移、微流控和生物医药等方面展现出广泛的应用前景。由于静电纺丝技术得到的柔性纳米 SiC 纤维膜表面存在微纳多级孔结构,会增大纤维与液滴的接触面积,利于提高纤维膜对水滴的吸附力。为了测试纤维膜对水的吸附性能,通过微量注射器将 2 μL、4 μL、6 μL 和 10 μL 的水滴加到 SiC‑0.5Pd 纤维膜上,将纤维膜垂直(90°)或倒置(180°),如图 5‑41 所示。在垂直或倒置状态下,液滴与纤维膜都稳定接触,未发生滚动或脱落现象,说明液滴与 SiC‑0.5Pd 纤维膜之间具有较高黏附力。以 10 μL 液滴为例,通过式(5‑2)[25]计算出液滴与纤维膜之间的黏附强度大小为 35 Pa。

$$F = \frac{v\rho g}{\frac{\pi}{4} \times 2r^2 \{1 - \cos[180 - 2(\theta - 90)]\}} \tag{5-2}$$

其中,v 为液滴体积,ρ 为水的密度,g 为重力加速度,r 为水滴半径,θ 为液滴在纤维膜上的接触角大小。

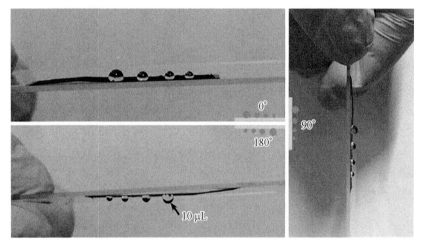

图 5‑41　液滴在 SiC‑0.5Pd 纤维膜上不同角度下的状态

　　鉴于 SiC‑0.5Pd 纤维膜优异的疏水特性、耐高温耐腐蚀性能以及良好的力学性能,在腐蚀性油水混合溶液的分离领域具有应用潜力。图 5‑42(a)为简易的油水分离装置示意图,将 5 cm×5 cm 的 SiC‑0.5Pd 纤维膜放置在过滤器中间位置。待过滤的油水混合液是由 1 mL 亚甲基蓝的水溶液加入 50 mL 石蜡中经高速搅拌获得的。过滤前的混合液在显微镜中可明显看到许多水相液滴[图 5‑42(b)]。将浅蓝色的油水混合液加入至过滤器中,经疏水性 SiC‑0.5Pd 纤维膜过滤后,溶液变无色透明。在显微镜下观察过滤后的溶液,未发现水相液滴,说明 SiC‑0.5Pd 纤维膜能够起到油水分离的作用,再次证明 SiC‑0.5Pd 纤维膜优异的疏水性能。

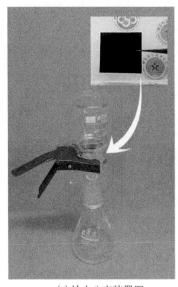
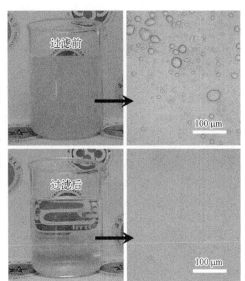

(a) 油水分离装置图　　　　　　　　(b) 过滤前后乳液的光学及显微照片

图 5 - 42　SiC - 0.5Pd 纤维膜油水分离实验结果

5.6.2　纤维膜的疏水机制

钯元素的引入极大改变了纳米 SiC 纤维膜的亲疏水特性,而这种性质的变化主要与纤维膜的微观结构和纤维表面元素性质变化有关。

通过高倍 SEM 图观察含钯柔性纳米 SiC 纤维表面的微观结构。图 5 - 43 显示,SiC - 0.2Pd 和 SiC - 0.5Pd 纤维除了凹槽结构之外,纤维表面为凹凸不平的

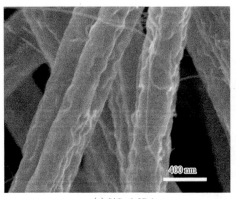
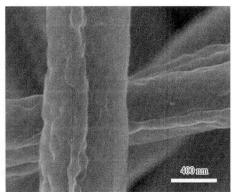

(a) SiC-0.2Pd　　　　　　　　　　(b) SiC-0.5Pd

图 5 - 43　不同含钯纳米 SiC 纤维 SEM 图

粗糙结构,其粗糙度高于普通纳米 SiC 纤维。这种纳米尺寸的粗糙结构与纳米纤维之间存在的微米级孔组合形成多级纳米结构的异质形貌,基于荷叶超疏水启示和 Wenzel 模型,这种多级粗糙结构可以吸附空气,形成空气/物质的二元界面,利于纤维膜产生疏水特性。

采用傅里叶变换衰减全反射红外光谱(ATR-FTIR)分析普通纳米 SiC、SiC - 0.2Pd 和 SiC - 0.5Pd 三种纤维膜表面官能团种类及相对含量,结果如图 5 - 44 所示。普通纳米 SiC 纤维膜表面存在大量的 Si—O—Si 和 Si—OH 键,这两种都属于亲水性官能团。引入钯元素之后,SiC - 0.2Pd 和 SiC - 0.5Pd 纤维膜在 1 091 cm^{-1} 处的 Si—O—Si 特征峰基本消失,而在 827 cm^{-1} 处的 Si—C 特征峰变强,说明钯元素的引入使纳米 SiC 纤维表面的官能团由 Si—O—Si 结构向 Si—C 结构转变。

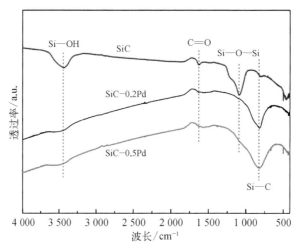

图 5 - 44　不同纤维膜的 ATR-FTIR 谱图

XPS 全谱图[图 5 - 45(a)]显示普通纳米 SiC、SiC - 0.2Pd 和 SiC - 0.5Pd 三种纤维表面都由 C、Si、O 和 Na 元素组成,由于 Pd 含量较少,在 SiC - 0.2Pd 和 SiC - 0.5Pd 全谱图中未发现 Pd3d 的特征峰。根据 XPS 结果统计的三种纤维表面各种元素的原子百分含量,如图 5 - 45(b)所示。随着 Pd 含量的增加,纤维表面碳和硅的原子百分比逐渐增加,而氧元素的百分比下降。进一步对 C1s 和 Si2p 的 XPS 谱图进行分析,确定两种元素具体的价态结构。普通纳米 SiC 纤维中碳元素主要以自由碳和 SiO$_x$C$_y$ 相形式存在,而 SiC - 0.2Pd 和 SiC - 0.5Pd 纤维在 283 eV 处出现 Si—C 键特征峰。计算每个特征峰位的面积后发现,与普通纳米 SiC 纤维相比,SiC - 0.2Pd 和 SiC - 0.5Pd 纤维中自由碳比例下降,

SiO_xC_y 相含量增加 [图 5-45(c)]。Si2p 谱图中[图 5-45(d)]化学键的变化趋势与 C1s 谱图类似,SiC-0.2Pd 和 SiC-0.5Pd 在 100.7 eV 处出现 Si—C 键特征峰,在 103.4 eV 处属于 SiO_2 的峰比例下降,SiO_xC_y 相比例有所增加。并且随着钯含量的增加,Si—C 键和 SiO_xC_y 相比例逐渐上升,SiO_2 的比例逐渐下降。

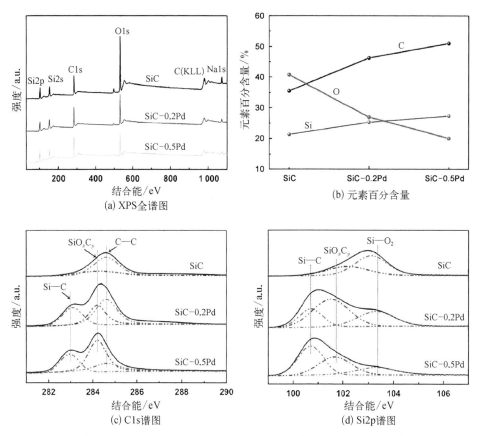

图 5-45　SiC、SiC-0.2Pd 和 SiC-0.5Pd 纤维表面 XPS 表征结果

以上测试结果表明,钯元素的引入促使纳米 SiC 纤维表面自由碳和 SiO_2 向 SiC 和 SiO_xC_y 相转变。钯元素对纳米 SiC 纤维表面元素价态结构的调节源于钯的还原电势明显高于 Si 和 C 等元素[26]。在热解过程中,Pd 更容易与周围的氧元素结合形成 PdO。这会造成 SiC 纤维中原属于 SiO_2 的氧原子被钯原子掠夺,多余的 Si 原子与热解生成的自由碳结合,导致纤维表面 SiC 和 SiO_xC_y 相含量增加,而自由碳和 SiO_2 的比例逐渐减小,其转变机制如图 5-46 所示。

基于以上分析,对普通纳米 SiC 纤维膜和含钯柔性 SiC 纤维膜表现出的不

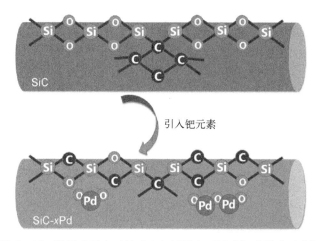

图 5 - 46　钯元素引入对纳米 SiC 纤维表面元素组成影响示意图

同亲疏水特性原因有了清楚了解。普通纳米 SiC 纤维表面存在较多的 SiO_2,与水分子极易接触发生电离反应生成硅醇,硅醇中的氧会和水分子之间形成氢键,表现出极强的亲水性质。对于柔性 SiC-xPd 纤维膜,其展现出疏水特性原因有两个:一是柔性 SiC-xPd 纤维膜表面存在多级纳米尺寸结构协同作用,容易形成空气/液滴的二元界面,利于纤维膜产生疏水特性;二是钯元素的引入改变了纳米 SiC 纤维表面的元素价态结构,SiC-xPd 纤维表面 SiC 和 SiO_xC_y 相的比例增大。由于 Si 和 C 属于同主族的非金属元素,Si—C 键的极性较弱,导致以 Si—C 键为终端(图 5 - 46)的 SiC-xPd 纤维表面极性差,表面能较低,柔性 SiC-xPd 纤维膜表现为疏水特性。

　　综上所述,类荷叶的多级纳米尺寸复合结构和纤维自身的低表面能特性共同导致柔性 SiC-xPd 纤维膜表现出优异的疏水性能,也为其他本征疏水性纳米陶瓷纤维膜的制备提供一种思路。柔性 SiC-xPd 纤维膜在弯曲、高温处理和酸碱环境中仍能保持较好疏水特性。

5.7　柔性纳米 SiC 纤维的高温氢气气敏性能

5.7.1　纤维的高温氢气气敏性能

　　研究表明[27],贵金属钯可以改变材料表面的费米能,并且可直接和气体反应,进行电子交换,使材料表面的电子态密度和吸附能发生变化,进而改变材料表面的电导特性。同时也会通过选择性表面吸附和促进表面化学反应,降低某种气体的化学反应活化能,提高对目标气体的选择性。

测试了 SiC-0.5Pd、SiC-1.0Pd 和 SiC-2.0Pd 纤维在500℃下对不同浓度氢气中的气敏响应,并与普通纳米 SiC 纤维对比。测试样品是将纤维磨成粉末后制备液体浆料涂覆于叉指电极上进行测试,结果如图5-47所示。在测试仓内通入氢气后,柔性纳米 SiC 纤维与普通纳米 SiC 纤维的响应趋势相同,电阻都出现上升;当再次暴露于空气中,电阻迅速下降。

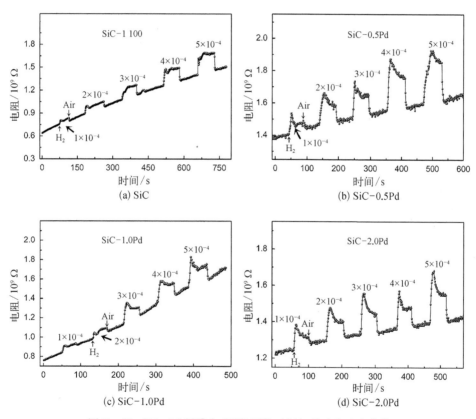

图5-47 SiC-xPd 纤维在500℃下的对氢气的动态响应曲线

SiC-0.5Pd 纤维对 1×10^{-4} 的氢气的响应和恢复时间分别为6 s和8 s,随着注入氢气浓度的增加,响应和恢复时间都缩短。对比 SiC-0.5Pd、SiC-1.0Pd 和 SiC-2.0Pd 三种纤维后发现,随着钯含量升高,纤维对相同浓度氢气表现出不同的响应恢复性能,SiC-2.0Pd 纤维对 1×10^{-4} 的氢气的响应和恢复时间分别为4 s和5 s,说明钯元素可以加快材料的气敏响应和恢复能力。

对不同钯含量纳米 SiC 纤维分别进行 3 次有效高温氢气气敏测试,结果如图 5‑48 所示。从结果中可以发现,和普通纳米 SiC 纤维相比,SiC‑xPd 纤维的氢气气敏响应并没有明显提升,且在局部范围内出现下降。其中,SiC‑1.0Pd 纤维响应值最高,其对 $1×10^{-4}$ 和 $5×10^{-4}$ H_2 的响应值分别为 12.6% 和 25.5%。

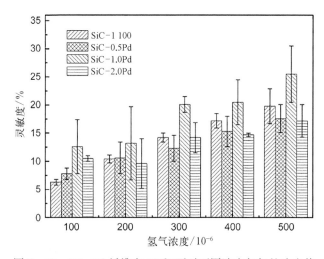

图 5‑48   SiC‑xPd 纤维在 500℃下对不同浓度氢气的响应值

5.7.2 纤维的高温氢气气敏机制

鉴于先驱体转化法制备的纳米 SiC 纤维中组成比较复杂,并非严格意义上的半导体,特别是在 1 100℃和 1 200℃热解后得到的无定形纳米 SiC 纤维的高温氢气气敏性能略高于 1 400℃热解得到的结晶型 SiC 纤维,说明纳米 SiC 纤维对氢气的响应机制与传统 n 型 SiC 半导体的响应机制不同。本节通过考察纳米 SiC 纤维在空气和氩气中的不同温度下的电阻变化和对氢气的气敏响应特性,研究了柔性纳米 SiC 纤维的半导体特性及其对氢气的响应恢复机制。

常规半导体的电阻率决定于载流子浓度和迁移速率,两者均与半导体内部杂质浓度和温度有关[28]。当温度升高时,半导体内部有效载流子浓度增加幅度远远超过迁移率降低对电阻率的影响,导致半导体随温度升高电阻率下降。普通半导体由于带隙控制载流子迁移,导致电阻随温度变化符合 Arrhenius 方程[式(5‑3)]。

$$\sigma = \sigma_0 \exp\left(-\frac{\Delta E}{kT}\right) \qquad (5-3)$$

　　对于无定形半导体,Ryu 等[29]认为除了带隙机制之外,变程跳跃电导机制
(Variable Range Hopping,VRH)也是影响无定形半导体电导率的因素,并且二
者的影响比例是由先驱体转化无定形陶瓷的内部组成决定的。变程跳跃电导是
指在定域化不太强,载流子将越过近邻跳到更远的格点上,以求找到在能量上比
较相近的格点,而这些格点均匀分布在无定形半导体网络结构中,在此变程跳跃
过程形成的电导。由此可知,变程跳跃电导的大小由跳跃长度和能带势垒(费
米能级和活化态之间差值)决定[30]。

　　为了研究纳米 SiC 纤维的高温电导机制,首先测试了 SiC - 0.5Pd 纤维在惰
性气氛中随温度的电阻变化规律,测试电极为涂覆有 SiC - 0.5Pd 短纤维的叉指
电极,在气敏测试系统上测试恒定升温速率下的电阻变化,实验条件为室温至
500℃。测试前,先用高纯氩气置换测试仓内的空气 30 min,完全排除测试仓内
空气,并且在测试过程中不断通入氩气,所得的电阻变化结果如图 5 - 49 所示。
随着温度升高,电阻连续下降,且在低温条件下(25 ~ 130℃)呈现 Arrhenius 行
为,与温度变化成指数型下降,说明在 150℃以下,无定形纳米 SiC 纤维的导电机
制主要为载流子在体系内的迁移。当温度继续升高,电阻变化趋于平缓,说明高
温下 SiC - 0.5Pd 纤维的导电机制发生转变或者是混合导电机制。维持 500℃温
度不变(450 s 开始),SiC - 0.5Pd 纤维在氩气下的电阻基本稳定,电阻值为
1.5 MΩ。在 1 000 s 时,将通入测试仓内的氩气转换为压缩空气,电阻开始急剧
上升,到 1 200 s 时出现电阻跳跃,这是由于仪器本身设计测量范围导致的。

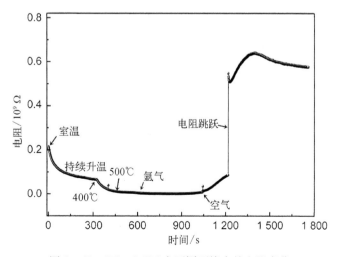

图 5 - 49　SiC - 0.5Pd 在不同环境中的电阻变化

500℃空气条件下,材料电阻发生明显提高,这是由于高温空气条件下,自由碳和SiOC 相被氧化,破坏了电子导电通路和降低了氧空位数量,共同导致电阻升高。

　　为进一步研究无定形纳米 SiC 纤维对氢气的响应机制,测试了 SiC - 1100和 SiC - 1400 两种纤维在氩气气氛下从室温到 500℃的电阻变化,以及氩气中对氢气的响应效果,结果如图 5 - 50 所示。SiC - 1100、SiC - 1400 与 SiC - 0.5Pd(图 5-49)的电阻变化趋势一致。在低温区域,随着温度逐渐升高,电阻急剧下降,符合 Arrhenius 模型,说明在低温下无定形纳米 SiC 纤维导电机制仍为载流子传输决定。从图 5 - 50 可看出,在 500℃下氩气气氛中,SiC - 1100 和 SiC - 1400 纤维的电阻都保持稳定。维持 500℃和氩气气氛条件不变,在某一时刻向测试仓内注入 $5×10^{-4}$ 氢气,发现 SiC - 1100 和 SiC - 1400 此时对氢气基本没有气敏响应[图 5 - 50(a)和 5.50(b)内部],这足以说明氧气对纳米 SiC 纤维的高温氢气气敏性能起到关键作用。

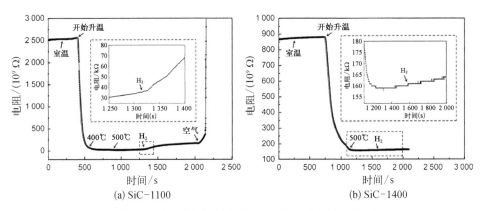

(a) SiC-1100　　　　　　　　　　　　(b) SiC-1400

图 5 - 50　不同纤维在氩气中不同温度下的电阻变化(内部为
在氩气环境下加入氢气后的电阻变化放大图)

　　对 SiC - 1100 纤维在 500℃下由氩气气氛切换为空气气氛后的电阻变化及氢气响应进行测试,结果如图 5 - 51 所示。在 300 s 时进行气氛切换,电阻逐渐上升,在 460 s、700 s 和 900 s 时分别向测试仓内注入 $5×10^{-4}$ 氢气,未检测到电阻变化。但是,当电阻继续升高至 1 000 MΩ 以上时,向测试仓内注入不同浓度氢气,产生与普通 SiC 纳米纤维相同的氢气动态响应。以上结果说明,将纳米 SiC 纤维粉末涂覆于金叉指电极后,只有当电阻升高至 1 000 MΩ 左右时,才能对氢气产生响应。

　　根据上述测试结果,发现空气中的氧气成分与传感器件电阻值大小对纳米SiC 纤维在高温下产生氢气气敏响应具有决定性作用。通过 XPS 分析了 SiC -

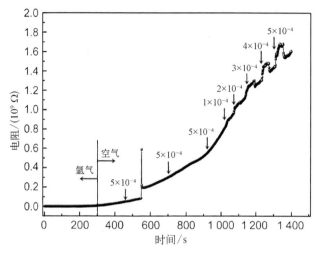

图 5 - 51　SiC - 1100 纤维在 500℃空气中的电阻变化及氢气响应

0.5Pd 和 SiC - 2.0Pd 两种纤维在气敏测试前与对氢气产生响应时(器件电阻值大于 1000 MΩ)的表面元素含量及组成。从表 5 - 3 可看出,测试前后,SiC - 0.5Pd 纤维表面碳元素含量从 51% 下降至 8.8%,而氧元素含量从 20.1% 增加至 59.8%,SiC - 2.0Pd 纤维表现出相同的元素含量变化趋势,表明在 500℃空气环境下,纳米 SiC 纤维中的碳逐渐被氧化去除,氧元素含量逐渐升高。

表 5 - 3　SiC - 0.5Pd 和 SiC - 2.0Pd 纤维在氢气
气敏测试前后表面元素含量

样　　品	C/%	Si/%	O/%
SiC - 0.5Pd(测试前)	51	27.4	20.1
SiC - 0.5Pd(测试后)	8.8	31.4	59.8
SiC - 2.0Pd(测试前)	54.5	20.6	23.5
SiC - 2.0Pd(测试后)	11.2	30.7	58.1

　　对测试前后 SiC - 0.5Pd 和 SiC - 2.0Pd 纤维表面氧元素谱图进行分峰处理,结果如图 5 - 52 所示。测试前,SiC - 0.5Pd 和 SiC - 2.0Pd 纤维中的氧元素主要以 SiC_xO_y 形式存在,SiO_2 的含量较少;而在经过长期高温空气条件处理,SiC_xO_y 相逐渐被氧化成绝缘性质的 SiO_2,这是导致材料导电性下降原因之一。

　　基于以上分析,对无定形纳米 SiC 纤维的导电机制及高温氢气响应机制作如下推测。常温条件下,纳米 SiC 纤维的导电机制主要以自由碳网络传导电子为主,表现出较低电阻值。在 500℃空气中长期暴露,由于自由碳和 SiC_xO_y 相被

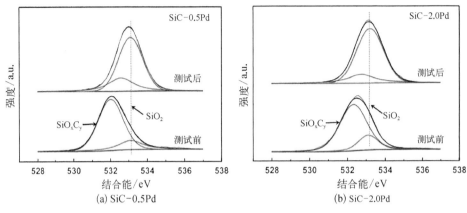

图 5-52　不同纤维在氢气响应前后表面氧元素 XPS 谱图

氧气氧化,导致测试过程中电阻基线逐渐漂移上升。其中,SiC_xO_y 相中的碳原子在被氧原子取代的过程中,短暂存在的空位缺陷依据变程跳跃电导机制产生导电作用。Karakuscu 等[31]认为 SiOC 材料在高温下产生大量空位缺陷是其主要的导电机制,而本书得到的纳米 SiC 纤维在 500℃ 下也是以氧空位变程跳跃电导机制为主。由于空气中的氧逐渐填满氧空位,导致空位之间的氧化硅增多,阻碍部分空位的变程跳跃导电过程,导致电阻上升。在测试仓内注入氢气后,氢气会迅速和空位中的 Si 结合,改变了此处空位格点的能量值,空位变程跳跃导电受阻,电阻升高,产生氢气气敏响应。而当产生气敏响应的纳米 SiC 纤维再次暴露于空气后,由于氧气分压增大,会与之前响应时纳米 SiC 纤维中与硅结合的 H 原子反应去除,导致纤维内部的氧空位数量增多,材料电阻出现下降,产生气敏恢复特性。

5.7.3　自支撑柔性纳米 SiC 纤维膜的高温氢气气敏性能

柔性气体传感器可以完美嵌入到柔性电子器件或柔性显示屏中,在环境监测、疾病诊断及便携式电子装置领域具有应用潜力。静电纺丝法制备的聚合物纳米纤维膜一般具有较好的柔性性能,可以转移至柔性基底上作为柔性传感器使用。而静电纺丝得到的无机纳米纤维膜力学性能较差,一般是将其研磨成粉末,涂覆在叉指电极或者陶瓷管上进行气敏性能测试,这没有完全发挥静电纺丝得到的纤维膜和一维纳米纤维电子传导的优势。

自支撑材料是指利用材料本身的结构特性即可满足催化或传感测试对力学性能的要求,如气凝胶和纳米纤维膜。将气敏检测设备的电极固定在纤维膜的两端,测试目标气体注入前后电阻变化,自支撑纤维膜可展现出快速响应和高响应值特点。

　　柔性纳米 SiC 纤维膜具有优异的力学性能和疏水特性,可作为一种自支撑的气敏材料使用,在使用过程中可以作为一种悬空的多孔气敏材料,并可以应用于柔性器件中。

　　本书表征了自支撑柔性 SiC - 0.5Pd 纤维膜的高温氢气气敏性能,其测试样品制备方法如图 5 - 53 所示。将柔性 SiC - 0.5Pd 纤维膜大小裁剪成 5 mm×5 mm 大小,纤维膜厚度维持在 50±1 μm。裁剪后的 SiC - 0.5Pd 纤维膜用导电银胶固定在氧化铝绝缘基底上,可以稳定测试出纤维膜整体的导电性能,将智能气敏测试仪的金属探针按压在导电银胶上,测试纤维膜在不同气氛下的电阻变化。

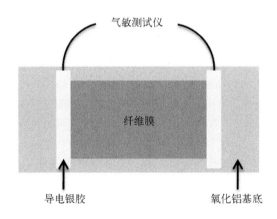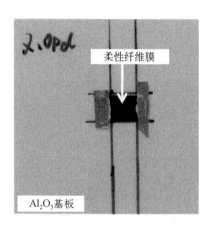

图 5 - 53　自支撑纤维膜气敏性能测试样品示意图和实物图

　　图 5 - 54 为柔性 SiC - 0.5Pd 纤维膜在 500℃下的氢气气敏性能。首先,从图中可看出,SiC - 0.5Pd 纤维膜在 500℃下的电阻值在 1.4~1.6 MΩ 范围内,明显低于叉指电极所测的电阻(大于 1 000 MΩ),并且纤维膜的电阻值随着时间变化不明显,说明自支撑 SiC - 0.5Pd 纤维膜整体的热稳定性及电子传输性能优于研磨后的 SiC - 0.5Pd 纤维粉末。向测试腔内注入 $1×10^{-4}$ 氢气后,自支撑 SiC - 0.5Pd 纤维膜的电阻下降,这与涂覆 SiC - 0.5Pd 短纤维的叉指电极响应趋势相反,表明 SiC - 0.5Pd 纤维膜对氢气的响应机制与 SiC - 0.5Pd 短纤维不同。自支撑 SiC - 0.5Pd 纤维膜在 500℃下对 $1×10^{-4}$ 氢气的响应值为 1.5%。随着氢气浓度增加,SiC - 0.5Pd 纤维膜对氢气的响应值提高,当氢气浓度升至 $5×10^{-4}$,响应值提高至 2.6%。

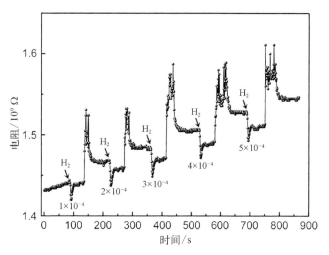

图 5-54　SiC-0.5Pd 纤维膜的高温氢气气敏性能

图 5-55 展示了 SiC-0.5Pd 纤维在两种不同的气敏测试方法,在 500℃ 下对 $1×10^{-4}$ 氢气的响应恢复性能。将 SiC-0.5Pd 纤维磨成粉末涂覆于叉指电极所测得的响应和恢复时间分别为 6 s 和 8 s,而自支撑 SiC-0.5Pd 纤维膜的响应和恢复时间分别为 3 s 和 1 s,说明自支撑纤维膜可以提升对目标气体的响应和恢复能力。这是由于自支撑纤维膜具有大的孔隙率和连续贯通的大孔结构,利于气体迅速扩散到活性位点,达到快速响应和恢复的效果。

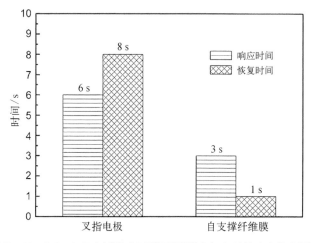

图 5-55　SiC-0.5Pd 纤维在两种不同测试方法下的响应恢复性能

图 5-56 为自支撑 SiC-0.5Pd 纤维膜在 500℃ 下对 $1×10^{-4}$ 不同气体的响应值。其中对氢气的响应值最高为 1.5%,对甲醛的响应值为 1.1%,而对甲烷、CO

和氨气等基本没有响应,说明自支撑 SiC - 0.5Pd 纤维膜在高温下对氢气具有一定选择效果。

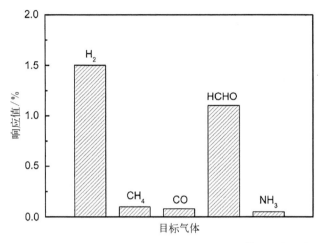

图 5 - 56　自支撑 SiC - 0.5Pd 纤维膜对不同气体的气敏性能

综上所述,柔性纳米 SiC 纤维膜可以作为独立自支撑传感器件使用,在 500℃下对 $1×10^{-4}$ 氢气的响应值为 1.5%。特别指出的是,SiC - 0.5Pd 纤维膜在高温下的电阻值只有 1.4~1.6 MΩ,发挥了一维纳米材料优异的电子传输特性。此外,自支撑 SiC - 0.5Pd 纤维膜的响应和恢复时间分别为 3 s 和 1 s,明显优于商业的 MEMS 高温传感器和叉指电极测试的响应恢复性能。

5.8　本 章 小 结

本章以改善纳米 SiC 纤维力学性能为目标,在 PS/PCS 纺丝溶液中添加乙酰丙酮钯,经静电纺丝、不熔化和高温热处理制备了含钯柔性纳米 SiC 纤维膜。考察了乙酰丙酮钯的添加对纺丝溶液性质和纤维形貌的影响,分析了柔性纳米 SiC 纤维的表面组成及内部结构,对含钯柔性纳米 SiC 纤维膜的力学性能、疏水性能和高温氢气气敏性能及相关机制开展了研究。首次实现了自支撑结构的柔性纳米 SiC 纤维膜高温气敏性能研究。小结如下:

(1) 在 PS/PCS 纺丝溶液中添加乙酰丙酮钯,提高了纺丝溶液电导率,使含钯纳米 SiC 纤维纵向出现凹槽现象。XRD 和 TEM 结果显示,钯元素在纤维中以氧化钯和金属钯纳米颗粒形式分布。SiC - 0.5Pd 纤维中纳米颗粒的平均尺寸为 9.1 nm。随着钯含量的增加,纳米颗粒尺寸增大。SiC - 0.5Pd 纤维内部的平均孔径为 11.2 nm,孔体积为 0.065 cm³/g。纳米颗粒可以有效降低纳米 SiC 纤维内部孔径大小、减小孔体积。

（2）原位形成的钯纳米颗粒明显改善了纤维膜的柔性和拉伸强度。含钯柔性纳米 SiC 纤维膜在弯曲、缠绕和超声条件下都保持形貌完整,未发生破损。随着钯含量的增加,纤维膜的拉伸强度逐渐增加,SiC‒2.0Pd 纤维膜的平均拉伸强度达 33.2 MPa,是普通纳米 SiC 纤维膜的 66 倍。通过设计对比实验及相关测试表征,发现纳米颗粒改善纳米 SiC 纤维膜力学性能的机制主要包括:① 降低纤维内部孔隙和孔体积大小;② 阻碍裂纹扩展或诱导裂纹偏转,减缓应力集中。

（3）普通纳米 SiC 纤维膜为超亲水特性,而含钯柔性纳米 SiC 纤维膜表现为疏水特性,且在弯曲、高温和酸碱环境中保持较好疏水性能。经表面结构及元素表征后发现,类荷叶的多级纳米尺寸复合结构和纤维自身的低表面能特性,是含钯柔性纳米 SiC 纤维膜具有优异疏水性能的根本原因。

（4）纳米 SiC 纤维体系在高温空气中的导电过程以氧空位的变程跳跃导电机制为主,氢气的引入改变了纳米 SiC 纤维中空位格点的能量值,阻碍了氧空位的导电通道导致材料体系电阻升高,产生气敏响应特性。

（5）含钯柔性纳米 SiC 纤维膜可以作为独立自支撑传感器件使用,在 500℃下对 1×10^{-4} 氢气的响应值为 1.5%,响应和恢复时间分别为 3 s 和 1 s,且对氢气有一定气敏选择性。

参 考 文 献

[1] Shenoy S L, Bates W D, Frisch H L, et al. Role of chain entanglements on fiber formation during electrospinning of polymer solutions: good solvent, non-specific polymer-polymer interaction limit. Polymer, 2005, 46(10): 3372‒3384.

[2] Wang B, Sun L, Wu N, et al. Combined synthesis of aligned SiC nanofibers via electrospinning and carbothermal reduction. Ceramics International, 2017, 43(13): 10619‒10623.

[3] 林金友.静电纺微纳多级结构纤维制备及其在油水分离中的应用.上海: 东华大学, 2012.

[4] Eick B M, Youngblood J P. SiC nanofibers by pyrolysis of electrospun preceramic polymers. Journal of Materials Science, 2009, 44(1): 160‒165.

[5] 郑德铏.静电纺丝法制备超细 ZrO₂/SiC 纤维的研究.长沙: 国防科学技术大学,2010.

[6] Yin X, Song L, Xie X, et al. Preparation of the flexible ZrO₂/C composite nanofibrous film via electrospinning. Applied Physics A, 2016, 122(7): 678.

[7] Dallmeyer I, Lin L T, Li Y, et al. Preparation and characterization of interconnected, kraft

lignin-based carbon fibrous materials by electrospinning. Macromolecular Materials and Engineering, 2014, 299(5): 540 - 551.

[8] Guo A, Roso M, Modesti M, et al. Characterization of porosity, structure, and mechanical properties of electrospun SiOC fiber mats. Journal of Materials Science, 2015, 50(12): 4221 - 4231.

[9] Guo M, Ding B, Li X, et al. Amphiphobic nanofibrous silica mats with flexible and high heat-resistant properties. The Journal of Physical Chemistry C, 2009, 114(2): 916 - 921.

[10] Mao X, Bai Y, Yu J, et al. Flexible and highly temperature resistant polynanocrystalline zirconia nanofibrous membranes designed for air filtration. Journal of the American Ceramic Society, 2016, 99(8): 2760 - 2768.

[11] Song J, Wang X, Yan J, et al. Soft Zr-doped TiO_2 nanofibrous membranes with enhanced photocatalytic activity for water purification. Scientific Reports, 2017, 7: 1636.

[12] Liu Y, Zhou J, Shen T. Effect of nano-metal particles on the fracture toughness of metal-ceramic composite. Materials & Design, 2013, 45: 67 - 71.

[13] 楚增勇, 王应德, 程海峰等. 缺陷类型对 SiC 纤维抗拉强度与直径关系的影响. 稀有金属材料与工程, 2008, 37: 807 - 809.

[14] Huang Z M, Zhang Y Z, Kotaki M, et al. A review on polymer nanofibers by electrospinning and their applications in nanocomposites. Composites Science and Technology, 2003, 63(15): 2223 - 2253.

[15] 毛雪. ZrO_2 基纳米纤维膜的柔性机制及其应用研究. 上海: 东华大学, 2016.

[16] Konopka K, Maj M, Kurzydłowski K J. Studies of the effect of metal particles on the fracture toughness of ceramic matrix composites. Materials Characterization, 2003, 51(5): 335 - 340.

[17] An J, Zhang H, Zhang J, et al. Preparation and antibacterial activity of electrospun chitosan/ poly (ethylene oxide) membranes containing silver nanoparticles. Colloid and Polymer Science, 2009, 287(12): 1425 - 1434.

[18] Nguyen T H, Lee K H, Lee B T. Fabrication of Ag nanoparticles dispersed in PVA nanowire mats by microwave irradiation and electrospinning. Materials Science and Engineering C, 2010, 30(7): 944 - 950.

[19] Kim S W, Kim M, Lee W Y, et al. Fabrication of hollow palladium spheres and their successful application to the recyclable heterogeneous catalyst for Suzuki coupling reactions. Journal of the American Chemical Society, 2002, 124(26): 7642 - 7643.

[20] 袁钦, 宋永才, 王国栋. 不同 Al 含量聚铝碳硅烷纤维空气不熔化及氧含量控制研究. 高分子学报, 2016, 2: 155 - 163.

[21] Ma J, Mo M S, Du X S, et al. Effect of inorganic nanoparticles on mechanical property, fracture toughness and toughening mechanism of two epoxy systems. Polymer, 2008, 49(16): 3510 - 3523.

[22] 耿志挺. 核电站氢气浓度传感器的制备与应用研究. 北京: 华北电力大学, 2016.

[23] Jiang L, Zhao Y, Zhai J. A lotus-leaf-like superhydrophobic surface: a porous microsphere/ nanofiber composite film prepared by electrohydrodynamics. Angewandte Chemie, 2004, 116(33): 4438 - 4441.

[24] 欧阳唐哲.碳化硅颗粒表面改性及其分散稳定性的研究.长沙: 湖南大学,2012.

[25] Tang H, Wang H, He J. Superhydrophobic titania membranes of different adhesive forces fabricated by electrospinning. The Journal of Physical Chemistry C, 2009, 113(32): 14220 - 14224.

[26] Sanger A, Kumar A, Chauhan S, et al. Fast and reversible hydrogen sensing properties of Pd/Mg thin film modified by hydrophobic porous silicon substrate. Sensors and Actuators B: Chemical, 2015, 213: 252 - 260.

[27] Sanger A, Jain P K, Mishra Y K, et al. Palladium decorated silicon carbide nanocauliflowers for hydrogen gas sensing application. Sensors and Actuators B: Chemical, 2017, 242: 694 - 699.

[28] Mansor N B. Development of catalysts and catalyst supports for polymer electrolyte fuel cells. London: University College London, 2015.

[29] Ryu H Y, Wang Q, Raj R. Ultrahigh-temperature semiconductors made from polymer-derived ceramics. Journal of the American Ceramic Society, 2010, 93(6): 1668 - 1676.

[30] Cordelair J, Greil P. Electrical conductivity measurements as a microprobe for structure transitions in polysiloxane derived Si—O—C ceramics. Journal of the European Ceramic Society, 2000, 20(12): 1947 - 1957.

[31] Karakuscu A, Ponzoni A, Aravind P R, et al. Gas sensing behavior of mesoporous SiOC glasses. Journal of the American Ceramic Society, 2013, 96(8): 2366 - 2369.

第 6 章 中空纳米 SiC 纤维

6.1 引　　言

6.1.1 中空纳米 SiC 纤维构建的意义

中空和多通道 SiC 超细纤维由于其独特的管状空腔结构,且具有比表面积大、连续的介质传输通道、多腔壁等特点,在高温隔热材料、催化剂载体和传感领域具有应用潜力。

与普通实心纤维相比,中空或管状纤维利于气体在纤维中的吸附和扩散。图 6-1 展示了气体在中空纤维上的吸附和扩散过程。以气敏材料为例,当纤维为实心时,气体首先会吸附在纤维表面,并迅速与表面的活性位反应,有利于气敏响应。如果实心纤维中存在微介孔结构,气体会继续在毛细管力作用下向纤维内部缓慢扩散,并与内部活性位反应,这会造成纤维的响应时间较长。对于中空纤维而言,目标气体会同时向纤维外表面和纤维管内扩散,吸附在纤维外表面和管内的气体同时从两侧向纤维内部扩散(如图 6-1 所示)。尽可能缩短气体在纤维中的扩散时间,并迅速与纤维中的所有有效活性位接触反应,提高响应值

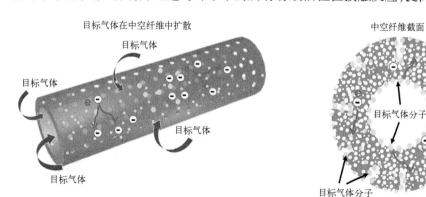

图 6-1　气体在中空纤维中吸附-扩散示意图

的同时,也缩短了对目标气体的响应时间。

6.1.2　中空纳米 SiC 纤维成型方法

同轴静电纺丝技术[1]自 2002 年被报道以来,在制备中空纳米纤维领域得到广泛研究和应用,是目前制备中空纳米纤维最常用的方法。同轴静电纺丝的装置示意图及制备的中空纤维形貌如图 6 - 2 所示[2]。同轴静电纺丝过程中,核层和壳层材料溶液分别装在两个不同注射器内,纺丝喷头由两个内径不同的同轴针头组成。外层溶液在喷口处与内层溶液汇合,壳层溶液在静电场拉伸力作用下,核壳溶液界面处产生强大的剪切应力,带动核层溶液延轴向拉伸。由于核壳两种溶液的扩散系数不同,两种溶液不会混合到一起,得到具有核壳结构的复合纳米纤维。再通过化学溶剂处理或高温热解,除去核层聚合物,得到中空纳米纤维。利用同轴静电纺丝技术,通过改变喷头结构,不仅可以得到单通道纳米纤维,还能制备多级中空结构[3]及管套线结构[4]。

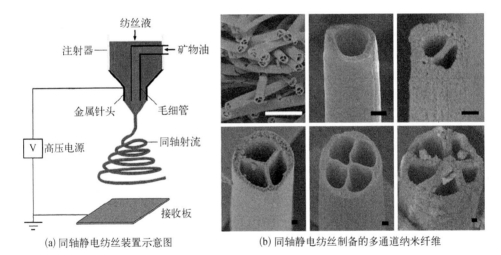

(a) 同轴静电纺丝装置示意图　　　　(b) 同轴静电纺丝制备的多通道纳米纤维

图 6 - 2　同轴静电纺丝制备中空纳米纤维

但是,同轴静电纺丝技术对纺丝喷头、核层溶液和纺丝工艺参数都有较高要求,需要对纺丝条件进行长时间探索,增加了制备中空纳米 SiC 纤维的难度。

基于相分离原理的单针静电纺丝技术被成功开发并应用于制备多孔、中空和核壳结构纳米纤维[5],其原理如图 6 - 3 所示。基本过程是,将两种不同聚合物溶解于相同溶剂中,利用聚合物性质的不同,两者在溶液中会产生相分离现象,形成海岛结构。通过调整聚合物的比例,聚合物在溶液中可以形成稳定的相分离体系,并分为连续相和分散相。控制分散工艺可以调控分散相在连续相中的分散程度,不同分散程度可制备出不同结构的纳米纤维。如图 6 - 3(a)所示,当分散相与连续相充分混合均匀,或者分散相的胶粒非常小,经静电纺丝可得到均匀结构的纳米纤维,再经过后续处理可以得到均匀多孔结构的纤维。而当分散相与连续相未混合均匀,或者分散相的胶粒比较大时,经静电纺丝可得到核壳结构的纳米纤维,分散相形成纤维芯部,连续相形成纤维外壳,再经过后续工艺处理可得到中空纳米纤维[图 6 - 3(b)]。

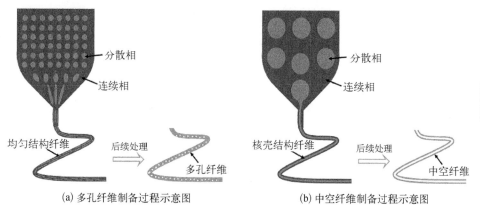

(a) 多孔纤维制备过程示意图　　　　　　(b) 中空纤维制备过程示意图

图 6 - 3　基于相分离的单针静电纺丝原理示意图

　　基于相分离的单针静电纺丝技术在制备中空陶瓷纤维方面已成功得到应用,相比于同轴静电纺丝,单针静电纺丝过程简单且设备简便,是制备中空纳米纤维的有效方法。但也要注意到存在的两个问题:一是对所选聚合物的分子量和热稳定性、聚合物比例和溶剂都要进行严格筛选,确保配制的溶液分为不均匀的两相,且分散相的胶粒大小也有一定要求;二是内部核结构要在高温或其他后处理方法中能完全分解或溶解,只保留外壳部分,最终才能得到中空纤维。

6.2　单针静电纺丝制备中空纳米 SiC 纤维

　　作者采用适当的分散工艺配制 PS/PCS 纺丝溶液,增大 PS 分散相在 PCS 连续相中的胶粒尺寸。通过单针静电纺丝技术,得到 PS@ PCS 核壳结构纳米纤维,经不熔化和高温热处理,PS 完全分解后,可得到中空纳米 SiC 纤维。制备技术路线及转化过程如图 6 - 4 所示。

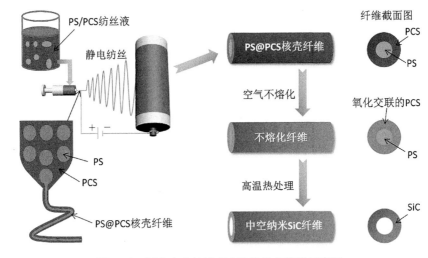

图 6-4　制备中空纳米 SiC 纤维技术路线示意图

6.2.1　分散工艺对纳米 SiC 纤维形貌的影响

　　采用相分离原理的单针静电纺丝制备中空纳米 SiC 纤维之前,首先要确定 PS/PCS 溶液中的分散相与连续相。聚合物分子量大,混合熵较小。从热力学角度分析,两种聚合物之间互溶性一般比较差。根据 Huggins-Flory 理论[6],当两种聚合物之间的溶解度参数相差 0.5 以上时就不会互溶。PS 和 PCS 的溶解度参数分别为 18 $J^{1/2}/cm^{3/2}$ 和 8.8 $J^{1/2}/cm^{3/2}$,两者之间的溶解度参数相差较大,PS 和 PCS 在溶液中是以两相形式存在。不互溶体系中的相分离机制分为两种:成核与增长机制和旋节分离机制。由于 PS 和 PCS 的分子量相差很大,在溶液中的表面张力不同,相分离过程符合成核与增长机制,主要特点是两相分离后形成胶粒/基体型,即一种相为连续相,另一种以球状胶粒的形式分散在其中。根据 Kim[7] 和 Zhang[8] 的研究结果,当纺丝溶液中存在不互溶的两相时,低黏度的聚合物倾向于形成连续相,高黏度的聚合物倾向于形成分散相。因此,可以通过分析 PS 和 PCS 两种聚合物在相同体积溶剂中的黏度大小,来确定 PS/PCS 溶液中的分散相与连续相。为此,配制了质量分数为 3% 的纯 PS 溶液和质量分数为 9% 的纯 PCS 溶液,测试其黏度分别为 45.7 mPa・s 和 1.2 mPa・s。3% 的纯 PS 溶液的黏度大于 9% 的纯 PCS 溶液黏度。可以认为,在 PS/PCS 纺丝溶液中,PS 为分散相,PCS 为连续相。从 PS/PCS 纺丝溶液的光学显微照片中,也可明显看出溶液中存在两相(图 6-5)。

根据之前的实验结果,当配制纺
丝溶液的搅拌速度为 600 r/min,搅拌
时间为 12 h,得到的纤维为实心结
构,如图 6-6(a)所示。如果将搅拌
速率降低至 200 r/min,搅拌时间维持
12 h 不变,经相同的静电纺丝、不熔
化和高温热处理过程,得到的纳米
SiC 纤维形貌如图 6-6(b) ~ (d)所
示。为了清楚看到纤维的截面,在制
备 SEM 样品时,特意将连续纤维膜

图 6-5　PS/PCS 纺丝溶液的光学显微照片

捣碎,尽可能多地暴露纳米 SiC 纤维截面。从图 6-6(b)可以看出,纳米 SiC 纤
维暴露出的截面全部为中空结构。此外,纤维中间段剥离表层后发现,内部仍为

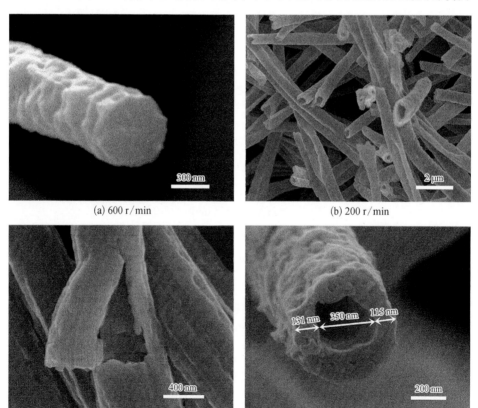

(a) 600 r/min

(b) 200 r/min

(c) 200 r/min

(d) 200 r/min

图 6-6　不同搅拌速度的溶液制备的纳米 SiC 纤维形貌

中空[图 6 - 6(c)],说明中空结构在纤维中连续分布。对中空纳米 SiC 纤维的截面进行放大观察[图 6 - 6(d)],发现纤维总直径约为 600 nm,内部空心管直径约为 350 nm,空心部分占纤维截面总面积的 34%。

上述结果表明,在较低的搅拌速度下得到的纺丝溶液,经静电纺丝和后处理,可以得到形貌均匀的中空纳米 SiC 纤维。为了验证搅拌速度和超声处理对纳米 SiC 纤维形貌的影响,配制了两种不同的纺丝溶液。一是将配制的 PS/PCS 纺丝溶液的搅拌速度提升至 800 r/min,经静电纺丝和热处理后得到的纤维形貌如图 6 - 7(a)所示,所有纤维截面中未发现中空结构。二是将上述制备中空纳米 SiC 纤维的纺丝溶液(200 r/min)在 600 W 超声波清洗器中再超声分散 2 h,经静电纺丝和热处理后得到的纤维形貌如图 6 - 7(b)所示,所得纳米 SiC 纤维中也未发现中空结构。

(a) 800 r/min,搅拌 12 h   (b) 200 r/min,搅拌 12 h,再超声分散 2 h

图 6 - 7 不同配制条件溶液得到的纳米 SiC 纤维形貌

6.2.2 中空纳米 SiC 纤维的组成与结构

通过热重分析不熔化后的核壳结构 PS@ PCS 纤维的高温热处理过程,结果如图 6 - 8 所示。其基本曲线趋势与普通 PS/PCS 纤维热分解过程一致。纤维在 380~450℃出现明显的热失重及吸热峰,之前已证明是由于 PS 分解所致。继续升高温度,PCS 分子发生裂解,当温度达到 750℃时,纤维基本完成无机化转变。温度高于 1 280℃,纤维发生显著失重,且在 DSC 曲线 1 360℃附近出现一个明显的放热峰,这是由于纤维热解过程中形成的 SiOC 相在高温下发生热分解产生 SiO 和 CO 气体,并伴随重结晶反应生成 SiC,放出热量。

为了验证中空纳米 SiC 纤维的中空结构是由纤维芯部 PS 热分解所致,根据

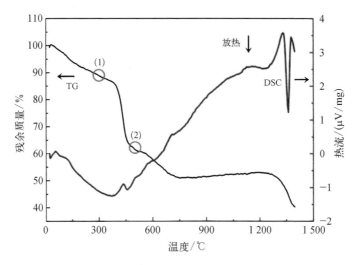

图 6-8　不熔化的核壳结构 PS@PCS 纤维的 TG-DSC 曲线

之前 TG 分析的结果,PS 在 350℃以上开始分解。因此,对不熔化的 PS@PCS 核壳纤维分别在 300℃和 500℃热处理 1 h,所得的纤维截面如图 6-9 所示。300℃热处理后,PS@PCS 核壳纤维仍保持实心结构;而热处理温度升至 500℃时,PS@PCS 核壳纤维变为中空结构。以上结果说明,中空纳米 SiC 纤维的中空结构是由 PS@PCS 纤维芯部的 PS 热分解去除所致,也证明了静电纺丝所得到的 PS@PCS 纤维为核壳结构,内核为 PS,外壳为 PCS。

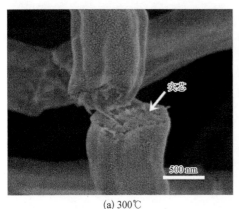
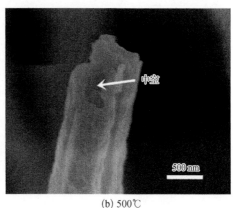

(a) 300℃　　　　　　　　　　　　　　(b) 500℃

图 6-9　不熔化的核壳结构 PS@PCS 纤维经不同温度热处理后的 SEM 图

对不同热处理温度得到的中空纳米 SiC 纤维的形貌进行分析,结果如图 6-10 所示。1 200℃[图 6-10(a)]、1 300℃[图 6-10(c)]和 1 400℃[图 6-10(e)]热

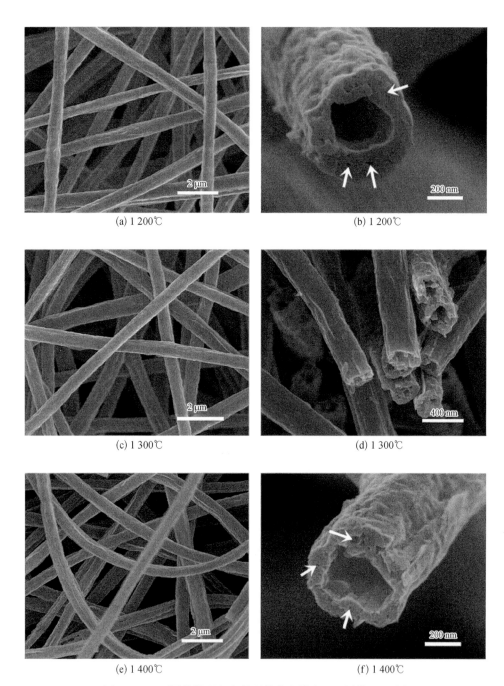

(a) 1 200℃ (b) 1 200℃

(c) 1 300℃ (d) 1 300℃

(e) 1 400℃ (f) 1 400℃

图 6-10 不同热处理温度得到的中空纳米 SiC 纤维 SEM 图

处理后,中空纳米 SiC 纤维的形貌保持连续完整,没有因中空结构而出现纤维塌陷破裂现象。从纤维截面的高倍 SEM 图[图 6 - 10(b)、图 6 - 10(d) 和图 6 - 10(f)]可看出,不同热处理温度下,纤维都保持中空结构;并且从截面处也可以发现中空纳米 SiC 纤维中存在大量介孔或大孔,如图 6 - 10(b) 和图 6 - 10(f) 中白色箭头标记。这可能是由于 PCS 在高温下分解释放出气体小分子后留下的气孔,或者是极小的 PS 胶粒随 PCS 形成 SiC 纤维外壳,PS 在高温下分解后留在纤维壁上的孔洞。

图 6 - 11 为不同热处理温度得到的中空纳米 SiC 纤维的 XRD 谱图。当热处理温度为 1 200℃时,所得中空纳米 SiC 纤维为无定形结构,未发现 SiC 的结晶峰。1 300℃热处理后,中空纳米 SiC 纤维的 XRD 谱图中在 $2\theta = 35.5°$ 出现了微弱的衍射峰,说明此时纤维中已出现 SiC 结晶。经 1 400℃热解后,在 $2\theta = 35.5°$、60.1° 和 71.7° 出现归属于 β-SiC(111)、(220) 和 (311) 晶面的衍射峰,根据 Scherrer 公式计算出 SiC 晶粒尺寸为 7.8 nm。XRD 结果表明,随着热解温度的升高,中空纳米 SiC 纤维从无定形态先转化为微晶态,再转变成高结晶态。

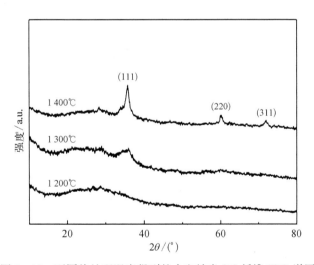

图 6 - 11　不同热处理温度得到的中空纳米 SiC 纤维 XRD 谱图

采用 TEM 进一步表征 1 400℃热处理得到的中空纳米 SiC 纤维的中空结构,结果如图 6 - 12 所示。图 6 - 12(a) 中两条白色分割线之间的透射电镜图颜色明显比纤维外壳部分颜色要浅。这是由于纤维的中空结构导致中间透射层厚度要小于两端纤维壁的实心部分厚度,导致电子透过的数量要多于纤维外壁部分,显示出较浅的颜色。图 6 - 12(b) 中,纤维断面透射图可以明显看出中空纳米

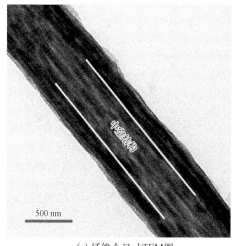
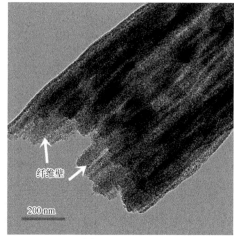

| (a) 纤维全尺寸TEM图 | (b) 纤维截面TEM图 |

图 6-12　中空纳米 SiC 纤维 TEM 图

SiC 纤维的纤维壁结构。此外,在 TEM 图中可以明显看到中空纳米 SiC 纤维中存在许多"白色"缺陷,这与纤维在热解过程中形成的孔洞有关。

　　图 6-13 为中空纳米 SiC 纤维的氮气吸脱附曲线及孔径分布图。从吸附等温曲线可以发现,中空纳米 SiC 纤维的孔结构与普通纳米 SiC 纤维的孔结构有较大区别。普通纳米 SiC 纤维的吸附等温曲线为 Ⅳ 型等温线,纤维内部主要为

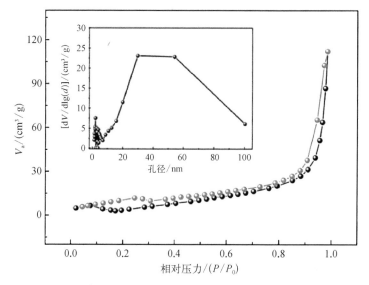

图 6-13　中空纳米 SiC 纤维的氮气吸脱附曲线和孔径分布图

尺寸较大的介孔。而中空纳米 SiC 纤维表现为Ⅲ型等温线,吸附量随着组分分压的增加而上升,曲线出现明显下凹而没有拐点,说明纤维在较高相对压力区域内没有吸附饱和,这与中空纳米 SiC 纤维内部含有连续大孔有关。在较高的相对压力下,氮气填充中空部分,吸附量连续增加。图 6 - 13 内部的孔径分布图显示,中空纳米 SiC 纤维的孔结构主要分布在介孔和大孔处,其平均孔径为 39.5 nm。

6.3　SiC 纳米棒构建的中空纳米 SiC 纤维的制备

6.3.1　SiC 纳米棒构建的中空纳米 SiC 纤维的制备

作者在制备中空纳米 SiC 纤维的纺丝溶液中加入适量乙酰丙酮镍,通过静电纺丝制备了含镍的 PS@ PCS 核壳结构纳米纤维,经不熔化和高温热处理首先形成含镍的中空纳米 SiC 纤维。基于催化剂辅助热解的原理,含镍成分会在更高温度下催化 SiOC 相的气相分解产物形成 SiC 纳米棒,最终得到 SiC 纳米棒构建的中空纳米 SiC 纤维(HSiC),制备技术路线及转化过程如图 6 - 14 所示。

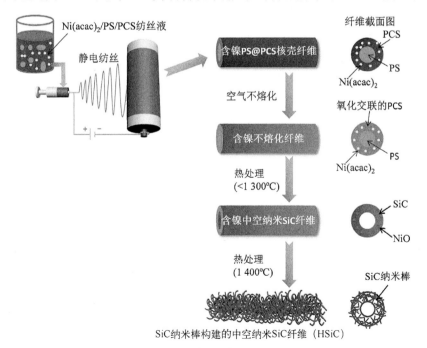

图 6 - 14　制备 HSiC 纤维的技术路线示意图

　　为了考察热处理温度对含镍纳米 SiC 纤维组成形貌的影响,首先通过 TG-DSC 分析不熔化的含镍 PS@ PCS 核壳纤维从室温至 1 400℃的热解行为,结果如图 6‑15 所示。其热分解过程与不熔化的核壳结构 PS@ PCS 纤维的热分解过程类似(图 6‑8),除了 PS 分解和 PCS 无机化转变过程引起的热失重和吸热行为之外,不熔化的含镍 PS@ PCS 核壳纤维的 DSC 曲线在 1 156℃处出现明显的放热信号,说明由于镍元素的引入导致纤维在此温度下出现结晶行为。当温度高于 1 280℃,纤维发生显著失重,且在 DSC 曲线 1 360℃附近出现一个明显的放热峰,这是由于纤维热解过程中形成的 SiOC 相在高温下发生热分解产生 SiO 和 CO 气体,并伴随重结晶反应,放出热量。

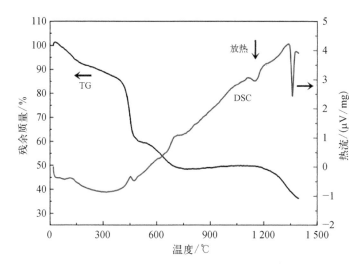

图 6‑15　不熔化的含镍 PS@ PCS 核壳纤维的 TG-DSC 曲线

(气氛:氩气;升温速率:10℃/min)

　　含镍纳米 SiC 纤维的纺丝溶液配制方法与前面制备中空纳米 SiC 纤维的方法一致,唯一区别是在纺丝溶液中添加了 Ni(acac)$_2$。图 6‑16 为 1 200℃热处理得到的含镍纳米 SiC 纤维形貌。从图中可看出,含镍纳米 SiC 纤维具有中空结构,说明 Ni(acac)$_2$ 的引入对纳米 SiC 纤维中空结构的形成没有影响。

　　图 6‑17 为不熔化的含镍 PS@ PCS 核壳纤维在 1 200℃、1 300℃、1 400℃和 1 500℃氩气中高温热处理后得到的纤维 SEM 图。从图中可看出,在低于 1 400℃处理时,纤维形貌连续均匀,平均直径为 450 nm。1 200℃热处理后,含镍纳米 SiC 纤维形貌[图 6‑17(b)]与普通纳米 SiC 纤维相似。当升至 1 300℃时,纤维表面出现许多纳米孔[图 6‑17(d)],这是由于纤维中部分无定形相分解所致。

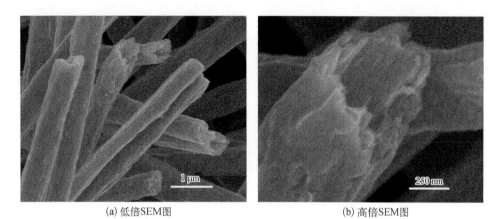

(a) 低倍SEM图　　　　　　　　　　　　　　(b) 高倍SEM图

图 6 - 16　1 200℃热处理得到的含镍纳米 SiC 纤维 SEM 图

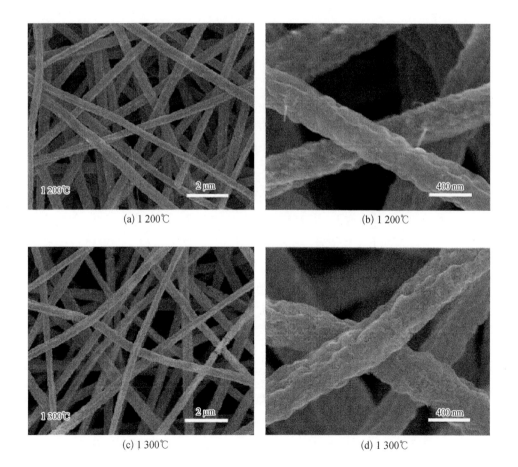

(a) 1 200℃　　　　　　　　　　　　　　(b) 1 200℃

(c) 1 300℃　　　　　　　　　　　　　　(d) 1 300℃

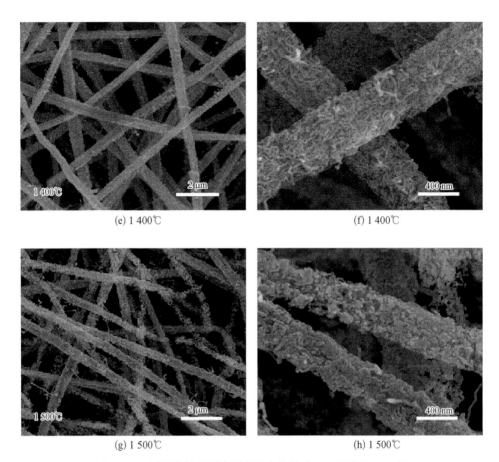

图 6 - 17　不同热处理温度得到的含镍纳米 SiC 纤维的 SEM 图

1 400℃热处理后,含镍纳米 SiC 纤维仍保持连续纤维形貌[图 6 - 17(e)],但是纤维中出现许多更小尺寸纳米结构[图 6 - 17(f)],纳米结构互相缠绕构建成多级结构的纳米纤维。当热处理温度达到 1 500℃,纳米 SiC 纤维出现断裂现象[图 6 - 17(g)],高倍 SEM 结果显示纤维中含有少量的短纳米线,但是存在许多较大直径的 SiC 结晶颗粒[图 6 - 17(h)]。说明在 1 500℃热处理后,SiC 晶粒急剧长大,造成了纳米 SiC 纤维断裂。

　　对不同热处理温度得到的含镍纳米 SiC 纤维进行 XRD 分析,结果如图 6 - 18 所示。含镍纳米 SiC 纤维 1 200℃热处理后,即在 $2\theta = 35.6°$、$60.2°$ 和 $71.7°$出现归属于 β-SiC(111)、(220) 和 (311) 晶面的衍射峰。而未掺杂镍的纳米 SiC 纤维在 1 400℃热解后才出现明显的 SiC 结晶峰(图 6 - 11),说明镍元素引入可以降低无定形 SiC 向结晶 SiC 转变的温度。随着热处理温度的升高,

(111)晶面衍射峰的半峰宽逐渐减小,说明 SiC 晶粒长大,结晶程度增加。XRD
谱图中未发现与镍相关的衍射峰,可能是镍含量较低或者与镍相关的纳米颗粒
尺寸太小的缘故。

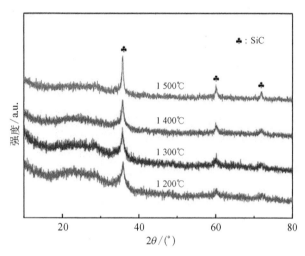

图 6 - 18　不同热处理温度得到的含镍纳米 SiC 纤维 XRD 谱图

6.3.2　HSiC 纤维形貌与组成结构

通过 SEM、TEM 和 HRTEM 分析 HSiC 纤维的形貌和结构,结果如图 6 - 19 所
示。对磨碎后的 HSiC 纤维截面进行 SEM 观察后发现[图 6 - 19(a)],HSiC 纤维
为中空结构,纳米棒的形成过程对中空结构没有产生影响。HSiC 纤维外层由 SiC
纳米棒缠绕而成[图 6 - 19(b)],构成三维网络结构贯穿整根纤维。通过高倍
SEM 图对 HSiC 纤维表面 SiC 纳米棒的形态及分布进行分析[图 6 - 19(c)],可
明显观察到纤维表面的大量蠕虫状 SiC 纳米棒,纳米棒直径为 10~20 nm,互相
缠绕构建成一种镂空结构。TEM 图[图 6 - 19(d)]中能清楚看到 HSiC 纤维中
的多孔结构和纳米棒。从 HRTEM 结果[图 6 - 19(e)]可看出,SiC 纳米棒为单
晶结构,晶面间距为 0.252 nm,对应 SiC 的(111)晶面。[111]晶向是 SiC 晶体生
长中最常见的方向,是由于(111)晶面在 β-SiC 所有晶面中表面能最小。纳米棒
表面覆盖一层 1~2 nm 厚的无定形结构,可能是由于 SiC 被氧化成 SiO_2 所致。另
外,在 SiC 纳米棒顶端发现一种异质纳米颗粒,晶面间距为 0.245 nm,是 NiO 的
特征间距。通过透射电镜自带的 EDS 对 HSiC 纤维中的元素种类及相对含量进
行分析,结果如图 6 - 19(f)所示。HSiC 纤维主要含有 C、O 和 Si 的元素,其原子

百分比分别为38.4%、18.6%和43%。镍元素可能由于含量太少,在EDS谱图中未发现与镍元素相关的峰。

(a, b) 低倍SEM图

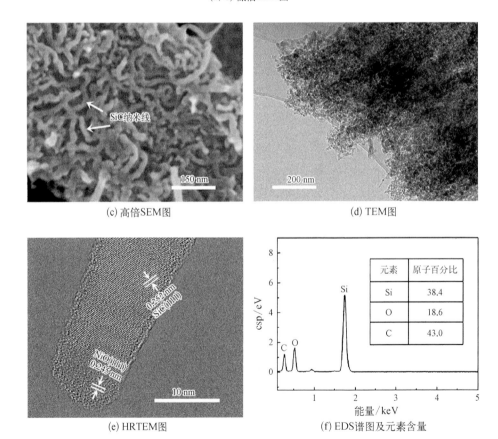

(c) 高倍SEM图　　　　　　　　　　　　　　(d) TEM图

(e) HRTEM图　　　　　　　　　　　　　　(f) EDS谱图及元素含量

元素	原子百分比
Si	38.4
O	18.6
C	43.0

图6-19　HSiC纤维形貌、组成与结构

采用 XPS 进一步分析 HSiC 纤维表面元素组成,并对 XPS 数据进行分峰拟合处理,结果如图 6 - 20 所示。C1s 谱图[图 6 - 20(a)]结果显示,除了 Si—C(283.1 eV)和 C—C(284.6 eV)键之外,HSiC 纤维表面还存在 SiO_xC_y 相和 C—O 组分。对 Si2p 峰进行拟合[图 6 - 20(b)],发现除了 SiC 和 SiO_xC_y 相之外,还有少量的 SiO_2,这可能是 SiC 纳米棒在高温下氧化形成的氧化层,在 HRTEM 图[图 6 - 19(e)]中也观察到无定形氧化层的存在。O1s 谱图[图 6 - 20(c)]证明 HSiC 纤维表面的氧元素主要以 SiO_xC_y 相形式存在。由于 XPS 可以检测到表面的痕量元素,发现了 Ni2p 峰的存在。从 Ni2p 的 XPS 谱图[图 6 - 20(d)]中可以发现,在 853.4 eV 和 856.5 eV 处存在两个弱峰,归属于 NiO 的特征峰[9],这与 HRTEM 中[图 6 - 19(e)]检测到 NiO 纳米颗粒相吻合。

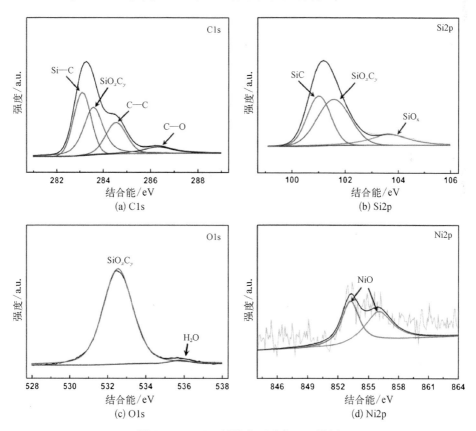

图 6 - 20　HSiC 纤维表面元素 XPS 谱图

从上述 SEM 和 TEM 结果可以看出,HSiC 纤维是大量 SiC 纳米棒互相缠绕构建的中空结构,利于提高纤维的孔结构及比表面积。为了考察 HSiC 纤维的孔结构,采用氮气吸脱附实验对 HSiC 纤维的比表面积、孔体积及孔径分布进行分析,并与 1 400℃热处理得到的普通纳米 SiC 纤维对比,结果如图 6 - 21 所示。SiC - 1400 和 HSiC 纤维的吸脱附等温曲线都为典型Ⅳ型曲线,SiC - 1400 在相对压力为 0.5~1.0 处出现 H4 型回滞环,说明纤维内部含有微孔和介孔。HSiC 纤维在相对压力为 0.6~1.0 处出现 H3 型回滞环,说明纤维内部含有不规则的介孔和大孔[10]。SiC - 1400 的 BET 比表面积为 63.7 m²/g,BJH 吸附孔体积为 0.11 cm³/g,从孔径分布图可看出孔径主要分布在 4 nm 和 20 nm,平均孔径为 6.8 nm。HSiC 纤维的 BET 比表面积为 108.7 m²/g,BJH 吸附孔体积为 0.46 cm³/g,从孔径分布图可看出孔径主要分布在 10~40 nm,平均孔径为 16.5 nm。以上结果表明,HSiC 纤维具有较高的比表面积和孔体积,并且由于纤维的中空结构和纳米棒的三维组装,使得 HSiC 纤维具有多级孔结构,利于介质在 HSiC 纤维中快速传递。

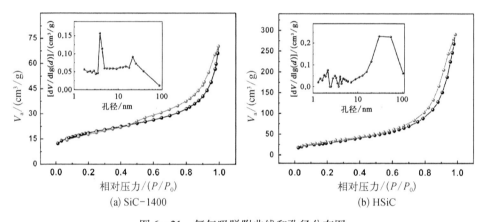

(a) SiC-1400 (b) HSiC

图 6 - 21 氮气吸脱附曲线和孔径分布图

6.3.3 HSiC 纤维的形成机制

SiC 纳米棒的生长机制主要分为气-液-固(VLS)和气-固(VS)两种机制。由于普通不含镍的中空纳米 SiC 纤维[图 6 - 10(f)]和含镍纳米 SiC 纤维在 1 400℃热处理后形貌差别较大,可以确定 SiC 纳米棒的形成与含镍纳米 SiC 纤维中镍基催化剂有关。此外,1 300℃热处理后,含镍纳米 SiC 纤维中未发现 SiC 纳米棒结构,说明 SiC 纳米棒的形成温度为 1 300~1 400℃。

首先通过 TEM 和 HRTEM 考察了 1 300℃热处理后的含镍纳米 SiC 纤维内部组成,结果如图 6 - 22 所示。TEM 图[图 6 - 22(a)]显示,1 300℃热处理后的含镍纳米 SiC 纤维中存在一些黑色的纳米颗粒。由于金属镍原子的电子密度较高,透射电镜发射的电子在镍原子周围容易发生偏转,导致金属原子附近的 TEM 图像显示为黑色,因此,这些黑色颗粒可能是纤维中的镍基纳米颗粒。通过 HRTEM 对纤维进一步分析[图 6-22(b)],发现除部分 SiC 微晶之外,纤维中还含有自由碳、无定形 SiO_xC_y 和 NiO 纳米颗粒。NiO 颗粒的发现与 SiC 纳米棒顶端发现的 NiO 吻合,可认为 SiC 纳米棒是在 NiO 的催化作用下形成的,其形成机制为 VLS 机制。

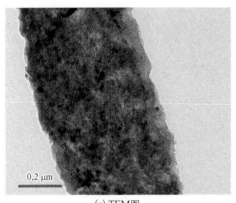 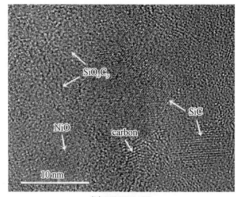

(a) TEM图　　　　　　　　　　　　　(b) HRTEM图

图 6-22　1 300℃热处理后的含镍纳米 SiC 纤维内部结构

　　基于以上的数据分析,可以通过图 6-23 来解释 SiC 纳米棒的形成过程。当热解温度达到 1 300℃时,含镍纳米 SiC 纤维含有 SiC 微晶、自由碳、无定形 SiO_xC_y 和 NiO 纳米颗粒。根据 TG-DSC 曲线(图 6-15)可知,1 290℃纤维开始出现质量下降,是由于无定形 SiO_xC_y 在此温度下开始分解,产生 SiO 和 CO 气体[式(6-1)]。而在 1 300℃,SiO 和 CO 气体未被催化成 SiC 纳米棒[图 6-17(d)],是与 NiO 纳米颗粒的熔点有关。基于本书实验结果,NiO 纳米颗粒熔点温度约为 1 360℃。根据 VLS 反应机制,NiO 纳米颗粒熔解为液滴,SiO 和 CO 在 NiO 液滴表面不断富集至饱和状态,形成 SiC 晶核。在 NiO 催化作用下,不断生长形成 SiC 纳米棒,如图 6-23(b)和式(6-2)所示。此外,制备的 SiC 纳米棒与之前报道的 SiC 长纳米线不同,所得的 SiC 纳米棒较短。可能原因是,NiO 颗粒均匀分布在纤维内部,周围的 SiO_xC_y 的分解后,SiO 和 CO 会在最近的催化剂上富集,原位生长纳米棒,并互相缠绕。但由于 SiO_xC_y 的分解产生的 SiO 和 CO 气体体积有限,不能够在 NiO 液滴表面形成稳定饱和状态,导致最终 SiC 纳米棒较短。

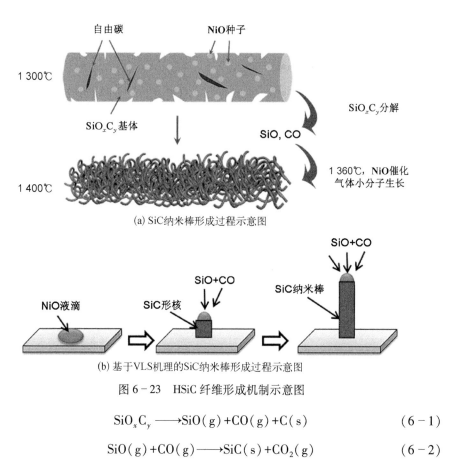

(a) SiC 纳米棒形成过程示意图

(b) 基于VLS机理的SiC纳米棒形成过程示意图

图 6-23　HSiC 纤维形成机制示意图

$$SiO_xC_y \longrightarrow SiO(g)+CO(g)+C(s) \qquad (6-1)$$

$$SiO(g)+CO(g) \longrightarrow SiC(s)+CO_2(g) \qquad (6-2)$$

　　综上所述,HSiC 纤维中的 SiC 纳米棒是由乙酰丙酮镍分解产生的 NiO 纳米颗粒,催化无定形 SiOC 相分解产生的 SiO 和 CO 气体反应形成的。由于 SiOC 相含量较少,分解产生的 SiO 和 CO 量有限,导致最终 SiC 纳米棒较短。

6.4　Pt/HSiC 纤维的制备与组成结构

6.4.1　Pt/HSiC 纤维的制备

　　一般认为,贵金属铂可以提高纳米陶瓷纤维的气敏性能,其机制主要有两个:一是铂的功函数要高于半导体材料,会导致半导体中的电子向贵金属转移,在贵金属催化作用下更多的吸附氧被还原成氧离子从而扩散至半导体中。根据 Wolkentein 理论模型[11],这会扩大半导体内的耗尽层厚度,利于提高气体响应灵敏度;二是利用铂的高活性优势,还原性气体在贵金属铂表面解离,通过"溢出机制"扩散至耗尽层与氧离子反应。因此,在 HSiC 纤维上修饰铂纳米颗粒,有望提高 HSiC 纤维的气敏性能。

通过乙二醇还原氯铂酸的方法在 HSiC 纤维上负载铂纳米颗粒,制备过程如图 6-24 所示。首先将 HSiC 纤维超声分散于乙二醇溶液中,150℃水热处理4 h。目的是在 HSiC 纤维表面形成醇基官能团,使纤维表面电荷带负电荷,作为捕捉和固定铂离子(正电荷)的"抓手"[12]。对乙二醇水热处理前后 HSiC 纤维表面进行 XPS 分析,结果如图 6-25 所示。对 Si 元素谱图进行分峰及根据峰面积计算化学键的比例后发现,经过水热处理前和处理后属于 Si—C 键(100.3 eV)的比例分别为52.6%和53%,未有明显变化。但是,乙二醇处理后,Si—O_2键含量从16.7%下降到7.4%,而表面 Si—OH 键(101.5 eV)含量从30.7%升高至39.6%,表明乙二醇水热处理可以将 HSiC 纤维表面的 Si—O_2键转化为 Si—OH,提高HSiC 纤维表面醇基官能团(Si—OH)含量,有利于铂离子的分散与吸附[13]。

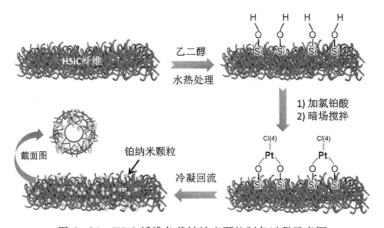

图 6-24　HSiC 纤维负载铂纳米颗粒制备过程示意图

将适量的质量分数为 1%的氯铂酸水溶液滴加至冷却的 HSiC 纤维和乙二醇混合溶液中,在暗场(无光)条件下常温搅拌 8 h,使铂离子充分均匀地被乙二醇处理后的 HSiC 纤维表面的 Si—OH 官能团固定,有利于提高铂纳米颗粒的分散性,降低颗粒尺寸。通过滴加 NaOH 溶液调节 HSiC 纤维/乙二醇分散液的 pH至 12~13,再经过160℃冷凝回流处理 3 h,HSiC 纤维表面的 Pt 离子将被还原成金属铂纳米颗粒,其原理如式(6-3)所示。

$$Pt^{4+}+4OH^-+HO—CH_2—CH_2—OH \longrightarrow Pt(0)+HOC—COH+4H_2O \quad (6-3)$$

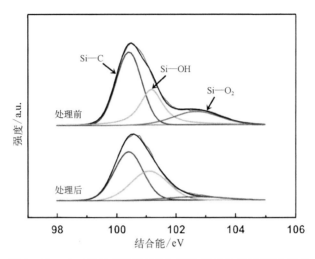

图 6－25　乙二醇处理前后 HSiC 纤维表面 Si 元素 XPS 谱图

6.4.2　Pt/HSiC 纤维的组成结构

　　采用 XRD 和 XPS 分析乙二醇还原前后的 HSiC 纤维的组成及表面元素种类,结果如图 6－26 所示。从图 6－26(a)可看出,HSiC 和 Pt/HSiC 在 $2\theta=$ 35.6°、60.2°和 71.7°都出现归属于 β-SiC(111)、(220)和(311)晶面的衍射峰。但是,Pt/HSiC 在 $2\theta=39.9°$ 和 45.9°处出现两个属于铂单质的衍射峰[14]。此外,从 Pt/HSiC 的 XPS 全谱图[图 6－26(b)]看出,在 72 eV 附近都出现一个很强的信号峰,归属于 Pt4f,说明通过乙二醇还原法成功在 HSiC 纤维上负载单质铂。

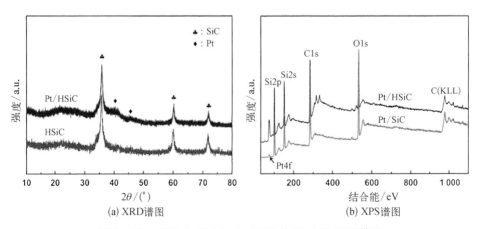

(a) XRD谱图　　　　　　　　　　　(b) XPS谱图

图 6－26　HSiC、Pt/SiC 和 Pt/HSiC 的 XRD 和 XPS 谱图

另外,为了比较实心纳米 SiC 纤维和 HSiC 纤维负载 Pt 纳米颗粒之后的气敏性能,采用相同的工艺方法制备了 Pt/SiC。XPS 测试结果表明[图 6 - 26(b)],在普通纳米 SiC 纤维上也成功负载了单质铂。

采用 TEM 和 HRTEM 观察铂单质在 Pt/SiC 和 Pt/HSiC 纤维中的存在形式及分散性,结果如图 6 - 27 所示。图 6 - 27(a)显示黑色的金属纳米颗粒在 Pt/HSiC 中均匀分布。通过 HRTEM[图 6 - 27(b)]进一步确认铂纳米颗粒与 SiC 纳米棒紧密接触,铂纳米颗粒的平均粒径为 2~3 nm。同时,TEM 和 HRTEM[图 6 - 27(c)和6.27(d)]确认了纳米颗粒均匀分散在普通纳米 SiC 纤维表面。由于普通 SiC 纤维为实心结构,铂纳米颗粒只能分布在纤维表面。相同制备条件下,在 Pt/SiC 纤维上的 Pt 含量相对较低。此外,在相同实验条件下,普通纳米 SiC 纤维表面的 Pt 纳米颗粒粒径为 4~5 nm[图 6 - 27(d)],可能是由于普通纳米 SiC 纤维提供给金属颗粒的附着位点较少,在乙二醇还原过程中 Pt 离子在纤维表面聚集长大。

(a) Pt/HSiC的TEM图

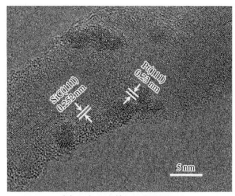

(b) Pt/HSiC的HRTEM图

(c) Pt/SiC的TEM图

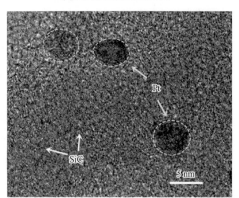

(d) Pt/SiC的HRTEM图

图 6 - 27　Pt/HSiC 和 Pt/SiC 的 TEM 和 HRTEM 图

通过 XPS 表征 Pt 纳米颗粒对 HSiC 纤维表面性质的影响,结果如图 6-28 所示。在 Pt/HSiC 纤维中,71.3 eV 和 74.7 eV 的信号峰属于单质铂[图 6-28(a)],而 72.5 eV 和 76.8 eV 为二价 Pt 的信号峰位[15]。从各种价态的峰面积大小可看出,铂元素在 Pt/HSiC 纤维中主要以金属态存在。但是,与标准 Pt/C 中金属 Pt 相比,Pt/HSiC 中的金属铂信号峰位从 71 eV 正向移动至 71.3 eV,说明 Pt 与 SiC 纳米棒接触后,Pt 中的电子密度下降。对 HSiC 和 Pt/HSiC 中的氧元素进行分析后发现[图 6-28(b)],负载 Pt 纳米颗粒之后,HSiC 纤维表面吸附的氧离子含量从 25.5% 增加到 73%,说明 Pt 金属颗粒可以活化空气中的氧气,使铂纳米颗粒内部的电子密度降低,导致 XPS 信号峰位正向移动。同时,表面产生的吸附氧离子可以为气敏反应提供更多的活性因子,利于增大气敏反应响应值。

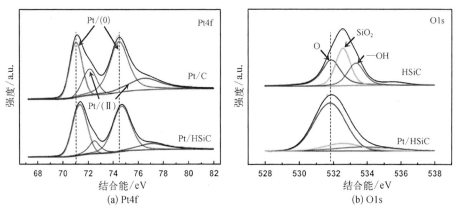

图 6-28　Pt/C、Pt/SiC 和 Pt/HSiC 的 XPS 谱图

采用莫特-肖特基曲线确定 Pt/HSiC 的半导体类型和电子密度,结果如图 6-29 所示。HSiC 和 Pt/HSiC 的曲线斜率都为正值,说明二者都为 n 型半导体。根据莫特-肖特基公式(6-4)计算电子密度(N_e)[16]:

$$\frac{1}{c^2} = \frac{2}{e\varepsilon_0\varepsilon_r N_e}\left(V - V_{fb} - \frac{\kappa T}{e}\right) \tag{6-4}$$

其中,c 为电容密度,e 为电子电荷,ε_0 为真空电容率,ε_r 为 β-SiC 的电容率,V 为应用电压,V_{fb} 为平带电势(图 6-29 拟合直线与横坐标的交点),κ 为玻尔兹曼常数,T 为绝对温度。

经计算,HSiC 和 Pt/HSiC 的电子密度分别为 8.7×10^{18}/cm 和 2.1×10^{19}/cm。Pt 纳米颗粒的添加将 HSiC 纤维的电子密度提高了 2.4 倍,可以活化更多氧气,在表面形成氧离子,有利于提高催化反应机制下的气敏响应性能。

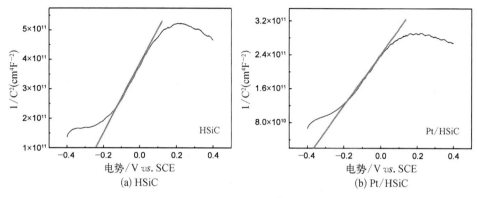

图 6-29　HSiC 和 Pt/HSiC 的莫特-肖特基曲线

6.5　Pt/HSiC 纤维的高温氨气
传感性能及机制分析

6.5.1　Pt/HSiC 纤维的高温氨气传感性能

为了研究铂纳米颗粒和 HSiC 纤维的多级孔结构对高温氨气传感性能的影响,首先对比了 HSiC、Pt/HSiC 和 Pt/SiC 在不同温度下的氨气传感性能。其中,Pt/SiC 纤维采用 1 400℃热处理得到的普通实心纳米 SiC 纤维,负载铂的方法和 Pt/HSiC 的方法完全一致,所测氨气浓度为 $1×10^{-4}$,结果如图 6-30 所示。从图

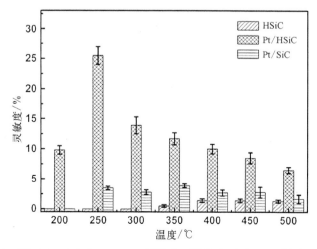

图 6-30　HSiC、Pt/SiC 和 Pt/HSiC 纤维在不同温度下对 $1×10^{-4}$ 氨气的响应值

中可以看出,HSiC 纤维在低于 300℃ 的温度下对氨气没有响应。随着温度的升高,响应值逐渐增加。在 500℃ 下,对氨气的响应值为 1.4%。当 HSiC 纤维中引入铂纳米颗粒之后,Pt/HSiC 纤维对氨气的响应性能迅速提高。在 200℃ 对氨气已有响应,响应值达 10%,在 250℃ 对 $1×10^{-4}$ 氨气的响应值为 25.5%。随着温度的升高,对氨气的响应值有所下降。这是由于温度升高,载流子浓度升高,导致德拜长度下降所致[17],这是半导体材料在高温条件下普遍存在的特征。Pt/HSiC 纤维在 500℃ 下,对 $1×10^{-4}$ 氨气的响应值为 6.5%。此外,Pt/SiC 在 250℃ 开始对氨气有响应,其在不同温度下对氨气的响应值差别不大,在 500℃ 下对 $1×10^{-4}$ 氨气的响应值为 2.7%。

以上结果表明,Pt 纳米颗粒的引入可降低 HSiC 纤维对氨气的响应起始温度,并明显提高了对氨气的响应值。HSiC 纤维中的多级孔结构为铂纳米颗粒提供了更多的附着位点,使得 Pt 纳米颗粒的分散性更好、粒径更小,提供给氨气分子有效的活性位点更多,导致 Pt/HSiC 纤维的响应值高于 Pt/SiC。

对不同浓度气体的响应值和响应时间是衡量气敏材料的重要指标,Pt/SiC 和 Pt/HSiC 纤维在 500℃ 下对不同浓度氨气的响应性能如图 6-31 所示。Pt/HSiC 纤维对不同浓度氨气的响应值都要高于 Pt/SiC 纤维[图 6-31(a)]。Pt/HSiC 纤维对 $2.5×10^{-5}$ 氨气的响应值为 3.9%。图 6-31(b) 为 Pt/HSiC 纤维对不同浓度氨气的动态响应曲线,随着氨气浓度升高,响应值逐渐增加。当氨气浓度大于 $3×10^{-4}$,Pt/HSiC 纤维的响应值不再增加,说明在 $3×10^{-4}$ 浓度下,氨气分子已完全覆盖所有活性位点,使得响应值出现峰值。对氨气产生响应并稳定后,打开测试仓,将样品暴露于空气中,Pt/HSiC 纤维电阻值又恢复至原始值,表明 Pt/HSiC 纤维在高温下具有较好的恢复性能。

Pt/HSiC 纤维对不同浓度氨气的响应时间与 Pt/SiC 纤维不同。从图 6-31(c) 可以看出,随着氨气浓度的增加,Pt/HSiC 纤维的响应时间逐渐降低,其对 $5×10^{-4}$ 氨气的响应和恢复时间分别为 2 s 和 5 s[图 6-31(d)]。Pt/HSiC 纤维表现出快速的响应恢复能力是由两方面因素决定:一是 Pt/HSiC 纤维中存在中空结构和 SiC 纳米棒缠绕而成的贯通介孔结构,氨气分子可以迅速扩散至纤维的各个部分,产生快速气敏响应;二是 Pt 纳米颗粒的存在,可以为氨气分子提供高效的活性位点,保证氨气分子与活性位点接触后立即产生气敏响应。

图 6-32 为 Pt/HSiC 在 500℃ 下对氨气的检测极限及稳定性能。从图 6-32(a) 可看出,Pt/HSiC 对 $1×10^{-6}$ 氨气具有响应性能,其响应值约为 2.2%,表明 Pt/HSiC 对氨气的检测浓度可低至 $1×10^{-6}$。图 6-32(b) 为 Pt/HSiC 纤维对 $2.5×10^{-5}$ 氨

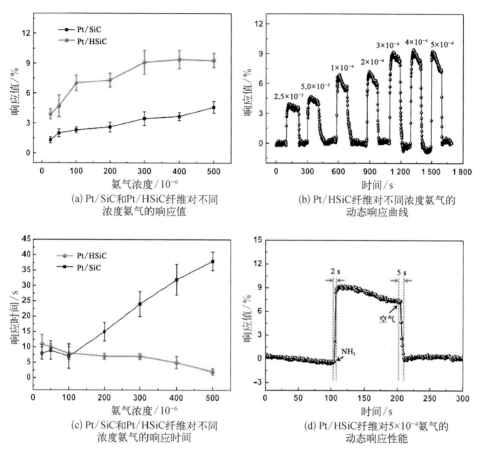

(a) Pt/SiC 和 Pt/HSiC 纤维对不同
浓度氨气的响应值

(b) Pt/HSiC 纤维对不同浓度氨气的
动态响应曲线

(c) Pt/SiC 和 Pt/HSiC 纤维对不同
浓度氨气的响应时间

(d) Pt/HSiC 纤维对5×10⁻⁴氨气的
动态响应性能

图 6-31　Pt/SiC 和 Pt/HSiC 纤维在 500℃下对不同浓度氨气的响应性能

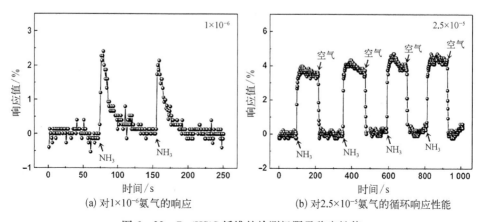

(a) 对1×10⁻⁶氨气的响应

(b) 对2.5×10⁻⁵氨气的循环响应性能

图 6-32　Pt/HSiC 纤维的检测极限及稳定性能

气的循环响应性能。四个连续循环中,Pt/HSiC 纤维响应值保持在 4%左右,且电阻值大小保持稳定,说明 Pt/HSiC 纤维在 500℃下能保持材料性质的稳定,不会被空气氧化而造成电阻上升问题。

6.5.2　Pt/HSiC 纤维高温氨气传感机制分析

　　根据以上分析,铂纳米颗粒修饰的 HSiC 纤维不仅可以提高高温下对氨气的响应值,还可以缩短响应时间、降低气体检测极限。结合前面对 HSiC 纤维组成结构的表征,对 Pt/HSiC 优异的高温氨气传感性能的机制做如下分析。

　　由于 HSiC 纤维中存在中空结构和 SiC 纳米棒缠绕而成的贯通介孔结构,可以保证气体快速扩散至纤维内部的活性位点,产生快速气敏响应和高的响应值[如图 6-33(a)所示]。此外,由于 HSiC 纤维自身结构的稳定性,负载的铂纳米颗粒不易团聚,并且单晶态的 SiC 纳米棒在高温下不易被氧化,能够保持性质稳定,这共同决定 Pt/HSiC 纤维具有优异的高温循环稳定性能。

　　根据 Wolkentein 模型,氧气在高温下可以在 n 型半导体上解离为氧负离子[O^-,式(6-5)],在半导体表层形成耗尽层,导致半导体电阻升高。而金属铂的

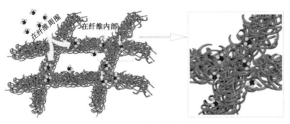

(a) 氨气在HSiC纤维中扩散示意图

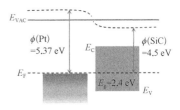

(b) Pt和SiC功函数对比

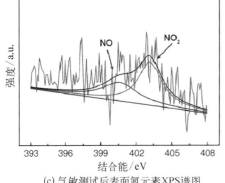

(c) 气敏测试后表面氮元素XPS谱图

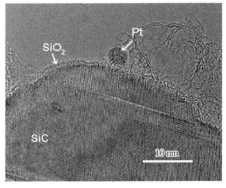

(d) Pt纳米颗粒与SiC接触HRTEM图

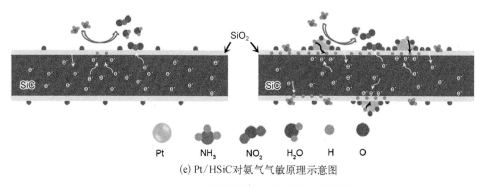

(e) Pt/HSiC对氨气气敏原理示意图

图 6 - 33　Pt/HSiC 纤维对氨气的响应原理

功函数为 5.37 eV,高于 n 型 SiC 的功函数[4.5 eV,图 6 - 33(b)],会促进氧气在 HSiC 纤维表面的解离和表面耗尽层厚度的增加。当氨气与 SiC 表面接触后,会与表面耗尽层中的氧离子反应,生成 NO 或 NO_2[式(6 - 6)和式(6 - 7)],同时向 SiC 内部释放电子,导致电阻下降。

$$O_2(g)+2e^- \longrightarrow 2O_{ads}^- \qquad\qquad (6-5)$$

$$2NH_3(g)+7O_{ads}^- \xrightarrow{Pt} 2NO_2(g)+3H_2O+7e^- \qquad (6-6)$$

$$2NH_3(g)+5O_{ads}^- \xrightarrow{Pt} 2NO(g)+3H_2O+5e^- \qquad (6-7)$$

　　高温氨气气敏性能测试之后,通过 XPS 及时分析 Pt/HSiC 纤维表面的元素含量及存在形式。气敏响应后的 Pt/HSiC 纤维表面存在少量 NO 和 NO_2[图 6 - 33(c)],证明了式(6 - 6)和式(6 - 7)反应的存在。但是,根据实验结果,通入氨气之后,负载 Pt/HSiC 纤维的叉指电极电阻上升,说明氨气在 Pt/HSiC 纤维上产生气敏响应可能是由另外一种机制决定。

　　除了催化反应机制外,氨气在高活性的铂表面还可能存在溶解溢出效应。从图 6 - 33(d)可以看出,在 Pt/HSiC 纤维中,铂纳米颗粒与 SiC 基体之间还存在一层酸性纳米 SiO_2 层。碱性氨气比较容易吸附在纳米 SiO_2 层上,在铂纳米颗粒的催化下解离成氮原子和氢原子[图 6 - 33(e)],并向 SiO_2 界面层扩散,形成富氢的极化层。极化层的存在会促进 SiC 纳米棒内形成内建电场,导致 SiC 中的自由电子不断向表面迁移来中和表面极化层,最终导致 n 型 SiC 半导体电阻上升。当再次暴露于空气中,由于氧气分压的变化,更多的氧离子与极化层中的氢原子反应生成水,表层的电子会再次向 SiC 内部释放,电阻恢复至起始态。在催化反应机制和溶解溢出机制都存在的情况下,根据实验结果,Pt/HSiC 纤维对氨气响应后电阻上升,说明溶解溢出机制起主导作用。

6.6　本 章 小 结

本章以提高纳米 SiC 纤维的介质传输能力和高温稳定性为目标,通过控制 PS 在 PS/PCS 溶液中的分散程度和在纺丝液中添加乙酰丙酮镍,基于相分离单针静电纺丝技术和催化剂辅助热解的原理,经静电纺丝、不熔化和高温热处理,制备了 SiC 纳米棒构建的中空纳米 SiC 纤维(HSiC)。考察了分散工艺和热处理温度对含镍纳米 SiC 纤维形貌的影响,分析了 HSiC 纤维的组成和结构,对 HSiC 纤维的中空结构及 SiC 纳米棒结构的形成机制进行了研究。采用乙二醇还原法在 HSiC 纤维上负载 Pt 纳米颗粒,分析了还原过程及 Pt 在 HSiC 纤维上的组成结构及分布,并对 Pt/HSiC 的高温氨气传感性能及气敏机制开展了研究。小结如下:

(1)在 PS/PCS 纺丝溶液中,PS 为分散相,PCS 为连续相。通过控制分散工艺,调控 PS 分散相在溶液中的分散程度,采用单针静电纺丝即可制备 PS 为核、PCS 为壳的核壳结构 PS@PCS 纳米纤维。经高温热处理,PS 分解和 PCS 裂解后,得到中空纳米 SiC 纤维。

(2)随着热处理温度的升高,中空纳米 SiC 纤维从无定形态转化为结晶态。1 400℃热处理得到的中空纳米 SiC 纤维中,SiC 晶粒尺寸为 7.8 nm,其 BET 比表面积为 17.6 m^2/g,BJH 吸附孔体积为 0.17 cm^3/g,平均孔径为 39.5 nm。

(3)镍元素的引入降低了无定形 SiC 向结晶型 SiC 转变的温度。当热处理温度为 1 400℃时,含镍中空纳米 SiC 纤维中出现许多直径为 10~20 nm 的 SiC 纳米棒。纳米棒顶端为 NiO 颗粒,纳米棒互相缠绕构建成多级结构的中空纳米 SiC 纤维(HSiC)。HSiC 纤维的比表面积为 108.7 m^2/g,吸附孔体积为 0.46 cm^3/g,孔径主要分布在 10~40 nm,平均孔径为 16.5 nm。

(4)HSiC 纤维中的 SiC 纳米棒是由无定形 SiOC 相分解产生的 SiO 和 CO 气体,在 NiO 纳米颗粒的催化作用下反应形成的。NiO 纳米颗粒是乙酰丙酮镍的高温分解产物。由于 SiO 和 CO 产量有限,导致最终 SiC 纳米棒较短。

(5)通过化学还原法在 HSiC 纤维上负载粒径为 2~3 nm 的 Pt 纳米颗粒。Pt 纳米颗粒与 SiC 表面接触后,会在 SiC 纳米棒表面活化空气中的氧气,产生的吸附氧离子有利于提高气敏响应能力。

　　(6) Pt 纳米颗粒的引入降低了 HSiC 纤维对氨气的响应起始温度。Pt／HSiC 纤维在 500℃下,对 1×10^{-4} 氨气的响应值为 6.5%,对 5×10^{-4} 氨气的响应和恢复时间分别为 2 s 和 5 s,其对氨气的检测浓度可低至 1×10^{-6},并且在高温下能保持电阻值和响应值的稳定。

　　(7) Pt／HSiC 纤维在高温条件下,对氨气的响应存在催化反应和溶解溢出两种机制,但以溶解溢出机制为主。

参 考 文 献

[1] Loscertales I G, Barrero A, Guerrero I, et al. Micro/nano encapsulation via electrified coaxial liquid jets. Science, 2002, 295(5560): 1695 - 1698.

[2] Li D, Xia Y. Direct fabrication of composite and ceramic hollow nanofibers by electrospinning. Nano Letters, 2004, 4(5): 933 - 938.

[3] Zhao Y, Jiang L. Hollow micro/nanomaterials with multilevel interior structures. Advanced Materials, 2009, 21(36): 3621 - 3638.

[4] Chen H, Wang N, Di J, et al. Nanowire-in-microtube structured core/shell fibers via multifluidic coaxial electrospinning. Langmuir, 2010, 26(13): 11291 - 11296.

[5] Kadir R, Li Z, Sadek A Z, et al. Electrospun granular hollow SnO_2 nanofibers hydrogen gas sensors operating at low temperatures. The Journal of Physical Chemistry C, 2014, 118(6): 3129 - 3139.

[6] 张留成,瞿雄伟,丁会利,等.高分子材料基础.北京: 化学工业出版社,2012.

[7] Kim C, Jeong Y I, Ngoc B T N, et al. Synthesis and characterization of porous carbon nanofibers with hollow cores through the thermal treatment of electrospun copolymeric nanofiber webs. Small, 2007, 3(1): 91 - 95.

[8] Zhang Z, Li X, Wang C, et al. ZnO hollow nanofibers: fabrication from facile single capillary electrospinning and applications in gas sensors. The Journal of Physical Chemistry C, 2009, 113(45): 19397 - 19403.

[9] Mansour A N. Characterization of NiO by XPS. Surface Science Spectra, 1994, 3(3): 231 - 238.

[10] Thommes M, Kaneko K, Neimark A V, et al. Physisorption of gases, with special reference to the evaluation of surface area and pore size distribution (IUPAC Technical Report). Pure and Applied Chemistry, 2015, 87(9 - 10): 1051 - 1069.

[11] Luo Y, Zhang C, Zheng B, et al. Hydrogen sensors based on noble metal doped metal-oxide semiconductor: a review. International Journal of Hydrogen Energy, 2017, 42(31): 20386 - 20397.

[12] Liu P, Zhao Y, Qin R, et al. Photochemical route for synthesizing atomically dispersed palladium catalysts. Science, 2016, 352: 797 - 801.

[13] Wang J, Xiong S J, Wu X L, et al. Glycerol-bonded 3C-SiC nanocrystal solid films exhibiting broad and stable violet to blue-green emission. Nano Letters, 2010, 10(4): 1466 - 1471.

[14] Stamatin S N, Speder J, Dhiman R, et al. Electrochemical stability and postmortem studies of Pt/SiC catalysts for polymer electrolyte membrane fuel cells. ACS Applied Materials & Interfaces, 2015, 7(11): 6153 - 6161.

[15] Zhang Y, Zang J, Dong L, et al. Si_3N_4 whiskers modified with titanium as stable Pt electrocatalyst supports for methanol oxidation and oxygen reduction. Journal of Materials Chemistry A, 2014, 2(42): 17815 - 17819.

[16] Zhang L, Fang Q, Huang Y, et al. Facet-engineered CeO_2/graphene composites for enhanced NO_2 gas-sensing. Journal of Materials Chemistry C, 2017, 5(28): 6973 - 6981.

[17] Wagh M S, Jain G H, Patil D R, et al. Modified zinc oxide thick film resistors as NH_3 gas sensor. Sensors and Actuators B: Chemical, 2006, 115(1): 128 - 133.

第7章 超细 ZrO_2/SiC 径向梯度复合纤维

7.1 引　　言

近年来,日本的 T. Ishikawa 等[1]用先驱体原位转化法制备出具有功能表面层的陶瓷材料,成功得到性能优异且具有功能性的 TiO_2/SiO_2 和 ZrO_2/SiC 纤维。其制备过程中增加熟化工艺使先驱体纤维中的低分子扩散到表层,最终原位转化形成功能性表面层为 TiO_2 和 ZrO_2 的两种以碳化硅为基体的纤维。利用原位转化法可以制备具有功能表面层的超细颗粒、精细陶瓷纤维、薄膜、复杂形状陶瓷和碳纤维涂层等材料。

其基本原理如图7-1所示,将所选定的低分子量添加物加入能够形成陶瓷的聚合物先驱体或其溶液中,对此混合体进行熟化热处理,低分子量添加物便从聚合物本体相中析出(形成化学成分梯度)。然后通过高温裂解、煅烧形成稳定成分结合紧密的表面区域,即生成了具有化学成分梯度的功能表面层。此功能表面层不是沉积在陶瓷纤维基体上的,而是在陶瓷纤维熟化热处理时形成的,在后面的工序中原位转化固定,且表面层与基体间无明显界面。

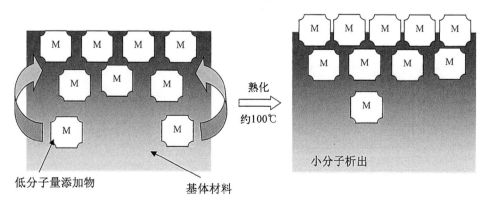

图7-1　熟化过程示意图

通过热处理可以使低分子有机盐添加物从聚合物体系中析出并在其表面形成薄的低分子膜,我们将之成为熟化过程。熟化过程主要分为 4 步[2]:① 表面上极少量的添加物形成"岛",并捕获成串扩散到基体表面的吸附原子;② 随着析出的进行,"岛"的尺寸不断变大且相互靠近,较小的"岛"相互聚结;③ 当"岛"的分布达到临界状态时,迅速大规模聚结形成相互连接的网络结构,网络中包含了大量的析出通道;④ 最后大量的析出物填满通道,经过漫长的熟化热处理在聚合物基体上形成了具有一定厚度的各种低分子表面层。

基于以上原理,结合先驱体转化法和静电纺丝的特点,原位制备出超细 ZrO_2/SiC 径向梯度纤维,其基本思路是:通过静电纺丝得到聚碳硅烷/锆酸四丁酯(PCSZ)原纤维,再将 PCSZ 原纤维进行熟化处理、空气不熔化和高温烧成等步骤,制得超细 ZrO_2/SiC 径向梯度纤维。

7.2　PCSZ 原纤维的制备

7.2.1　PCSZ 纺丝溶液的配制

静电纺丝制备 PCSZ 原纤维的前提是要配制合适的 PCSZ 溶液。首先,PCS 和 $Zr(OC_4H_9)_4$ 必须互溶且不发生反应,并使溶液具有一定的浓度和合适黏度,以具备较好可纺性。PCS 作为静电纺丝的主体,在静电纺丝的液体牵伸中起主导作用。$Zr(OC_4H_9)_4$ 作为溶液中的小分子添加物,在纺丝过程中,占次要地位。下面首先从 PCS 和 $Zr(OC_4H_9)_4$ 的结构入手,研究二者的共混情况,通过表征分析混合前后溶液的状态,明确二者是否发生了反应。

1. 溶质的结构分析

1) PCS 的结构分析

理想的 PCS 的是以—CH_2—$SiH(CH_3)$—为单体的长链结构,但研究发现 PCS 中存在着 SiC_3H 和 SiC_4 两种结构单元,由此推断其中存在着环状或支链结构,从而进一步提出 PCS 的结构模型。

PCS 的红外吸收光谱如图 7-2 所示。从图中可以看出,主要的吸收峰有:2 950 cm^{-1} 和 2 900 cm^{-1} 处的 C—H 伸缩振动,2 100 cm^{-1} 处的 Si—H 伸缩振动,1 410 cm^{-1} 处的 Si—CH_3 的 Si—CH 变形振动,1 350 cm^{-1} 处的 Si—CH_2—Si 的 —CH_2—变形振动,1 250 cm^{-1} 处的 Si—CH_3 变形振动,1 030 cm^{-1} 处的—CH_2—摇

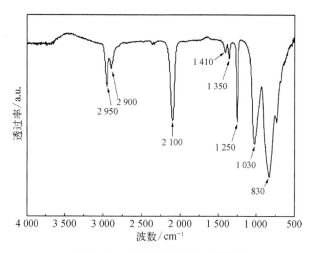

图 7 - 2　PCS 的红外吸收光谱图

摆振动吸收峰以及 830 cm^{-1} 的 Si—C 伸缩振动。

2) Zr(OC$_4$H$_9$)$_4$ 的结构分析

锆酸四丁酯[Zr(OC$_4$H$_9$)$_4$]又叫四正丁氧基锆,其分子是以锆原子为中心连接四个丁氧基的结构,如图 7 - 3 所示。Zr(OC$_4$H$_9$)$_4$ 常温下以 85% 的正丁醇溶液形式存在。

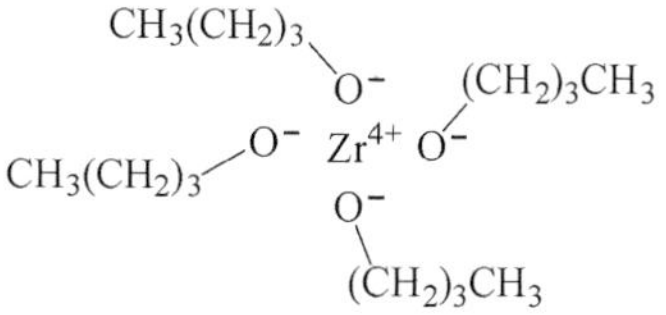

图 7 - 3　Zr(OC$_4$H$_9$)$_4$ 的分子结构

Zr(OC$_4$H$_9$)$_4$ 极易与水发生水解反应,如式(7 - 1)和式(7 - 2)所示。

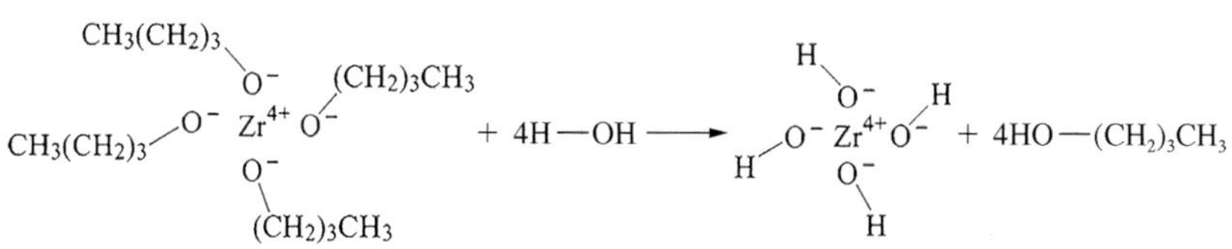

$$(7 - 1)$$

$$Zr—OH^- + {}^-HO—Zr \longrightarrow Zr—O—Zr + H—OH \qquad (7 - 2)$$

图 7 - 4 是 Zr(OC$_4$H$_9$)$_4$ 的红外吸收光谱图。从图中可以看出,波数为 3 340 cm^{-1} 处的吸收峰为 Zr(OC$_4$H$_9$)$_4$ 溶液中正丁醇的 O—H 伸缩振动峰,

2 962 cm⁻¹、2 930 cm⁻¹ 和 2 872 cm⁻¹ 是 C—H 伸缩振动吸收带,1 460 cm⁻¹ 和
1 370 cm⁻¹ 是 C—H 弯曲振动吸收带,1 142 cm⁻¹ 和 1 075 cm⁻¹ 是 C—O 伸缩振动
吸收带,485 cm⁻¹ 是 Zr—O—Zr 振动吸收带。

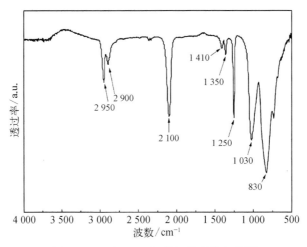

图 7 - 4　Zr(OC₄H₉)₄的红外吸收光谱图

2. 纺丝溶液的各组分状态

由于纺丝过程中液体的牵伸主要以高分子 PCS 为主体,故从不含 Zr(OC₄H₉)₄
的 PCS 溶液和含有 Zr(OC₄H₉)₄的 PCSZ 溶液对比入手,研究 PCSZ 纺丝溶液的性质。

图 7 - 5 是相同 PCS 浓度的 PCS 和 PCSZ 溶液用紫外-可见分光光度计测得
的吸收光谱曲线。从图中可以看出,在背景同样为空气的条件下,在波长 375 nm
以下,PCS 和 PCSZ 溶液的透过率都为 0;两种溶液在波长 375 nm 处同时出现拐
点,随着吸收波长的增大,溶液的透过率也逐渐增大。由于可见光区段在波长为
380~760 nm 范围,说明 PCS 溶液在由紫外进入可见光区段时吸收率减小,PCS
在紫外区段完全吸收;在相同 PCS 浓度的情况下,加入 Zr(OC₄H₉)₄之后,溶液的
透过率迅速增大,说明 Zr(OC₄H₉)₄可使溶液对可见光的吸收减少,PCSZ 溶液与
PCS 溶液的性质可能有很大不同。

由于 PCSZ 溶液的溶质组成为 PCS 和 Zr(OC₄H₉)₄,故将 PCS、Zr(OC₄H₉)₄
和 PCSZ 溶液进行对比,分析三者的关系。

图 7 - 6 是 PCS、Zr(OC₄H₉)₄和 PCSZ 溶液的红外吸收光谱对比。从图中可
以看出,Zr(OC₄H₉)₄在波数为 3 340 cm⁻¹、2 930 cm⁻¹、1 460 cm⁻¹、1 370 cm⁻¹、

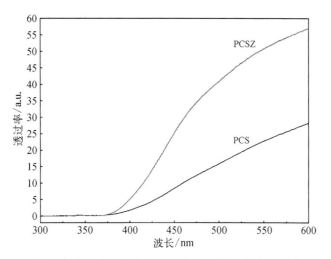

图 7 - 5　PCS 和 PCSZ 溶液的紫外-可见吸收光谱对比

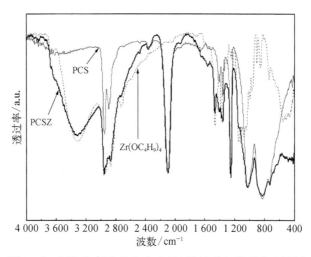

图 7 - 6　PCS、Zr(OC₄H₉)₄和 PCSZ 溶液的红外吸收光谱图

$1142\ cm^{-1}$、$400\sim600\ cm^{-1}$ 等处有特征吸收峰,而 PCSZ 溶液不仅在这些地方有明显的吸收峰,还在 $2100\ cm^{-1}$(Si—H 伸缩振动)、$1250\ cm^{-1}$(Si—CH₃ 变形振动)、$1020\ cm^{-1}$(Si—CH₂—Si 伸缩振动)、$860\sim690\ cm^{-1}$(Si—CH₃ 弯曲振动,Si—C 伸缩振动)处有 PCS 的特征吸收峰,且几乎重合。从以上分析可知,PCSZ 溶液的红外吸收光谱相当于 PCS 和 Zr(OC₄H₉)₄红外吸收光谱的叠加,说明 PCS 和 Zr(OC₄H₉)₄在 PCSZ 溶液中的状态是物理混合。

　　改变 PCSZ 溶液的不同 Zr(OC₄H₉)₄含量,并对比相应产物的 FTIR 谱图,可进一步验证 PCSZ 溶液中 PCS 和 Zr(OC₄H₉)₄ 有无反应发生。图 7‐7 是不同 Zr(OC₄H₉)₄ 含量 PCSZ 溶液的红外吸收光谱对比。随着 Zr(OC₄H₉)₄ 含量逐渐增多,在波数为 3 400 cm⁻¹、1 400~1 600 cm⁻¹、450~600 cm⁻¹ 处的 Zr(OC₄H₉)₄ 吸收峰强度略有增大,在 2 900~2 950 cm⁻¹ 处 C—H 伸缩振动峰强度也变大,而 2 100 cm⁻¹(Si—H 伸缩振动)、1 250 cm⁻¹(Si—CH₃ 变形振动)、1 030 cm⁻¹(Si—CH₂—Si 伸缩振动)等几处 PCS 的特征吸收峰没有明显变化,表明 Zr(OC₄H₉)₄ 与 PCS 没有发生反应,PCSZ 溶液中 Zr(OC₄H₉)₄ 和 PCS 是以物理混合形式存在的。

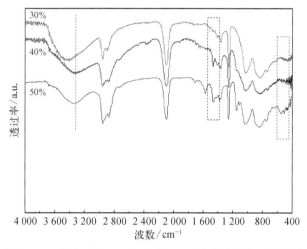

图 7‐7　不同 Zr(OC₄H₉)₄ 含量 PCSZ 溶液的红外吸收光谱

由此可以推断,PCSZ 纤维中的 Zr(OC₄H₉)₄ 是作为小分子均匀分布在 PCS 高分子之中,所以 PCSZ 纺丝溶液的可纺性主要由 PCS 在溶液中的状态决定。

综上所述,在 PCSZ 溶液中,高分子 PCS 和低分子 Zr(OC₄H₉)₄ 物理混合,共溶于二甲苯和少量的正丁醇中,且溶解性好。纺丝溶液的浓度可调,其中 Zr(OC₄H₉)₄ 质量分数的可调整范围为 0~50%。溶液各组分的状态是:由于 PCS 分子量较大,分子链较长,低分子 Zr(OC₄H₉)₄ 可能会渗透到 PCS 大分子链间,形成均相溶液体系。

7.2.2　静电纺丝工艺研究

静电纺丝是一种利用聚合物溶液或熔体在强电场作用下形成连续纤维的加工技术。将聚合物溶液或熔体带上高压静电,带电的聚合物液滴在电场的作用力下在毛细管的顶点形成泰勒锥。当电场力足够大时,聚合物液滴可克服表面张力形成喷射细流,细流在喷射过程中溶剂蒸发,产品最终落在接收装置上,形成类似非织造布状的纤维毡。静电纺丝是制备亚微米级至纳米级超细纤维的重要方法。

静电纺丝工艺的影响因素很多,包括聚合物溶液参数、操作条件、环境参数等,具体来说有溶液性质、供料速率、纺丝电压、收丝距离、温度湿度和喷头直径等因素。本节主要研究了纺丝溶液中 $Zr(OC_4H_9)_4$ 的含量对纺丝溶液性质和静电纺丝纤维形貌的影响。

$Zr(OC_4H_9)_4$ 在 PCSZ 中的质量分数为 40% 时,PCSZ 溶液静电纺丝对应的最佳 PCS 浓度范围为 1.20~1.30 g/mL,小于 PCS 溶液的最佳纺丝浓度范围 1.30~1.40 g/mL,可见,$Zr(OC_4H_9)_4$ 的加入使 PCSZ 溶液的纺丝浓度发生了变化。

为了研究不同 $Zr(OC_4H_9)_4$ 含量对 PCSZ 溶液可纺性能和纤维形貌的影响,并确定不同 $Zr(OC_4H_9)_4$ 含量时对应的可纺的合适的 PCS 浓度。为此配制了一组 $Zr(OC_4H_9)_4$ 占 PCSZ 不同比重的 PCSZ 纺丝溶液,其组成情况及纺丝结果如表 7-1 所示。从表中可以看出,样品 Z1~Z6 的 $Zr(OC_4H_9)_4$ 质量分数分别为 22.1%、15.3%、15.3%、19.3%、29.1%,PCS 浓度为 1.37 g/mL、1.25 g/mL、1.25 g/mL、1.20 g/mL、1.12 g/mL,它们都能纺出无规排布、形态平整、直径均一(平均直径在 1.8~4.4 μm 之间)的纤维,如图 7-8 和图 7-9 所示。随着 $Zr(OC_4H_9)_4$ 在溶液中的含量增大(样品 Z5 和 Z6),溶液的可纺性变差。

表 7-1　PCSZ 纺丝溶液的静电纺丝结果

样品	PCS/g	$Zr(OC_4H_9)_4$ 溶液/g			二甲苯/mL	$Zr(OC_4H_9)_4$ 质量分数/%	PCS 浓度/(g/mL)
		溶液质量/g	$Zr(OC_4H_9)_4$/g	正丁醇/mL			
Z1	3.0	1.02	0.85	0.19	2.0	22.1	1.37
Z2	3.3	0.71	0.60	0.13	2.5	15.3	1.25
Z3	3.2	0.90	0.77	0.17	2.5	19.3	1.20
Z4	3.1	1.51	1.28	0.28	2.5	29.1	1.12
Z5	3.0	2.00	1.70	0.37	2.5	36.2	1.05
Z6	3.2	4.81	4.08	0.89	2.5	56.0	0.94

表 7-1　PCSZ 纺丝溶液的静电纺丝结果(续)

样品	纺丝参数	纤维形貌	可纺性	平均直径/μm
Z1	24℃/15%,15~17 cm,20 kV	正常	好	3.8
Z2	36℃/10%,20 cm,20 kV,5 μL/min	正常	好	2.4
Z3	30℃/20%,20 cm,20 kV	正常	一般	>10

续表

样品	纺丝参数	纤维形貌	可纺性	平均直径/μm
Z4	28℃/20%,20 cm,20 kV	正常	好	4.4
Z5	28℃/20%,20 cm,20 kV	液滴	差	/
Z6	27℃/25%,20 cm,20 kV	珠串纤维	一般	/

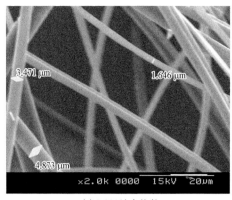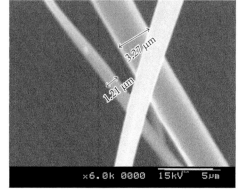

(a) 2 000放大倍数　　　　　　　　　　　(b) 6 000放大倍数

图7-8　静电纺丝 PCSZ 原纤维的 SEM 照片(样品 Z1)

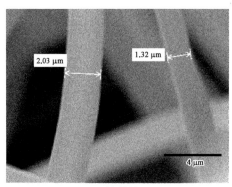

(a) 样品Z3　　　　　　　　　　　(b) 样品Z4

图7-9　静电纺丝 PCSZ 原纤维的 SEM 照片

　　因此可知,在 $Zr(OC_4H_9)_4$ 质量分数范围为 15%~30%、PCS 浓度范围为 1.10~1.40 g/mL 时,可以得到表面形貌平整、无缺陷、直径均一的纤维(见图7-10)。通过前面的研究知道,$Zr(OC_4H_9)_4$ 质量分数范围为 40%时,纺丝溶液最佳 PCS 浓度范围为 1.20~1.30 g/mL,说明 $Zr(OC_4H_9)_4$ 的含量越少,溶液的可纺浓度范围越大。由此,以后研究 PCSZ 溶液静电纺丝时,其 PCS 浓度均定为 1.25 g/mL 左右。

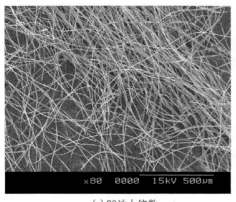
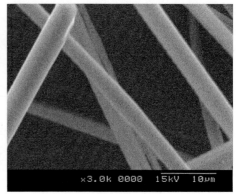

(a) 80放大倍数　　　　　　　　　　　　　(b) 3 000放大倍数

图 7 - 10　静电纺丝 PCSZ 原纤维的 SEM 照片(样品 Z10)

为进一步探寻 PCSZ 溶液的中 Zr(OC$_4$H$_9$)$_4$ 含量对成型的影响,重新配制了 PCS 浓度为 1.25 g/mL、不同 Zr(OC$_4$H$_9$)$_4$ 含量的纺丝溶液,在电压 15 kV,距离 20 mm,速度 30~50 μL/min,喷头直径 0.8 mm,湿度 20%,温度 45~50℃ 等条件下的静电纺丝,其结果如表 7 - 2 所示。PCS 浓度为 1.25 g/mL,当 Zr(OC$_4$H$_9$)$_4$ 质量分数为 10%、20% 和 30% 时,溶液的可纺性很好,且纤维形貌正常、直径分布均一;当 Zr(OC$_4$H$_9$)$_4$ 质量分数为 40% 时,溶液的可纺性略有下降,喷头偶尔会堵,可及时将堵的地方擦掉,对纤维形貌的影响不大;当 Zr(OC$_4$H$_9$)$_4$ 质量分数为 50% 时,溶液的可纺性下降更多,喷头经常会堵、结成小团,需要不时地用玻璃条抠除,对纺丝过程及纤维的形貌影响都比较大。这组纺丝结果也再次验证了 PCS 浓度为 1.25 g/mL 时 PCSZ 溶液的纺丝效果较好。

表 7 - 2　PCSZ 纺丝溶液的静电纺丝结果

样品	Zr(OC$_4$H$_9$)$_4$ 质量分数/%	PCS 浓度/(g/mL)	可纺性	纤维形貌	平均直径/μm	备 注
Z7	10	1.25	很好	正常	3.7	直径均一
Z8	20	1.25	很好	正常	4.7	直径均一
Z9	30	1.25	好	正常	4.4	直径均一
Z10	40	1.25	较好	正常	5.2	有时堵
Z11	50	1.25	一般	正常/珠串纤维	6.3	易堵

从以上分析可以得出:PCSZ 溶液的最佳 PCS 浓度低于 PCS 溶液的纺丝浓度,为 1.25 g/mL 左右。Zr(OC$_4$H$_9$)$_4$ 不能代替作为溶质 PCS 的作用,随着 Zr(OC$_4$H$_9$)$_4$ 含量的增大,PCSZ 溶液可纺的浓度范围变小。当 Zr(OC$_4$H$_9$)$_4$ 质量

分数越低(10%~30%)时其可纺性越好,纤维直径更均一,可获得更细直径的纤维,但考虑到加入 Zr(OC$_4$H$_9$)$_4$ 是为了在最终的陶瓷纤维中获得更多的 ZrO$_2$,所以其含量不能太少,考虑到两方面的原因,Zr(OC$_4$H$_9$)$_4$ 质量分数定为40%较为合适。

7.3　不熔化及熟化工艺

　　静电纺丝得到的 PCSZ 原纤维必须进行交联,以保证在无机化过程即高温烧成中不发生熔融并丝,从而保持纤维形状并获得较高的力学性能。空气不熔化是使 PCS 原纤维不熔化最简单易行的方法,由于 PCSZ 纤维由 PCS 和 Zr(OC$_4$H$_9$)$_4$ 构成,其不熔化主体和 PCS 纤维相同,故采用空气不熔化的方法来实现 PCSZ 纤维的不熔化。

　　本节主要从静电纺丝 PCSZ 原纤维的红外光谱分析入手,研究 PCSZ 原纤维的空气不熔化工艺,寻找最佳的不熔化条件。

7.3.1　静电纺丝 PCSZ 原纤维的红外光谱分析

　　在研究静电纺丝 PCSZ 原纤维的空气不熔化之前,有必要对 PCSZ 原纤维本身的性质进行研究。

　　图 7-11 是 Zr(OC$_4$H$_9$)$_4$ 质量分数为 50% 的 PCSZ 溶液和 PCSZ 原纤维的红外吸收光谱对比曲线。由于 Zr(OC$_4$H$_9$)$_4$ 本身以正丁醇溶液形式存在,且易与空气中的水发生水解反应,形成正丁醇和含 Zr—O—Zr 结构的化合物,导致 PCSZ 溶液的红外光谱曲线中 3 400 cm^{-1}(O—H 振动)、2 900~2 960 cm^{-1}(C—H 伸缩振动)、1 370~1 460 cm^{-1}(C—H 弯曲振动)、1 142 cm^{-1}(C—O 伸缩振动)、450~600 cm^{-1}(Zr—O—Zr 振动)处有吸收峰。从图中可以看出,PCSZ 原纤维在 2 900~2 960 cm^{-1}(C—H 伸缩振动)处变尖锐、强度变小;在 1 370~1 460 cm^{-1}(C—H 弯曲振动)、1 142 cm^{-1}(C—O 伸缩振动)、450~600 cm^{-1}(Zr—O—Zr 振动)处的 Zr(OC$_4$H$_9$)$_4$ 吸收峰强度也变小,其原因可能是溶剂正丁醇挥发使丁氧基(—OC$_4$H$_9$)的特征峰强度减小。而 2 100 cm^{-1}(Si—H 伸缩振动)、1 250 cm^{-1}(Si—CH$_3$ 变形振动)、1 030 cm^{-1}(Si—CH$_2$—Si 伸缩振动)等几处 PCS 的特征吸收峰没有明显变化,说明由 PCSZ 溶液静电纺丝得到的 PCSZ 纤维的 PCS 部分没有变化。

　　图 7-12 是不同 Zr(OC$_4$H$_9$)$_4$ 含量 PCSZ 原纤维的红外吸收光谱对比曲线。从图中可以看出,随着 Zr(OC$_4$H$_9$)$_4$ 含量的增大,PCSZ 原纤维在波数为 3 400 cm^{-1}、

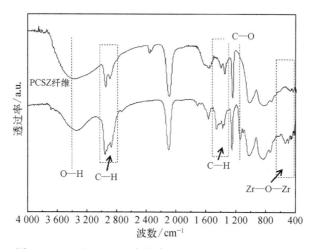

图 7 - 11　Zr(OC₄H₉)₄含量为 50%的 PCSZ 溶液和 PCSZ
原纤维的红外吸收光谱

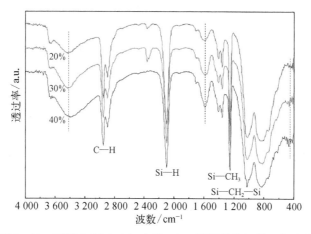

图 7 - 12　不同 Zr(OC₄H₉)₄含量 PCSZ 原纤维的红外吸收光谱

1 580 cm⁻¹、450~600 cm⁻¹处的吸收峰略有增大,而在 2 900~2 950 cm⁻¹(C—H 振动)、2 100 cm⁻¹(Si—H 伸缩振动)、1 250 cm⁻¹(Si—CH₃变形振动)、1 030 cm⁻¹(Si—CH₂—Si 伸缩振动)等几处 PCS 的特征吸收峰没有明显变化,与不同 Zr(OC₄H₉)₄含量的 PCSZ 溶液相似。说明 Zr(OC₄H₉)₄含量的大小对 PCSZ 的 PCS 部分没有作用,间接反映了 PCSZ 原纤维也是由 PCS 和 Zr(OC₄H₉)₄组成的物理混合体。

以上分析表明,PCSZ 原纤维是由静电纺丝制得的组成为 PCS 和 Zr(OC₄H₉)₄的复合纤维,PCS 和 Zr(OC₄H₉)₄共同决定了 PCSZ 原纤维的性质。

7.3.2　静电纺丝 PCSZ 原纤维的不熔化工艺研究

PCS 空气不熔化的主要反应如式（7-3）所示：

$$2Si—H+O_2 \longrightarrow Si—O—Si+H_2O \qquad (7-3)$$

空气不熔化的过程中 PCS 中的 Si—H 键与 O_2 发生反应，形成 Si—O—Si 键。因此可知，PCSZ 纤维的不熔化程度也可以用 Si—H 键的反应程度来表示。

在本书中，应用波数在 2 100 cm^{-1} 的 Si—H 吸收峰与 1 250 cm^{-1} 的 Si—CH$_3$ 吸收峰的吸光度比值（$A_{Si—H}/A_{Si—CH_3}$）来研究 PCS 和 PCSZ 及其不熔化产物的 Si—H 键含量，并定义 Si—H 键反应程度 $P_{Si—H}$ 为

$$P_{Si—H}=\frac{(A_{2\,100}/A_{1\,250})_{green}-(A_{2\,100}/A_{1\,250})_{cured}}{(A_{2\,100}/A_{1\,250})_{green}}\times100\% \qquad (7-4)$$

图 7-13 是不熔化的静电纺丝 PCS 纤维和熔融纺丝 PCS 纤维红外光谱对比曲线。从图中可以看出，采用相同的升温制度进行空气不熔化，静电纺丝 PCS 纤维的 $A_{Si—H}/A_{Si—CH_3}$ 比熔融纺丝 PCS 纤维的小得多，说明静电纺丝 PCS 纤维的不熔化程度比熔融纺丝 PCS 纤维大。其原因可能是静电纺丝 PCS 纤维的直径（5 μm 以下）比熔融纺丝 PCS 纤维的直径（13 μm 左右）小很多，纤维的比表面积大，在空气不熔化的过程中，纤维与氧的接触范围更大，导致相同的升温制度下不熔化程度更高。

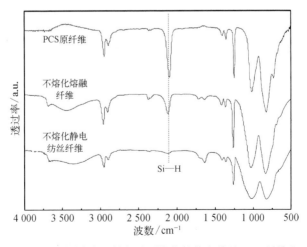

图 7-13　相同升温制度下不熔化的静电纺丝 PCS 纤维和
熔融纺丝 PCS 纤维红外吸收光谱

对于 PCSZ 纤维而言,静电纺丝 PCS 纤维的结果同样适用。

图 7-14 是不同升温制度不熔化的 PCS 纤维红外吸收光谱对比曲线。如图所示,a、b、c 分别为短、中、长升温制度下空气不熔化得到的 PCS 纤维红外光谱曲线。2 100 cm^{-1} 处为 Si—H 伸缩振动峰,从图中可以明显看出,c 曲线的 Si—H 峰最小,a 曲线的 Si—H 峰最大。经计算得到,a、b、c 曲线的 $A_{Si—H}/A_{Si—CH_3}$ 分别为 0.38、0.24、0.05,对应的 $P_{Si—H}$ 分别为 61%、75%、95%。说明随着不熔化升温制度的时间越长,Si—H 键的反应程度越大,PCS 纤维的不熔化程度越大。但是,短升温制度下 PCS 纤维的 $A_{Si—H}/A_{Si—CH_3}$ 与中升温制度下的相差不大,因此静电纺丝 PCS 原纤维的不熔化可以采用短升温制度。

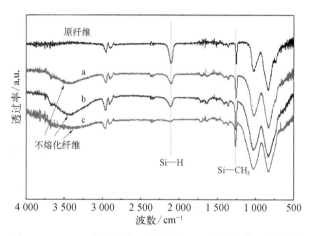

图 7-14　不同升温制度不熔化的 PCS 纤维红外吸收光谱

由于 PCSZ 纤维中引入了 Zr(OC$_4$H$_9$)$_4$,可能会对 PCSZ 纤维的不熔化产生一定影响,所以将 PCSZ 原纤维和 PCS 原纤维的不熔化结合起来比较,进而发现 PCSZ 原纤维不熔化的规律。

图 7-15 是中升温制度不熔化的静电纺丝 PCS 纤维和 PCSZ 纤维的红外吸收光谱对比曲线。从图中可以看出,相同的中升温制度条件下,虽然 PCS 纤维和 PCSZ 纤维经空气不熔化后 Si—H 键都有一定程度减小,但 PCS 纤维和 PCSZ 纤维的 Si—H 键反应程度 $P_{Si—H}$ 分别为 75% 和 55%。中升温制度不熔化 PCSZ 纤维的 $P_{Si—H}$ 与短升温制度不熔化 PCS 纤维的 $P_{Si—H}$ 水平相当。说明 PCSZ 纤维的不熔化与 PCS 纤维有所不同,其原因可能是 PCSZ 纤维中 Zr(OC$_4$H$_9$)$_4$ 的存在会降低不熔化的效果,在 PCS 和 Zr(OC$_4$H$_9$)$_4$ 复合的状态下 Zr(OC$_4$H$_9$)$_4$ 对空气中的氧的进入有一定的阻碍作用。因此,PCSZ 原纤维的不熔化可以采取中升温制度。

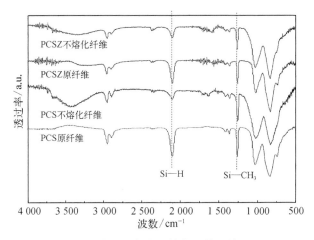

图 7 - 15　中升温制度不熔化的静电纺丝 PCS
纤维和 PCSZ 纤维红外吸收光谱

　　从以上分析可知,静电纺丝原纤维因直径小、比表面积大,其空气不熔化程度比熔融纺丝原纤维的要高;静电纺丝 PCS 纤维可以采用较短不熔化时间;静电纺丝 PCSZ 因原纤维受 $Zr(OC_4H_9)_4$ 的影响,其他条件相同的情况下,其空气不熔化程度比静电纺丝 PCS 原纤维的要低;$Zr(OC_4H_9)_4$ 含量越大,不熔化程度越低,静电纺丝 PCSZ 原纤维的不熔化升温制度可随 $Zr(OC_4H_9)_4$ 含量的提高而适当延长,合适的空气不熔化工艺为:以 1~1.5℃/min 的速率从室温升至 150℃保温 1~2 h,再以 6~8℃/h 的速率升至 210~220℃保温 1~3 h。

7.3.3　PCSZ 原纤维熟化和不熔化工艺研究

　　本书制备超细 ZrO_2/SiC 径向梯度纤维的关键步骤是熟化过程。对于 PCSZ 纤维来说,理想的熟化过程是:对 PCS 和 $Zr(OC_4H_9)_4$ 物理复合的原纤维,在不熔化之前即尚未达到不熔不溶状态时,进行熟化热处理,低分子量添加物 $Zr(OC_4H_9)_4$ 便从聚合物本体相 PCS 中从里向纤维表面慢慢析出,逐渐形成径向成分梯度。本节主要对径向梯度纤维制备过程中的熟化和不熔化工艺进行研究,首先从 PCSZ 原纤维的熟化过程入手,结合后续的不熔化过程,分析熟化和不熔化之间的关系,寻找出合适的熟化和不熔化工艺条件。

　　熟化热处理的条件主要是具备一定的熟化温度和熟化时间,以保证低分子添加物的扩散和析出。

　　将静电纺丝得到的 PCSZ 原纤维进行熟化热处理,考虑到 PCS 从 150℃开始会逐步与空气中的氧发生反应,温度太低又达不到低分子扩散的要求。因此,选择在 80~120℃ 空气中熟化 30~120 h,并调整熟化温度、熟化时间和原料组成,重复实验以得到最佳的熟化条件。

前面的研究指出,PCSZ 原纤维中 PCS 和 $Zr(OC_4H_9)_4$ 是以物理状态复合形式存在的。在经历了长时间的熟化过程后,PCSZ 熟化纤维的性质有何改变,下面对此进行研究。

图 7-16 是静电纺丝 PCSZ 原纤维、熟化纤维和不熔化纤维的红外吸收光谱对比曲线图。从图可以看出,静电纺丝 PCSZ 原纤维经熟化热处理后,其 Si—H 键等主要基团的振动峰并没有发生显著的变化,而不熔化纤维的 $A_{Si—H}/A_{Si—CH_3}$ 出现明显下降,由于熟化热处理的温度(80~120℃)达不到空气不熔化的反应标准,可以推断熟化热处理可能发生的低分子 $Zr(OC_4H_9)_4$ 扩散是物理过程,无化学反应。

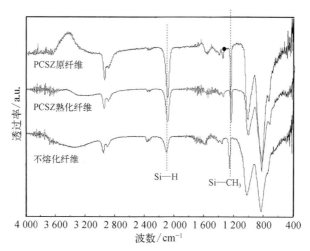

图 7-16 静电纺丝 PCSZ 原纤维、熟化纤维和
不熔化纤维的红外吸收光谱图

图 7-17 是相同升温制度不熔化 PCS、PCSZ 未熟化和 PCSZ 熟化纤维的红外光谱对比。从图中可以看出,在相同不熔化升温制度下,PCSZ 熟化纤维的 $A_{Si—H}/A_{Si—CH_3}$ 最大,不熔化程度最低,其次是 PCSZ 未熟化纤维,PCS 纤维的不熔化程度最高。说明 PCS 中加了 $Zr(OC_4H_9)_4$ 后对不熔化有阻碍作用,经熟化热处理后,不熔化过程中氧的进入更加困难导致了不熔化程度的降低,$Zr(OC_4H_9)_4$ 有可能在 PCSZ 熟化纤维的表面富集。

图 7-18 是相同升温制度不熔化不同熟化程度 PCSZ 纤维的红外光谱对比,

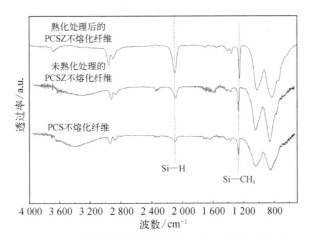

图 7 - 17　相同升温制度不熔化 PCS、PCSZ 未熟化和
PCSZ 熟化纤维的红外光谱图

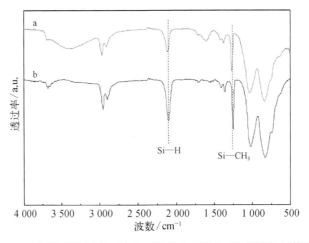

图 7 - 18　相同升温制度不熔化不同熟化程度 PCSZ 纤维的红外光谱

其中,a、b 曲线分别为熟化程度低(100℃,30 h)和熟化程度高(120℃,120 h)的
PCSZ 不熔化纤维的红外光谱图。从图中可以明显地看出,熟化程度低的不熔化
纤维的 $A_{Si—H}/A_{Si—CH_3}$ 吸光度比熟化程度高的不熔化纤维小,其不熔化程度大。
再次说明熟化过程可能使 $Zr(OC_4H_9)_4$ 从内部往表面富集,阻碍空气不熔化的
进行。

　　综上所述,按一定升温制度进行空气不熔化可以使 PCSZ 原纤维不熔化,相
同升温制度下,静电纺丝 PCS 纤维的不熔化程度比普通 PCS 纤维的高,说明直

径变小、比表面积增大不熔化效果好;PCSZ 熟化纤维的不熔化程度比 PCS 纤维的低,说明 Zr(OC$_4$H$_9$)$_4$的加入对 PCSZ 纤维不熔化有阻碍作用,熟化程度越高,不熔化程度越低。PCSZ 纤维的不熔化应采用比普通 PCS 纤维短、比静电纺丝 PCS 纤维长的升温制度。对 PCSZ 熟化纤维而言,熟化程度越高,不熔化效果越差,故应采用比普通 PCS 纤维短、比一般 PCSZ 纤维长的升温制度。其合适的熟化工艺为:熟化温度 80~120℃,熟化时间 80~120 h。

7.4　纤维形貌、组成与结构表征

7.4.1　纤维形貌表征

图 7-19 是高温烧成得到的超细 ZrO$_2$/SiC 纤维和径向梯度纤维的光学照片。从图中可以看到,最终经高温烧成后的超细 ZrO$_2$/SiC 纤维和径向梯度纤维都是以纤维毡的形式存在的。

 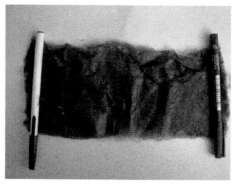

(a) 超细ZrO$_2$/SiC纤维　　　　　　　(b) 超细ZrO$_2$/SiC径向梯度纤维

图 7-19　超细 ZrO$_2$/SiC 纤维和径向梯度纤维的光学照片

图 7-20 和图 7-21 分别是超细 ZrO$_2$/SiC 纤维和径向梯度纤维的扫描电镜照片。从图中可以得出,超细 ZrO$_2$/SiC 纤维和径向梯度纤维的无规则排列更加明显,纤维直径分布均匀。一般情况下,通过静电纺丝可以得到直径为 1~7 μm 的纤维,最细可达 0.5 μm。对超细 ZrO$_2$/SiC 径向梯度纤维来说,一般需要直径较粗的纤维以便于小分子扩散,其直径在 3~5 μm 比较合适。在这个直径范围内,超细 ZrO$_2$/SiC 复合纤维毡作为隔热材料 SiO$_2$ 气凝胶的红外遮蔽剂来使用效果较好。

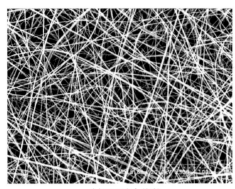
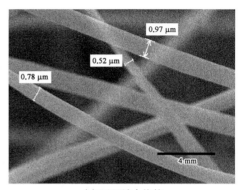

(a) 300放大倍数　　　　　　　　　　　(b) 9 000放大倍数

图 7 - 20　超细 ZrO$_2$/SiC 纤维的 SEM 照片

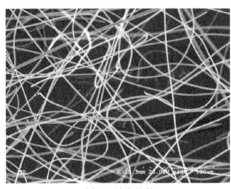
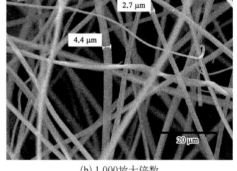

(a) 400放大倍数　　　　　　　　　　　(b) 1 000放大倍数

图 7 - 21　超细 ZrO$_2$/SiC 径向梯度纤维的 SEM 照片

7.4.2　超细 ZrO$_2$/SiC 纤维组成与结构表征

1. 超细 ZrO$_2$/SiC 纤维的 XRD 表征

由于超细 ZrO$_2$/SiC 纤维与超细 SiC 纤维的制备过程相似且纤维主体相同,首先对超细 SiC 纤维的组成结构进行分析,用于对比超细 ZrO$_2$/SiC 纤维。图 7 - 22 是不同不熔化程度 1 000℃烧成超细 SiC 纤维的 XRD 对比图,其中(111)、(220)和(311)晶面归属于 β-SiC 结晶。从图中可以看出,随着不熔化程度的增大,β-SiC 的结晶逐渐减小,说明氧含量对 SiC 结晶不利。

图 7 - 23 为不同不熔化程度 1 400℃烧成超细 ZrO$_2$/SiC 复合纤维的 XRD 对比图。测试的样品为 Zr(OC$_4$H$_9$)$_4$ 含量为 40% 的 PCSZ 纤维,a、b 分别经过中升

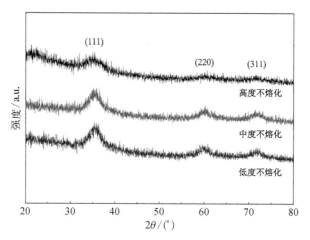

图 7 – 22   不同不熔化程度 1 000℃烧成超细
SiC 纤维的 XRD 图

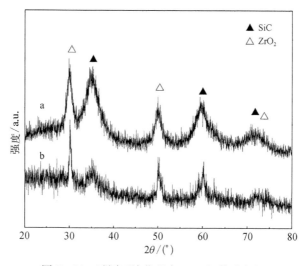

图 7 – 23   不同不熔化程度 1 400℃烧成超细
ZrO₂/SiC 复合纤维的 XRD 图

温制度和长升温制度空气不熔化处理,然后在 1 400℃下分别保温 10 min 和
30 min。从图中可以看出,SiC 晶体的 2θ 位置 35.6°、59.9°、71.7°,以及 ZrO₂晶
体的 2θ 位置 30.1°、50.0°、74.4°都有衍射峰。因此,在两个样品组成相同的前
提下,都形成了明显的 β-SiC 和四方 ZrO₂结晶。其中,两个样品 ZrO₂的衍射峰
大小相差不大,但样品 b 的衍射峰比较尖锐、半峰宽比较小,表明随着烧成时

间的延长,ZrO_2的晶粒变大;样品 a 的 SiC 衍射峰比样品 b 的大,说明长升温制
度空气不熔化使不熔化程度增大,伴随氧含量的偏高对 SiC 的结晶产生不良
影响。

图 7-24 是不同 $Zr(OC_4H_9)_4$含量 PCSZ 纤维 1 400℃烧成超细 ZrO_2/SiC 复合
纤维 XRD 的对比。从图中可以明显看出,1 400℃下高温烧成时,不熔化纤维中
$Zr(OC_4H_9)_4$含量越高,纤维的 ZrO_2结晶越大,而 SiC 结晶的大小与 $Zr(OC_4H_9)_4$
含量的变化无太大关系,说明 SiC 和 ZrO_2的主要结晶状态是孤立的。

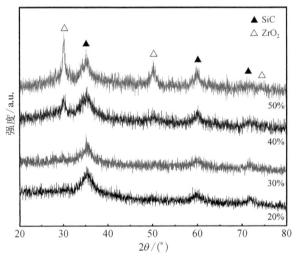

图 7-24   不同 $Zr(OC_4H_9)_4$含量 PCSZ 纤维 1 400℃
烧成超细 ZrO_2/SiC 复合纤维 XRD 图

图 7-25 是 $Zr(OC_4H_9)_4$含量为 50%的 PCSZ 纤维不同温度烧成超细 ZrO_2/
SiC 复合纤维 XRD 对比图。从图中可以看出,随着烧成温度的升高,ZrO_2和 SiC
结晶都逐渐变大。

虽然 $Zr(OC_4H_9)_4$含量为 50%的 PCSZ 纤维可以制得,但最终烧成纤维的强
度很低,因此适合的 $Zr(OC_4H_9)_4$含量范围为 20%~40%;大于 1 400℃时,烧成温
度越高,SiC 的性能越差,而 ZrO_2结晶形成不能低于 1 400℃,因此适合的烧成温
度为 1 400℃。

根据以上分析,最终得到的复合纤维由 ZrO_2和 SiC 组成;不熔化程度高,不
利于 SiC 结晶的形成;烧成温度越高,结晶越好;$Zr(OC_4H_9)_4$含量越大,ZrO_2结晶
越明显;在 1 400℃下烧成,纤维就形成了较好的 ZrO_2和 SiC 晶体。

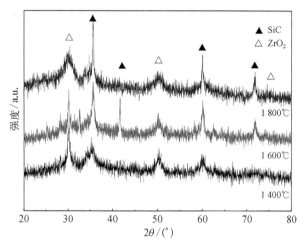

图 7 - 25　不同温度烧成的超细 ZrO$_2$/SiC 复合纤维 XRD

2. 超细 ZrO$_2$/SiC 复合纤维表面的 EDS 表征

图 7 - 26 为超细 ZrO$_2$/SiC 复合纤维表面的 EDS 能谱分析结果。其中,O 含量很少,可能是因为测试仪器对 O 的测定不准。而 a、b、c 位置的 Zr 含量分别为 11.53%、11.21%、11.09%,其平均含量(11.3%)与原料中 Zr(OC$_4$H$_9$)$_4$ 的含量 (10%)十分接近,说明纤维在不同位置的 Zr 含量相差不大。据此可以反推 PCSZ 纺丝溶液中 PCS 和 Zr(OC$_4$H$_9$)$_4$ 的共混十分均匀,静电纺丝 PCSZ 原纤维 和 PCSZ 熟化纤维中 Zr(OC$_4$H$_9$)$_4$ 均匀分布在 PCS 之中,使烧成纤维中的 ZrO$_2$ 和 SiC 也是均匀分布的。因此可以从侧面验证纤维以 ZrO$_2$/SiC 复合状态存在。

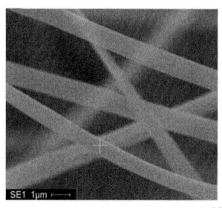

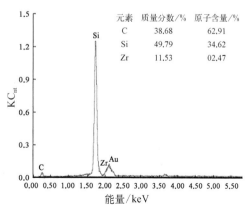

元素	质量分数/%	原子含量/%
C	38.68	62.91
Si	49.79	34.62
Zr	11.53	02.47

(a) 位置a

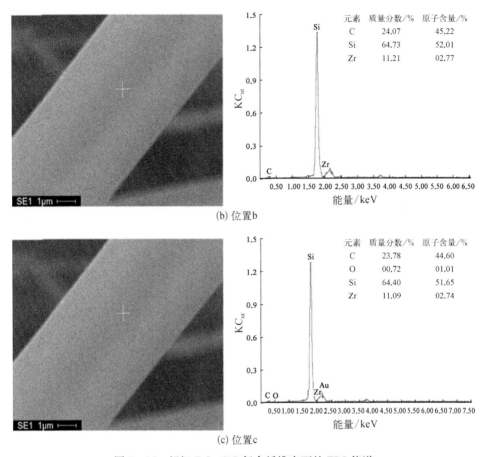

(b) 位置b

(c) 位置c

图 7 - 26　超细 ZrO_2/SiC 复合纤维表面的 EDS 能谱

3. 超细 ZrO_2/SiC 复合纤维的 XPS 表征

图 7 - 27 是超细 ZrO_2/SiC 复合纤维表面的 XPS 全扫描图。如图所示,图谱上除了 Si2p(101.9 eV)、Si2s(153 eV)、C1s(285.5 eV)、O1s(533.3 eV)的峰位外,在 183.9 eV 还出现了明显的 Zr3d 的能谱峰。由于 XPS 可以测定元素周期表中除 H 元素以外的几乎所有元素,因此可以认为烧成纤维中存在 Si、C、O、Zr 元素。

图 7 - 28 是超细 ZrO_2/SiC 复合纤维表面的 XPS 能谱中 Zr3d 能谱的拟合峰谱图。Zr3d 能谱可拟合成中心明显分为 182.2 eV 和 184.6 eV 的两个峰,分属于 Zr—O 键或 Zr—O—Si 键,可以推断纤维中 Zr 主要和 O 结合形成了 Zr—O 键。

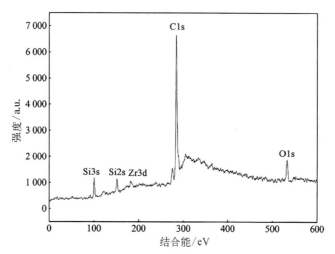

图 7 - 27　超细 ZrO₂/SiC 复合纤维表面的 XPS 全扫描图

样品：$Zr(OC_4H_9)_4$ 含量为 10%，烧成温度 1 400℃

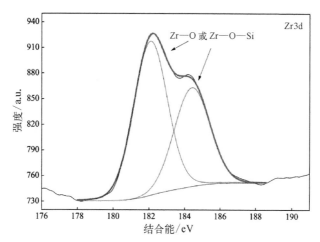

图 7 - 28　超细 ZrO₂/SiC 复合纤维表面的 XPS 能谱中

Zr3d 能谱的拟合峰谱图

样品：$Zr(OC_4H_9)_4$ 含量为 10%，烧成温度 1 400℃

7.4.3　超细 ZrO₂/SiC 径向梯度纤维组成与结构表征

为了探明超细 ZrO₂/SiC 径向梯度纤维是否存在径向的组成梯度，通过对熟化程度高的梯度纤维进行 TEM 分析，对比不同熟化程度的两种梯度纤维 EDS 能谱，以及一种高熟化程度的纤维的俄歇深度分析谱图，初步表征了其组成与结构。

1. 超细 ZrO$_2$/SiC 径向梯度纤维的 TEM 表征

图 7−29 为超细 ZrO$_2$/SiC 径向梯度纤维的 TEM 照片。从图中可以看出,纤维内部中存在明显且排列规整的结晶,经计算晶面间距得出主要是 β-SiC 结晶。

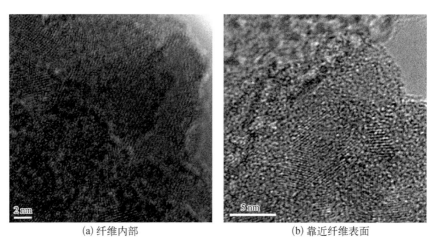

(a) 纤维内部　　　　　　　　　(b) 靠近纤维表面

图 7−29　超细 ZrO$_2$/SiC 径向梯度纤维的 TEM 图

图 7−30 为超细 ZrO$_2$/SiC 径向梯度纤维不同位置的选区电子衍射图。由图可知,在纤维内部和靠近纤维表面位置主要是 SiC(101) 和 (111) 晶面的 X 射线衍射环,说明主要为 β-SiC 结晶。

从 TEM 照片可以看出,纤维主体主要以 β-SiC 形式存在。按照理论推测,超细 ZrO$_2$/SiC 径向梯度在靠近纤维表面附近应有 ZrO$_2$ 结晶存在,但由于制样简易,没能观察到纤维截面整体的结晶情况。

2. 超细 ZrO$_2$/SiC 径向梯度纤维的 EDS 表征

图 7−31 是熟化程度高[Zr(OC$_4$H$_9$)$_4$含量为 20%,熟化温度 120℃、时间 100 h]的超细 ZrO$_2$/SiC 径向梯度纤维表面及截面的 EDS 能谱分析结果。a 的 EDS 分析位置为超细 ZrO$_2$/SiC 径向梯度纤维的截面中心,b 的 EDS 分析位置为超细 ZrO$_2$/SiC 径向梯度纤维的表面,从 EDS 能谱分析可以看出,熟化程度高的纤维截面上的 Zr(OC$_4$H$_9$)$_4$含量比表面上的低,虽然只是以一根纤维作为特例,但可以推测熟化过程可能形成了梯度结构。

(a) 纤维内部　　　　　　　　　　　　(b) 靠近纤维表面

图 7 - 30　超细 ZrO$_2$/SiC 径向梯度纤维不同位置的选区电子衍射图

样品：Zr(OC$_4$H$_9$)$_4$ 含量为 30%，熟化温度 120℃、时间 100 h，烧成温度 1 400℃

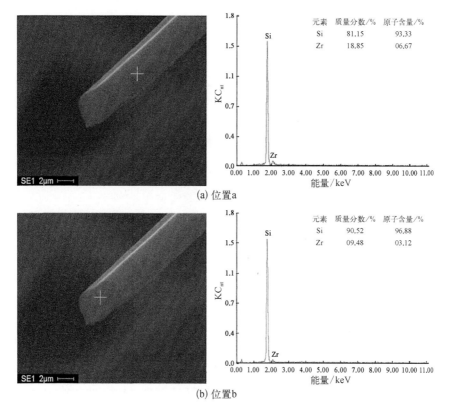

元素	质量分数/%	原子含量/%
Si	81.15	93.33
Zr	18.85	06.67

(a) 位置a

元素	质量分数/%	原子含量/%
Si	90.52	96.88
Zr	09.48	03.12

(b) 位置b

图 7 - 31　超细 ZrO$_2$/SiC 径向梯度纤维表面及截面的 EDS 能谱

样品：Zr(OC$_4$H$_9$)$_4$ 含量为 20%，熟化温度 120℃、时间 100 h

　　图 7 - 32 是熟化程度高[Zr(OC₄H₉)₄含量为 20%,熟化温度 120℃、时间 100 h]的超细 ZrO₂/SiC 径向梯度纤维表面的俄歇深度分析谱。图中反映了各组成元素含量沿表面向内部的变化情况,由图可知,C 元素从表面向内部含量开始略有下降之后保持稳定;Si 元素波动较大,表面上几乎没有,其含量指向内部有一个突然增大的区域,然后趋于稳定;O 元素有所波动,在开始含量先减少后增加,最后也趋于稳定;Zr 元素在纤维表层 100 nm 范围内,从表面向内部含量递减,原子比例从 30% 下降到 10%,之后保持含量的稳定。从 AES 的深度剖析可以看出,纤维在径向上确实呈现出一个 Zr 元素含量递减的趋势,表明存在一定的梯度结构。

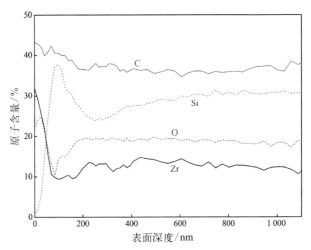

图 7 - 32　超细 ZrO₂/SiC 径向梯度纤维表面的俄歇深度分析谱图
样品:Zr(OC₄H₉)₄含量为 20%,熟化温度 120℃、时间 100 h

7.5　纤维耐高温抗氧化和耐碱性能研究

7.5.1　耐高温性能

　　从图 7 - 33 可以看出,在 1 800℃ Ar 下处理 1 h 后熟化程度高[Zr(OC₄H₉)₄含量为 20%,熟化温度 120℃、时间 100 h]的超细 ZrO₂/SiC 径向梯度纤维基本保持了原貌,断口很少,表面平整;而在 1 800℃ Ar 下处理 1 h 后的超细 SiC 纤维断口很多,且长度很短。说明超细 ZrO₂/SiC 径向梯度纤维在惰性气氛下的耐高温性能比同直径的超细 SiC 纤维好。

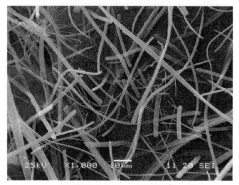

(a) 超细ZrO₂/SiC径向梯度纤维,Zr(OC₄H₉)₄含量为　　　　(b) 超细SiC纤维,烧成温度1 000℃
20%,熟化温度120℃、时间100 h,烧成温度1 400℃

图 7 - 33　超细 ZrO₂/SiC 径向梯度纤维和超细 SiC 纤维在高温惰性气氛处理后的 SEM 图

处理条件: 在 1 800℃ Ar 下处理 1 h

7.5.2　高温抗氧化性能

从图 7 - 34 和图 7 - 35 可以看出,超细 SiC 纤维和熟化程度高[Zr(OC₄H₉)₄含量为 20%,熟化温度 100℃、时间 110 h]的超细 ZrO₂/SiC 径向梯度纤维在 700℃空气下处理 10 h 后都基本保持了原貌。

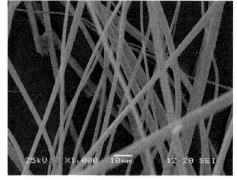

(a) 200放大倍数　　　　　　　　　　　(b) 1 000放大倍数

图 7 - 34　超细 SiC 纤维在高温空气中处理后的 SEM 照片

样品: 烧成温度 1 000℃

处理条件: 700℃空气下处理 10 h

而从图 7 - 36 看到,熟化程度低[Zr(OC₄H₉)₄含量为 20%,熟化温度 100℃、时间 30 h]的超细 ZrO₂/SiC 径向梯度纤维在 700℃空气下处理 10 h 后断口增加,

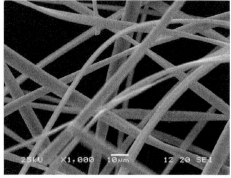

(a) 200放大倍数　　　　　　　　　　　(b) 1 000放大倍数

图 7 – 35　超细 ZrO₂/SiC 径向梯度纤维在高温空气中处理后的 SEM 照片

$$图 7-35 \quad 超细 ZrO_2/SiC 径向梯度纤维在高温空气中处理后的 SEM 照片$$

样品：$Zr(OC_4H_9)_4$ 含量为 20%，熟化温度 100℃、时间 110 h，烧成温度 1 400℃
处理条件：700℃空气下处理 10 h

(a) 200放大倍数　　　　　　　　　　　(b) 1 000放大倍数

图 7 – 36　超细 ZrO₂/SiC 径向梯度纤维在高温空气中处理后的 SEM 照片

样品：$Zr(OC_4H_9)_4$ 含量为 20%，熟化温度 100℃、时间 30 h，烧成温度 1 400℃
处理条件：700℃空气下处理 10 h

纤维长度变短。

　　说明在熟化条件不同的情况下制得的超细 ZrO₂/SiC 径向梯度纤维性能不同，熟化程度越高，在高温空气中处理后纤维形貌保持得越好，对应超细 SiC 纤维的抗高温氧化性能相似。

7.5.3　耐碱腐蚀性能

　　ZrO₂具备耐碱腐蚀的特性，为了对比不同熟化程度超细 ZrO₂/SiC 径向梯度纤维的耐碱腐蚀性能，同时验证熟化热处理是否形成了 ZrO₂从表层向内部含量递减的径向梯度结构,分别将熟化程度高的超细 ZrO$_2$/SiC 径向梯度纤维和超细 ZrO$_2$/SiC 复合纤维用 1 mol/L 的 NaOH 溶液处理 30 min 后,再在空气下 700℃处理 10 h,再观察对比纤维形貌的变化,其 SEM 照片如图 7-37 和图 7-38 所示。

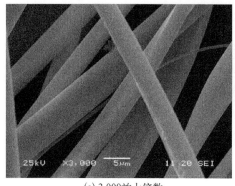 

(a) 3 000放大倍数　　　　　　　　　　　(b) 10 000放大倍数

图 7-37　超细 ZrO$_2$/SiC 径向梯度纤维在碱液和高温空气中处理后的 SEM 照片

样品: Zr(OC$_4$H$_9$)$_4$含量为 20%,熟化温度 100℃、时间 110 h,烧成温度 1 400℃

处理条件:1 mol/L 的 NaOH 溶液处理 30 min 后空气下 700℃处理 10 h

(a) 3 000放大倍数　　　　　　　　　　　(b) 10 000放大倍数

图 7-38　超细 ZrO$_2$/SiC 纤维在碱液和高温空气中处理后的 SEM 照片

样品: Zr(OC$_4$H$_9$)$_4$含量为 20%,烧成温度 1 400℃

处理条件:1 mol/L 的 NaOH 溶液处理 30 min 后空气下 700℃处理 10 h

由图可知,熟化程度高的超细 ZrO$_2$/SiC 径向梯度纤维经处理后外形保持完好,表面光滑平整,而超细 ZrO$_2$/SiC 复合纤维经处理后断口多且形貌被破坏严重。由此可推断,超细 ZrO$_2$/SiC 径向梯度纤维比超细 ZrO$_2$/SiC 复合纤维更具耐碱腐蚀能力。

7.6　本　章　小　结

　　高温下具有低热导率的复合材料是高温隔热材料的一个重要发展方向。本章将氧化锆的低热导率和碳化硅纤维的红外遮蔽性质相结合,制备出超细氧化锆/碳化硅(ZrO$_2$/SiC)复合纤维和超细 ZrO$_2$/SiC 径向梯度纤维,有望进一步提高 SiO$_2$气凝胶等高温隔热材料的综合性能。

　　(1)以聚碳硅烷(PCS)和锆酸四丁酯[Zr(OC$_4$H$_9$)$_4$]为原料,二甲苯为主要溶剂配制聚碳硅烷/锆酸四丁酯(PCSZ)纺丝溶液,通过静电纺丝得到 PCSZ 原纤维,然后经空气预氧化和高温烧成等步骤,制得了超细 ZrO$_2$/SiC 复合纤维;将 PCSZ 原纤维先进行熟化处理,然后经空气预氧化和高温烧成等步骤,制得了超细 ZrO$_2$/SiC 径向梯度纤维。

　　(2)熟化热处理使 PCSZ 原纤维中的 Zr(OC$_4$H$_9$)$_4$从内部逐渐扩散到表面,形成一定的径向梯度。Zr(OC$_4$H$_9$)$_4$的加入对 PCSZ 纤维不熔化有阻碍作用。PCSZ 纤维的不熔化应采用比普通 PCS 纤维短、比静电纺丝 PCS 纤维长的升温制度。合适的熟化热处理工艺为:熟化温度 80~120℃,熟化时间 80~120 h。合适的不熔化工艺为:以 1~1.5℃/min 的速率从室温升至 150℃保温 1~2 h,再以 6~8℃/h 的速率升至 210~220℃保温 1~3 h。

　　(3)通过 EDS 和 AES 的分析表明,在不熔化前附加熟化热处理最后烧成制备的 ZrO$_2$/SiC 径向梯度纤维中,Zr 沿径向从表面向内部呈现出递减的趋势,证明其存在一定的 ZrO$_2$/SiC 径向梯度结构。

　　(4)初步研究讨论了纤维的耐高温抗氧化性能和抗碱腐蚀性能。惰性气氛下超细 ZrO$_2$/SiC 径向梯度纤维的抗高温性能比同直径的 SiC 纤维好;通过在 NaOH 溶液中浸泡一定时间再在高温空气中热处理后对比试验发现,具有径向梯度结构的 ZrO$_2$/SiC 纤维具有较好的抗碱腐蚀性能。

参 考 文 献

[1] T Ishikawa, H Yamaoka, Y Harada, et al. A general process for in situ formation of functional surface layers on ceramics. Nature, 2002, 416: 64 - 67.
[2] A Perovic, D K Murti. The effect of coating on the surface precipitation of oligomeric crystals in poly (ethylene terephthalate) film. Journal of Applied Polymer Science, 1984, 29: 4321 - 4327.

第 8 章　分级结构纳米金属氧化物/SiC 复合纤维的制备及性能

　　与传统的 Si 半导体相比,SiC 不仅具有优异的力学性能,还具有耐高温、耐腐蚀、抗氧化和防辐射等特性,其最高使用温度可以超过 1 000℃,而 Si 基半导体器件的最高使用温度仅为 250℃。此外,SiC 与传统的微机电系统还具有很好的兼容性。因此,SiC 被认为是一种替代 Si 基半导体在极端环境中使用的理想材料。但 SiC 也存在一些不足,例如由于稳定性好而导致其活性(气敏活性或光催化活性)较低等。将 SiC 与其他高活性半导体材料复合制备异质结型复合材料是提高其性能的有效途径。

　　二氧化钛(TiO_2)是一种宽带隙 n 型半导体,具有低成本、无毒性、稳定性好和环境友好等优点,广泛应用于气体传感器、光催化剂、染敏太阳能电池、光电极和锂离子电池等领域。一般情况下,TiO_2 是以粉末形式存在,实际应用时难以回收。另一方面,单一的 TiO_2 在光催化反应过程中,光生电子和空穴容易复合,降低了其光催化性能。将纳米 TiO_2 与其他具有一定骨架结构的半导体复合制备成分级结构复合材料,在便于回收循环使用的同时,还可以避免纳米 TiO_2 的团聚,降低光生电子-空穴复合概率,是解决以上两个问题的有效途径。

　　二氧化锡(SnO_2)也是一种 n 型宽禁带半导体($E_g = 3.6$ eV),具有高热稳定性(熔点为 1 127℃,在 1 500℃可分解为 SnO 和 O_2)、优异的耐化学腐蚀性、无毒和低成本等优点,其光电性质也易于调控。在应用上,SnO_2 已广泛用于气体传感器、光催化分解水制氢和锂离子电池等领域。虽然 SnO_2 气体传感器响应值高,但对不同气体的选择性较差,且单一的纳米 SnO_2 非常容易团聚,降低了材料的比表面积,导致材料的气敏性能并不理想。

　　在第 3 和 4 章中,分别介绍了大孔-介孔-微孔多级孔结构 SiC 超细纤维(MMM-SFs)和介孔 SiC 纳米纤维(SiC NFs)的制备。本章采用水热法,在 MMM-SFs 和 SiC NFs 上分别生长了纳米 TiO_2 和纳米 SnO_2,研究了水热反应温度、反应时间和原料配比等对纳米金属氧化物形貌、结构和在纤维上排布情况的影响,探索出获得形貌规整、排布均匀的分级结构纳米 TiO_2/SiC 和 SnO_2/SiC 复合纤维的合适制备工艺。系统表征了产物的组成和微观结构,考察了产物的气敏传感性能和光催化性能及相应的反应机制。

8.1　分级结构纳米异质结概述

经过多年的探索和发展,人们在纳米材料的制备和应用研究上取得了丰富的成果,但主要都集中在纳米颗粒、纳米线、纳米棒、纳米片、纳米带、纳米管等简单纳米结构的合成及性能研究上。随着某些特殊领域对多功能、高性能和高可靠性纳米材料的迫切需求,仅依靠控制纳米材料的尺寸来提高材料的性能已表现出其局限性。探索具有多功能化、微型化和集成化的纳米材料的可控制备工艺和应用已成为众多研究者们新的研究热点。于是,集多级次、多组分和多维度耦合及协同效应于一体的分级结构异质结纳米材料引起了科学家们的普遍关注。

8.1.1　分级结构纳米材料的提出与特点

科技的发展总是离不开大自然的启示。在生物和矿物中,存在大量高度有序的分级结构,他们由最基础的纳米单元自组装而成,但却表现出人工合成材料无法超越的功能性。例如荷叶表面的"自清洁"效应和节肢动物外壳的超强抗断裂韧性以及环境响应的光学特性等,都是由特殊的自组装分级结构引起的特殊现象。

分级结构就是由最基本的低维纳米单元,如纳米颗粒、纳米线、纳米片和纳米棒等在氢键、配位键、静电作用、疏水作用、分子识别和范德华力等相互作用推动下,按一定的排列规律或自组装成具有特殊形貌和几何外观的高维度复杂结构。分级结构不仅兼具低维纳米单元的特点(尺寸效应、超大比表面积等),还可能由于特殊结构引起的耦合效应和协同效应表现出低维纳米单元所不具备的性能。

目前已报道的分级结构按结构单元的空间维数划分可以分为 0 维、1 维、2 维和 3 维。0 维分级结构主要是由 0 维纳米颗粒组成的球状结构及其他多面体结构。1 维分级结构主要包括纤维型的核-壳结构。2 维分级结构的代表是树叶状或星型平面结构。3 维分级结构可以是由纳米棒/线/片组成的花状结构,也可以是树干状的支化结构。按组成分级结构的组分来分,又可以将分级结构分为同质型分级结构和异质型分级结构。

8.1.2 纳米异质结的结构特点

单一半导体材料在性能提升上具有很大的局限性,需要通过负载贵金属或与其他半导体复合的方式来进一步提高材料的性能。当金属与半导体或半导体与半导体紧密连接、能级匹配,就构成了半导体异质结。体相半导体异质结之间的紧密连接需要特殊的工艺,且半导体之间的晶格匹配要求较高。而当构成异质结的半导体尺寸达到纳米级,不仅可以使异质结界面更可靠,其制备方法和材料来源也更为广泛。纳米异质结不仅具有纳米材料的特性,如小尺寸效应、量子限域效应等,还兼具两种半导体耦合后的特殊性能。因此,国内外对纳米异质结的制备和应用进行了大量的研究。

两种半导体能带位置不同,电子和空穴转移的途径也不尽相同,大体来说,可以将异质结分为Ⅰ-型、Ⅱ-型和Ⅲ-型三大类,其中研究最多的是Ⅰ-型和Ⅱ-型[1,2]异质结。如图 8-1,Ⅰ-型异质结中半导体 A 的导带位置高于半导体 B,且价带位置低于 B,而Ⅱ-型纳米异质结中 A 的价带位置低于 B,但 B 的价带位置却高于 A。当 A 或 B 受到激发产生电子-空穴对后,由于电子从高电势转移到低电势位置,而空穴相反。所以在Ⅰ-型异质结中,电子和空穴都将从 A 向 B 迁移;而Ⅱ-型异质结中电子是由 B 迁移向 A,空穴是从 A 迁移向 B。常见的 p-n 型异质结中电子-空穴的迁移也与Ⅱ-型异质结相同,只是在半导体之间还会形成内建电场。正是纳米异质结的能级耦合作用,使得纳米异质结往往表现出远远超过单组分半导体的性能。

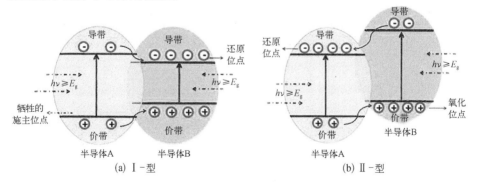

(a) Ⅰ-型　　　　　　　　　　　　(b) Ⅱ-型

图 8-1　纳米异质结中半导体能级分布及载流子转移途径[1,2]

8.1.3 纤维型分级结构纳米异质结的研究现状

受到便携式可穿戴设备迅速发展和迫切需求的激发,微型化、柔性、自支撑功能材料越来越受到人们的关注。虽然分级结构异质结可以展现出高功能型的优点,但传统的粉末形态材料往往需要特殊的载体作为支撑,才能应用于柔性器件,不仅制备工艺复杂,而且其体积和质量会成倍增加。一维微纳纤维不仅可以实现微纳尺度范围内的信息传递和输运,本身还具备一定的强度以及轻质柔性的特点,是制备自支撑分级结构异质结材料的理想选择。

制备纤维型分级结构异质结的常见方法是先获得微纳纤维主干材料,再在纤维主干材料上生长另一个半导体,从而得到分级结构异质结。商业碳纤维布广泛易得,还拥有机械强度高和导电性好的特点,是一种较为常用的纤维主干材料。如图 8-2 所示,Guo 等[3]通过水热法在碳纤维布上生长了 TiO_2 纳米棒阵列,并将其用于太阳能电池。这种三维分级结构 TiO_2/CFs 太阳能电池表现出 1.28% 的光电转换效率,比纯的 TiO_2 纳米棒高出 68%。通过改变水热条件,他们在 CFs 还生长了 TiO_2 纳米片阵列,其中,TiO_2(001) 晶面暴露的面积百分比达到 92%[4]。这种 TiO_2 纳米片/CFs 对甲基橙的降解速率常数为 0.058 4 min^{-1},是 TiO_2 纳米片/FTO 玻璃降解速率常数的 3.4 倍。

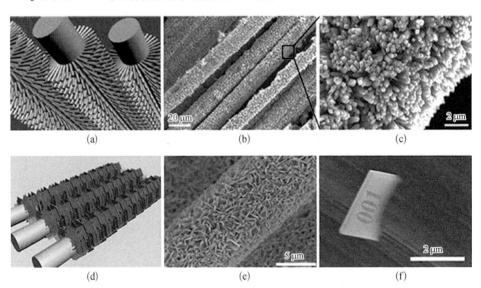

图 8-2　碳纤维上 TiO_2(a) 纳米棒和 (d) 纳米片阵列的示意图及 SEM 照片(b~f)[3,4]

尽管人们围绕 CFs 构建了许多分级结构,也得到了许多优异的成果,但是 CFs 直径仍然太大(5~7 μm)。为了制备更微型化的器件,人们也在纳米纤维基分级结构方面开展了大量工作。而要得到具有超长径比的纳米纤维,静电纺丝无疑是最佳的选择。Li 等[5]在静电纺丝制备的 SnO_2 纳米纤维上用溶液法修饰

了 TiO_2 纳米棒,形成支化结构的 SnO_2/TiO_2 异质结。这种支化结构的 SnO_2/TiO_2 异质结可以作为紫外光探测器,其在 330 nm 波长的入射光转换效率为 14.7%,超过纯 TiO_2 纳米晶的 2 倍。Wang 等[6]通过静电纺丝结合水热法制备了分级结构 SnO_2 纳米颗粒/纳米棒-TiO_2 纳米纤维异质结,其中 SnO_2 纳米棒-TiO_2 纳米纤维在光催化降解罗丹明 B 染料实验中显示出最高的光催化活性。Lou 等[7]先通过静电纺丝得到 TiO_2 纳米纤维,然后利用水热法在 TiO_2 纳米纤维上生长出 α-Fe_2O_3 纳米棒。这种分级结构 α-Fe_2O_3/TiO_2 纳米纤维对三乙胺具有超高的灵敏性和选择性。在 250℃时对 2×10^{-4} 三乙胺的响应值为 48.6,分别是 α-Fe_2O_3 纳米棒和 TiO_2 纳米纤维的 2.5 倍和 16 倍。在相同浓度下,分级结构复合纤维对三乙胺的响应值是 C_7H_8、HCHO、NH_3 和 C_3H_6O 的 3.5~8 倍。

　　综上所述,纤维型分级结构异质结的构筑综合了两种半导体各自的优点,有效防止了纳米材料的团聚,最大限度发挥了纳米材料的尺寸效应和比表面积大的优势。同时,异质结的协同作用使材料表现出比单一半导体更加优异的性能,如用作气敏传感器时可提高传感器的响应值和响应/恢复时间,作为光催化剂时可高效分离光生电子和空穴,从而提高光催化剂的催化活性。不仅如此,柔性纤维型分级结构异质结的开发也为未来可穿戴微纳电子设备的制造提供了基础。但目前已报道的纤维型分级结构异质结材料还主要集中在金属氧化物以及金属氧化物/碳材料体系。为了满足不同领域的需求,更多纤维型分级结构异质结材料还有待进一步开发。而静电纺丝结合其他纳米制备方法为设计和制备不同分级异质结材料提供了一条通用的方法。

8.2　纳米 TiO_2 和 SnO_2 的研究进展

　　1962 年 Seiyama 等[8]发现半导体表面普遍存在着气敏效应,并先后发现了 ZnO、Fe_2O_3、Cr_2O_3、MgO、NiO 等氧化物半导体材料在 450℃时随乙醇蒸气浓度的增加,电导率发生剧烈变化;当温度降至 350~450℃并排除乙醇蒸气后,电导率又恢复到原值。至此,金属氧化物和复合氧化物半导体材料在气体传感器上的研究引起了人们广泛的关注。1962 年,第一个 ZnO 半导体薄膜气体传感器问世后不久,美国人又成功研制了烧结型 SnO_2 陶瓷气体传感器,氧化物薄膜(SnO_2、CdO、Fe_2O_3、NiO)气体传感器相继问世。至今,已报道的 n 型金属氧化物半导体气敏材料包括 SnO_2、TiO_2、ZnO、γ-Fe_2O_3、WO_3、In_2O_3、V_2O_5、$ZnSnO_3$、$CdSnO_3$、Zn_2SnO_4 等,p 型金属氧化物半导体材料主要有 NiO、CoO、Cr_2O_3、Cu_2O、$LaFeO_3$、$CdCr_2O_4$、

LaCoO$_3$和 BiFeO$_3$等。在众多的金属氧化物中,TiO$_2$和 SnO$_2$是研究最多也是最为活跃的。本节将对 TiO$_2$和 SnO$_2$的基本性质、制备和应用进行简单的介绍。

8.2.1 TiO$_2$的结构与性质

TiO$_2$是一种重要的 n 型半导体材料,具有成本低廉、无毒、自清洁作用、稳定、相对阻抗变化大和环境友好等优异的理化性质。常见的 TiO$_2$有四种:锐钛矿、金红石、板钛矿和 TiO$_2$(B),其晶体结构如图 8 – 3 所示[9]。四种结构都由 TiO$_6$八面体组成,不同之处在于八面体的连接方式,即是通过共用顶点还是共边组成八面体骨架。也正是由于这些晶体结构的不同,导致不同晶型的 TiO$_2$具有不同的质量密度和电子能带结构。金红石相的是热动力学上最稳定的结构,其他三种晶相都处于介稳态,在高温下都会向金红石结构发生相转变。

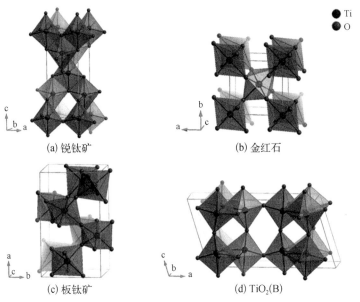

图 8 – 3　不同晶体构型的 TiO$_2$[9]

TiO$_2$的带隙宽度为 2.96~3.2 eV,其中,锐钛矿相的 TiO$_2$带隙宽度最大为 3.2 eV。TiO$_2$的价带结构是通过 Ti 的能级轨道和 O 的能级轨道杂化形成的, O 的 2p 轨道主要形成最低占据轨道(价带),而 Ti 的 3d,4s 和 4p 轨道则形成最高空轨道(导带)。当受到小于带隙宽度波长的光照射 TiO$_2$时,价带中的电子会激发到导带上,形成具有高反应活性的光生电子 e$^-$,而同时会在价带中形成带正电的光生空穴 h$^+$。光生电子具有还原性,会将 H$_2$O 还原成 H$_2$,这也是 TiO$_2$光催化分解水制氢的基本原理。但由于 TiO_2 的带隙宽度太大,需要更高能量的紫外光才能激发价带电子。因此,探索合适的方法使 TiO_2 具有更高的可见光响应活性一直是研究者们努力的方向。

TiO_2 的电阻率随本身结构和周围环境变化会发生巨大改变。例如当 TiO_2 中存在少量氧缺陷时,其电阻率比化学计量组成的 TiO_2 高出几个数量级。又如金红石结构的 TiO_2 在常温下电阻非常大,接近绝缘体,但随温度上升,其电阻率会迅速下降。正是由于 TiO_2 的相对阻抗变化大,所以也常被用作气敏传感材料。

8.2.2　纳米 TiO_2 的制备及应用

目前,纳米 TiO_2 的制备方法主要包括液相法、固相法和气相法三大类。液相法包括溶胶-凝胶法、水热法、沉淀法、氧化分解法、液相一步合成法等,固相法主要包括机械粉碎法和固相反应法;气相法包括化学气相沉积和气相氧化法等[10]。这些方法合成的纳米 TiO_2 大多数为球形颗粒,溶胶-凝胶法和沉淀法得到的是无定形的产物,而水热法可以通过控制水热条件得到各种形貌和结构的纳米 TiO_2,例如纳米线、纳米片、纳米花、纳米棒和纳米管等。作为一种重要的宽带隙半导体,纳米 TiO_2 在气体传感器、光催化分解水和 CO_2 还原、光/电致变色和光伏器件等领域都具有十分广阔的应用前景。各种不同结构和形貌的纳米 TiO_2 在气敏和光催化领域的应用一直都是科学研究的热点方向。以下将着重介绍 TiO_2 在气体传感器和光催化领用的应用。

1. 纳米 TiO_2 在气体传感器上的应用

早期,研究者们开发了不同的纳米 TiO_2 制备方法,并将其用于气体传感器。例如 Esmaeilzadeh 等[11] 通过电泳沉积的办法将商业产品 P25 TiO_2 纳米颗粒沉积在 Al_2O_3 上作为传感器,结果发现在 500℃ 时传感器对 NO_2($6×10^{-5}$) 的响应值最高为 6,其响应恢复时间分别为 1.5 min 和 2.5 min。Manera 等[12] 通过基体辅助脉冲激光沉积的方法制备了 TiO_2 纳米棒/纳米颗粒薄膜,这种薄膜在 300℃ 时对 $5×10^{-5}$ 的 CO 气体的最高响应值为 1.35。Perillo 等[13] 采用电化学阳极氧化法制备了 TiO_2 纳米管阵列,纳米管管径为 200 nm,长度为 2 μm。气敏测试结果表明,TiO_2 纳米管阵列在室温下对 $1×10^{-3}$ ~ $2×10^{-2}$ 的三氯甲烷的响应值为 1.01 ~ 1.32。可以看出,纯纳米 TiO_2 对不同气体的响应值都比较低,其响应和恢复时间都很长。这主要是由于纯 TiO_2 的比表面积较低,特别是高温条件下容易形成烧结,进一步减小 TiO_2 的比表面积,阻止了气体在 TiO_2 中的扩散。

金属掺杂是提高 TiO_2 气敏性能的常用方法。Saruhan 等[14]采用磁控溅射法在 TiO_2 颗粒上溅射一层 Al 金属,制备了 Al 掺杂的 TiO_2 薄膜。该传感器主要作为高温传感器检测 NO_2/NO 气体。在 400~800℃,Al 掺杂的 TiO_2 薄膜对 NO_2 的响应值为 1~3,而对 NO 基本没有敏感性能。Han 等[15]通过溶胶−凝胶法制备了磷(P)掺杂的 TiO_2 纳米颗粒。当 P 的掺杂量为 5 mol%时,在 116℃下传感器对 $1×10^{-4}$ 的 O_2 的响应值高达 29.6,而且同样条件下对 CO、H_2O、NH_3、H_2、C_2H_5OH 和 CO_2 的响应值都不超过 3,因此这种 P 掺杂的 TiO_2 纳米颗粒对于 O_2 具有很高的选择性气敏特性。Meng 等[16]先通过热蒸发的方法制备了 TiO_2 纳米线。随后将浓度为 2 mmol/L 的 $PdCl_2$/乙醇溶液与所得的 TiO_2 纳米线混合均匀,然后在 350℃和 500℃煅烧即得到 Pd 掺杂的 TiO_2 纳米线。在 100℃温度下,不掺杂的 TiO_2 纳米线对 $1×10^{-3}$ 浓度 H_2 的响应值仅为 3,而 Pd 掺杂的 TiO_2 纳米线的响应值可提高至 7。

与半导体复合是提高气敏性能的另一有效途径。Lou 等[7]先通过静电纺丝法制备出 TiO_2 纳米纤维,然后利用水热法在所制备的 TiO_2 纳米纤维上生长 Fe_2O_3 纳米棒,所制备的 Fe_2O_3 纳米棒/TiO_2 纳米纤维对三甲胺具有优异的气敏特性。250℃时,复合纤维对浓度为 $1×10^{-5}$、$5×10^{-5}$、$8×10^{-5}$、$1×10^{-4}$ 和 $2×10^{-4}$ 的三甲胺的响应值分别为 6.8、13.9、22.1、33.1 和 48.6。对 $5×10^{-5}$ 的三甲胺,传感器的响应和恢复时间仅仅为 0.5 s 和 1.5 s。Li 等[17]采用静电纺丝法制备了 LiCl 掺杂的 TiO_2 纳米纤维,并将其作为湿度传感器。结果表明,这种 LiCl 掺杂的 TiO_2 纳米纤维对湿度的响应值高于 1 000。且经过 30 天后,其灵敏特性依然保持良好,因此这种复合纤维具有很高的稳定性。Zanetti 等[18]以聚合物前驱体为原料制备了 WO_3−TiO_2 纳米粉体。这种复合纳米粉体对不同湿度都具有良好的气敏特性,当 WO_3 的添加量为 2 mol%时,传感器响应值可高达 10^4,且气敏特性可保持 30 天不变。Zampetti 等[19]将聚(3,4−亚乙基二氧噻吩)/聚对苯乙烯磺酸用于修饰 TiO_2 纳米纤维,并测定了这种复合纤维对 NO_2 的气敏特性,这种传感器的最低检出限可低至 $5×10^{-9}$。

总之,TiO_2 是一种很好的高温气体传感器。虽然已有各种不同的 TiO_2 基气体传感器报道,但一方面传感器的响应值和选择性还有待进一步提升,另一方面传感器的传感机制也需要更深入的研究。此外,为了适应在极端环境中的应用要求,传感器还应具有更优异的高温气敏稳定性。

2. 纳米 TiO_2 在光催化上的应用

从发现 TiO_2 具有光催化分解水制氢性能至今已有 40 多年,人们对 TiO_2 的合成方法、光催化机制和光催化性能也进行了较为详细的总结。总的来说,从光催化分解有机污染物到光催化分解水制氢,从光催化有机合成反应到光催化 CO_2 还原,纳米 TiO_2 在光催化领域的应用一直都是研究者们关注的焦点。影响纳米 TiO_2 光催化性能的主要因素在于 TiO_2 本身的理化性质,如晶体结构、晶粒尺寸、比表面积和表面性质(缺陷、官能团修饰、导电性和亲水性等)。

晶体结构对光催化的影响主要又包括晶型、晶格缺陷和晶面的影响。由于光催化效率的影响因素众多,目前锐钛矿、金红石和板钛矿的光催化性能孰高孰低还尚无定论,虽然也有报道显示锐钛矿(001)晶面与金红石(110)晶面具有相当的催化活性,但普遍认为锐钛矿结构的 TiO_2 往往具有更高的催化活性。晶格缺陷分为体相缺陷和表面缺陷。一般认为,体相缺陷对光催化性能是不利的,因为体相缺陷会增加光生电子和空穴的复合概率。而表面缺陷对光催化的影响则有两个矛盾的结论,一方面表面缺陷过多会造成光生电子和空穴的复合,降低光催化性能;另一方面,在表面引入缺陷会提高催化剂的吸附性能,有利于光催化的进行。2002 年,Khan 等[20]通过火焰法在 TiO_2 中引入大量的氧空位缺陷,大大提升了 TiO_2 对可见光的吸收,从而提高了 TiO_2 的光催化性能。关于不同晶面的光催化性能研究也是学者们研究的热点。2008 年,Yang 等[21]采用水热法,通过在水热溶液中加入适量 HF 的方法实现了暴露(001)高能面为主的 TiO_2 纳米片的合成,(001)晶面的暴露比例为 47%。Han 等[22]采用溶剂热法合成了(001)晶面暴露百分比达 89%的 TiO_2 纳米片,并在光催化降解甲基橙的实验中表现出超高的光催化活性。

晶粒尺寸对光催化的影响除了可以提升催化剂的比表面积和吸附性能外,针对光催化反应,还体现在使催化剂表现出量子尺寸效应和小尺寸效应等特殊的光响应性质。随着催化剂尺寸的减小,半导体导带中电子的活动空间也随之变小,离域程度在很大程度上受到空间限制。当催化剂的尺寸接近电荷载体的德布罗意波波长时,便会引起激子能级变大,禁带宽度变宽,吸收阈值蓝移。半导体能隙变宽会使光生载流子的移动性减弱,从而降低光生电子和空穴的复合概率,有益于提高催化剂的光催化活性。Anpo 等[23]通过理论计算表明:当催化剂的尺寸为 10 nm 和 100 nm 时,催化剂中电子从内部迁移至表面的时间分别约为 1 ps 和 10 ns,而电子和空穴的复合时间约为 10 ns。也就是说,若催化剂的尺寸减小至 10 nm,产生的光生电子和空穴可以在复合之前到达催化剂表面,从而有效地降低了载流子的复合概率,提高了催化剂的催化活性。Li 等[24]通过 $TiCl_4$ 简单的水解,不加入其他任何添加物,制备了直径小于 10 nm 的 TiO_2 纳米颗粒,在紫外光下其产氢速率高达 24.7 mmol·h^{-1}·g^{-1},而在全光谱下的产氢速率也达到 1954 μmol·h^{-1}·g^{-1},是商业 P25 催化剂产氢速率的 3 倍。如此高的产氢速率主要得益于其小的晶粒尺寸,有效减小了带隙宽度(如图 8-4),且小尺寸晶粒降低了光生电子和空穴的复合概率。

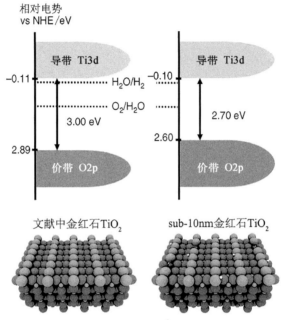

图 8-4   普通水热法制备 TiO$_2$和尺寸小于 10 nm 的 TiO$_2$的能带结构图[24]

比表面积和表面性质对 TiO$_2$光催化性能的影响机制较为复杂,但总的来说主要是通过改变催化剂的吸附性质和载流子在表面的移动来影响光催化活性,例如表面带电性质将对载流子的迁移速率产生巨大影响。

8.2.3   SnO$_2$的结构与性质

SnO$_2$是一种各向异性的晶体,具有四方金红石结构(a=b≠c,α=β=γ=90°),属 P4$_2$/mnm 空间群,D$_{4h}$点群。晶格常数 a=b=0.473 7 nm,c=0.318 5 nm (图 8-5)。从图中可以看出,每个晶胞中含有 2 个 SnO$_2$分子。完美的 SnO$_2$晶体是一种绝缘体,但由于一般制备过程中都会在 SnO$_2$晶体中产生氧缺陷,因此 SnO$_2$通常情况下会表现出 n 型半导体的特性,即电子是主要的载流子,而电子的浓度在很大程度上受到周围气氛的影响。SnO$_2$具有很好的热稳定性,其熔点为 1 127℃,在 1 800℃时会发生晶体升华,这为 SnO$_2$在高温环境中的应用奠定了基础。SnO_2 还具有很好的稳定性,不溶于水,其氧化性很低,不容易被还原,但可以溶于浓硫酸和强碱。由于晶体结构中,Sn 原子处于不稳定状态,很容易失去电子成为低价锡氧化物,因此 SnO_2 具有很活泼的物理化学性质。

SnO_2 的表面性质很活泼,当置于空气中时会吸附空气中的 O_2,这种吸附过程是离子吸附,是一种典型的化学吸附过程,因为 O_2 会从 SnO_2 中得到电子生成氧

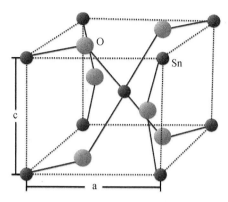

图 8-5　SnO_2 的晶体结构示意图

离子(O_2^-、O^- 和 O^{2-}),从而造成 SnO_2 的能带弯曲,改变 SnO_2 的电阻。因此,SnO_2 是一种非常理想的气敏材料,一直是金属氧化物半导体型电阻式气体传感器研究的热点,在商业气体传感器上也已得到应用。SnO_2 的电导率(σ)可以表示为载流子电导率(σ_n 和 σ_p)和离子电导率(σ_{ion})之和。由于 SnO_2 基气体传感器的工作温度通常在 200~400℃,此时 σ_{ion} 可以忽略不计。对于 n 型半导体,载流子浓度 n≫p,所以,$\sigma \approx \sigma_n \approx q\mu_n n$。由前所述,SnO_2 中常常伴随氧缺陷,相应的施主能级处于导带底下 0.03 eV 和 0.15 eV 处。因此,SnO_2 的总电导率受到施主/受主能级、浓度和工作温度的共同控制。

除了用于气体传感器以外,由于还具有良好的光电、催化和透光性,SnO_2 也常被用作透明导电薄膜、电极材料、锂电池、太阳能电池和光催化剂等方面。例如在光电材料领域,SnO_2 就已被用于液晶显示、太阳能电池电极、场效应管和透明导电电极等。

8.2.4　纳米 SnO_2 的制备及应用

微观粒子的制备方法对产物的形貌和结构有着直接的影响。目前已报道的 SnO_2 的制备方法种类繁多,主要包括热氧化、热蒸发、紫外光催化固化、火焰喷射裂解法(FSP)、化学气相沉积(CVD)、阳极氧化法、水热法、溶胶-凝胶法和静电纺丝法等,制备了包括纳米线、纳米带、纳米棒、纳米片、纳米颗粒和纳米花等不同形貌和结构的 SnO_2。其中研究最多的是溶胶-凝胶法、水热法和静电纺丝法。

SnO_2 是一种非常重要的半导体材料,具有优异的气敏性能,被广泛用作气体传感器,表现出响应值高、稳定可靠的气敏特性。目前,对 SnO_2 基气体传感器的研究是气体传感器行业发展的基础。在研究中发现,SnO_2 的形貌、尺寸以及均匀

性等都对 SnO_2 基气体传感器的响应值、选择性和稳定性等性能有着巨大的影响。Andio 等[25]采用水热法制备出纳米颗粒状和微球状的纳米 SnO_2。比较发现，在温度为 400~600℃ 范围内，颗粒状 SnO_2 对 CO 的响应值比纳米微球的响应值高，更是远远高于微米级的 SnO_2 颗粒。但对浓度为 0.4% 的甲醇，当温度高于 500℃ 时，SnO_2 微球的响应值最高。

尽管各种不同结构的纳米 SnO_2 都表现出一定的气敏特性，但单一 SnO_2 基气体传感器还存在着响应值低和选择性差等问题，其工作温度主要也在 200℃ ~ 400℃，既不能作为室温传感器、也不能用于高温等特殊环境中。为了提高的响应值和选择性，通常的方法是在 SnO_2 上负载贵金属（Pd 或 Pt 等）或与其他半导体复合。Suematsu 等[26]采用水热法制备了 Pd/SnO_2 纳米颗粒簇，负载 Pd 金属后，传感器对 10^{-6} 级的甲苯表现出高的响应值和稳定性。Dong 等[27]将通过静电纺丝制备了纯的 SnO_2 纳米纤维和 Pt 掺杂的 SnO_2 纳米纤维。对比发现，含 Pt 量为 0.08% 的 Pt/SnO_2 纳米纤维对 H_2S 的响应值为纯 SnO_2 纳米纤维的 25.9~40.6 倍，且 Pt/SnO_2 纳米纤维对 H_2S 的响应时间仅为 1s，远低于纯 SnO_2 纳米纤维的响应时间（2~7 s）。但即使是 Pt/SnO_2 纳米纤维，其恢复时间也长达 214~267 s。

由于其特殊的光电特性，SnO_2 也可以被用作光催化剂、太阳能电池和锂离子电池。Zhang 等[28]采用水热法合成了不同尺寸（4~32 nm）的 SnS_2/SnO_2 复合纳米颗粒，其比表面积为 53.1~87.3 $m^2 \cdot g^{-1}$。在 $\lambda > 420$ nm 的可见光照射下，这种复合纳米颗粒对不同浓度的甲基橙溶液都表现出高的降解效率和稳定性。Cojocaru 等[29]通过控制水热反应条件调控了 SnO_2 纳米颗粒的尺寸和形貌，并将其用于太阳能电池，最高的功率转换效率达到 3.2%，若经过 $TiCl_4$ 后处理，功率转换效率可达 4%。由于 SnO_2 具有特殊的 Li 离子传输通道，表现出比电容（782 $mA \cdot h \cdot g^{-1}$），SnO_2 也被认为是下一代锂离子电池的阳极材料。Guan 等[30]采用原子层沉积的办法在 SnO_2 纳米线外沉积了一层 TiO_2，形成中空的 $SnO_2@TiO_2$ 核-壳结构，这种特殊的结构可以有效缓解充放电过程中的体积膨胀，因此这种 $SnO_2@TiO_2$ 在经历 1 000 次循环后在 400 $mA \cdot g^{-1}$ 电流密度下仍具有 393.3 $mA \cdot h \cdot g^{-1}$ 的相对稳定电容量。

总之，单一的 SnO_2 在气体传感器和光催化等应用中都存在性能较差的问题。研究者们往往通过负载贵金属和与其他半导体的复合的方式来提升的 SnO_2 性能。由于贵金属价格高昂，寻找原料易得、来源广泛的其他半导体，将之与 SnO_2 复合以提高其性能仍是未来 SnO_2 合成及功能性应用发展的方向。

8.3　纳米 TiO_2/SiC 和 SnO_2/SiC 的研究进展

SiC 作为第三代宽带隙半导体,具有强度高、耐化学腐蚀、抗氧化、耐高温和热导率高等一系列优异的性能。而 TiO_2 和 SnO_2 在诸多领域都有很好的应用前景,到目前仍是科学研究的前沿热点。结合 TiO_2 或 SnO_2 的高活性和 SiC 的优异特性,制备纳米异质结复合材料已受到越来越多的关注。近年来,关于 TiO_2/SiC 和 SnO_2/SiC 纳米异质结复合材料在气体传感器、发光二极管和光催化等领域的报道越来越多,这也预示着纳米金属氧化物/SiC 异质结材料的制备应用将是未来研究的一个重要方向。

8.3.1　纳米 TiO_2/SiC 的研究现状

目前 TiO_2/SiC 异质结复合材料应用最多的是作为光催化剂催化降解有机污染物或分解水制氢气。由于 TiO_2 只对紫外光有响应,且 TiO_2 上产生的光生电子和空穴容易复合而降低光催化活性。3C-SiC 是一种窄带隙半导体,不仅具有良好的热稳定性和化学稳定性,还具有高的饱和载流子漂移速率和热导率。将 TiO_2 与 SiC 复合不仅可以提高光生电子-空穴的分离效率,提升催化剂的光催化活性,还可以提高催化剂的催化稳定性。

Kouamé 等[31]将 SiC 泡沫陶瓷浸渍于 TiO_2 的前驱体溶胶中,经过凝胶和 450℃空气热处理得到包覆 TiO_2 纳米薄膜的 SiC 泡沫陶瓷。所得的 TiO_2/SiC 复合陶瓷不仅可以光催化降解水体中的剧毒性的敌草隆农药,并且表现出较好的循环稳定性。这表明 TiO_2/SiC 可以用作光催化剂,并且具有较好的光催化活性,但他们并未对 TiO_2 和 SiC 之间协同作用的机制进行解释。随后,Hao 等[32]采用溶胶-凝胶法制备了多孔 TiO_2/SiC 泡沫陶瓷,对 4-氨基苯磺酸的降解效率可达到 100%,而相同条件下 TiO_2 纳米颗粒和 SiC 泡沫陶瓷的降解效率仅为 62.8%和 30.9%,并且在经历 10 次循环实验后,催化剂的催化活性没有明显下降。普遍认为,TiO_2/SiC 具有高光催化活性主要是 TiO_2/SiC 的异质结协同作用。SiC 导带/价带电势高于 TiO_2 的导带/价带电势,光生电子可从 SiC 的导带迁移到 TiO_2 的导带发生还原反应,而 TiO_2 价带上的空穴可以转移到 SiC 的价带上发生氧化反应。从而实现了光生电子和空穴的快速分离,提高了 TiO_2/SiC 的催化活性。

除可以作为光催化剂以外,TiO_2/SiC 还可以应用于多相催化费-托(Fischer-Tropsch)合成反应。费-托合成是将合成气(CO 和 H_2)转化为液态燃料的过程。该过程通常在高温和一定压力下进行。传统的使用最多的催化剂载体是 Al_2O_3 和 SiO_2,但这两种载体的热导率低,催化过程中会引起"热点"问题,降低催化剂的活性。SiC 由于具有高温稳定性、化学稳定性和高热导率,因而成为理想的载体。典型的工作是 Liu 等[33]将 TiO_2 修饰的 SiC 用于负载活性 Co 催化剂,大大提升了催化转化效率和 C_{5+} 选择性。实验结果表明,进行 TiO_2 修饰后,Co 时间产率从 Co/SiC 的 $5.3×10^{-5}$ 上升至 $7.5×10^{-5}$ $mol_{CO} \cdot g_{Co}^{-1} \cdot s^{-1}$,但 C_{5+} 选择性始终保持在相同水平:91.7%和91.6%。值得一提的是当 Co 的含量为30%(与商业催化剂相近)时,可以获得 0.56 $g_{C_{5+}} \cdot g_{catalyst}^{-1} \cdot h^{-1}$ 的比效率和稳定的91%的 C_{5+} 选择性。尽管如此,由于 Co 能与 SiC 直接接触,会导致催化剂的整体效率偏低。于是在后续工作中,他们在 SiC 表明修饰了一层 TiO_2 薄膜,提升了 Co 在 TiO_2-SiC 上的分散性,从而得到了 1.22 $g_{C_{5+}} \cdot g_{catalyst}^{-1} \cdot h^{-1}$ 的比效率和稳定的85.8%的 C_{5+} 选择性[34]。

Kandasamy 等[35]还报道了 TiO_2/SiC 在气体传感器上的应用。他们在 SiC 晶片上先利用射频溅射涂覆一层 TiO_2 薄膜,然后再溅射上 Pt 电极,从而得到肖特基二极管型的 $Pt/TiO_2/SiC$ 气体传感器。这种传感器的最佳工作温度为530℃,最高工作温度可达650℃。对1%的 H_2,其势垒高度变化为125 meV。Shafiei 等[36]利用阳极氧化的 TiO_2 制作了类似的肖特基二极管型气体传感器,发现在420℃时对1%的 H_2,其电压变化为147 meV(10 μA 偏压),响应值高于 Kandasamy 等的结果。

8.3.2 纳米 SnO_2/SiC 的制备及应用

SnO_2 具有活性高、稳定性好、成本低和无毒等特点,其光学、电学和光电子性质易于调控。近年来,将纳米 SnO_2 与 SiC 复合制备的 SnO_2/SiC 异质结材料在光探测器、发光二极管、锂离子电池、光催化分解水制氢和气体传感器等领域都表现出优异的性能。

Chen 等[37]利用两次高能球磨的方法制备了核-壳结构的 $SnO_2/SiC/$石墨烯微球。由于 SiC 的加入可以为嵌锂和脱锂过程的体积膨胀提供一个缓冲层,防止核-壳结构因体积膨胀而破坏,因此,$SnO_2/SiC/$石墨烯微球不仅具有 810 $mA \cdot h \cdot g^{-1}$ 的比电容量(0.01~1.5 V 范围内),在经历150个循环后,其比电容量的保持率仍达到83%。证明了 SiC 的加入可以提高锂离子电池的比电容和循环性,这一结果也为 SiC 在高稳定性锂离子电池的应用提供了基础。SnO_2/SiC 还可以作为光催化剂用于分解水制氢气。Zhou 等[38]对 SnO_2@C 进行高温处理,使其发生气-固反应,制备了具有拓扑结构的 SnO_2@SiC 中空微球。这种微球的比表面积为 33.76 $m^2 \cdot g^{-1}$。若以 Na_2S 作为牺牲剂,得到的光催化产氢效率为 825 $\mu mol \cdot g^{-1} \cdot h^{-1}$,经过 20 h 光催化反应,其产氢速率仍没有明显降低,表明该催化剂具有极好的催化循环稳定性。高的催化活性和稳定性主要是由于 SnO_2-SiC 的异质结作用所致。

SnO_2/SiC 在气体传感器上的研究也主要是基于 SiC 晶片进行的。1998 年,Hunter 等[39]制备了 Pd 作为栅极的 SiC 肖特基二极管传感器,但这种传感器在高温下运行较长时间后就会出现特性漂移现象,为了消除这种漂移现象,Hunter 在 Pd 与 SiC 之间溅射了一层 SnO_2 活性氧化物薄层。由于 SnO_2 增大了 Pd-SiC 间的势垒高度,Pd/SnO_2/SiC 传感器的响应值相比 Pd/SiC 传感器得到明显提高。Karakuscu 等[40]采用金属辅助热蒸发的方法在商业 SiC 泡沫陶瓷上生长了 SnO_2 纳米带。这种 SnO_2 纳米带/SiC 泡沫陶瓷的比表面积仅为 1.07 $m^2 \cdot g^{-1}$。在湿空气和 UV 活化情况下,纳米 SnO_2/SiC 复合材料可检测低浓度的 NH_3 $1 \times 10^{-5} \sim 5 \times 10^{-5}$ 和 NO_2 $1 \times 10^{-6} \sim 5 \times 10^{-6}$。对 NH_3,纳米 SnO_2/SiC 的响应值是纯 SnO_2 纳米带的 10 倍,而对于 NO_2,二者则表现出相近的气敏性能。

总的来说,人们围绕纳米 TiO_2/SiC 和纳米 SnO_2/SiC 的制备和应用进行了大量的研究工作,将纳米 TiO_2/SiC 和纳米 SnO_2/SiC 的应用范围推广至光催化剂、Fischer-Tropsch 合成、光探测器、发光二极管、锂离子电池、光催化分解水制氢和气体传感器等诸多领域。但从材料形态上看,不管是纳米 TiO_2/SiC 或是纳米 SnO_2/SiC,主要是基于 SiC 晶片、泡沫陶瓷或粉末颗粒等刚性结构材料,不具有柔性,比表面积小。在分级结构 TiO_2/SiC 和 SnO_2/SiC 上的研究还十分少见。在机制研究上大多是简单的推导和猜测,系统性和深入性上还有待加强。

8.4　分级结构 TiO_2 纳米棒/
SiC 复合纤维的制备

水热法是制备分级结构材料的常用方法。它主要是通过在一定温度的高压条件下,使复杂离子间的反应加速,水解反应加剧,甚至改变氧化-还原电势,由此得到晶粒完整、粒度分布均匀、尺寸可控的纳米晶体。因此,水热反应条件对材料纳米结构的形成过程有着巨大的影响,进而会影响产物的晶体构型和形貌等。

　　本节以钛酸丁酯(tetra-n-butyl Titanate，TBT)和常规 SiC 超细纤维为原料，采用水热法，在 SiC 超细纤维上生长了 TiO$_2$纳米棒(TiO$_2$ NRs)，制备出分级结构 TiO$_2$ NRs/SiC 复合纤维。主要研究了水热反应温度、反应时间、溶液 pH 值和原料配比等因素对纳米 TiO$_2$形貌、尺寸以及在 SiC 纤维上分布情况的影响，系统表征了分级结构纳米 TiO$_2$/SiC 复合纤维的组成和微观结构，考察了纳米 TiO$_2$的水热生长机制。

8.4.1　反应温度的影响

　　图 8 - 6 给出了在 120~200℃反应温度下反应 10 h 制备的 TiO$_2$/SiC 纤维的 SEM 照片。可见，反应温度为 120℃时，SiC 超细纤维表面只观察到极少量的 TiO$_2$[图 8 - 6(a)]，温度上升至 140℃时，纳米 TiO$_2$无规则地堆积在 SiC 纤维上，纤维表面大部分被覆盖[图 8 - 6(b)]。当温度上升至 160℃，纳米 TiO$_2$呈一定顺序生长在 SiC 纤维上形成分级结构，纤维表面被全部覆盖[图 8 - 6(c)]。反应温度为 180℃时所得 TiO$_2$/SiC 纤维的形貌最为规整，TiO$_2$在 SiC 上均匀排列[图 8 - 6(d)]。随反应温度的进一步升高，纳米 TiO$_2$排列的有序性降低，但 SiC 纤维依然能被完全包覆[图 8 - 6(d)]。可见，较为合适的水热反应温度为 180℃。

(a) 120℃　　　　　　　(b) 140℃　　　　　　　(c) 160℃

(d) 180℃　　　　　　　(e) 200℃

图 8 - 6　不同水热反应温度下反应 10 h 制备的 TiO$_2$/SiC 纤维的 SEM 照片

由放大的 SEM 照片纳米可以观察水热反应温度对 TiO$_2$的形貌和尺寸的影响。由图 8-7 可见,在 120~200℃,TiO$_2$均为纳米棒状。温度较低时(<140℃),TiO$_2$为单一的纳米棒。而在较高温度下,如图 8-7(c)中虚线圆标示,得到的 TiO$_2$ NRs 还具有一定的分级结构,即在较大的 TiO$_2$ NRs 上生长出较小的纳米棒。同时,TiO$_2$ NRs 的尺寸也随温度的提升而逐渐变大,其宽度由 140℃时的 270 nm 增大至 200℃时的 580 nm。

(a) 120℃　　　　　　　(b) 140℃　　　　　　　(c) 160℃

(d) 180℃　　　　　　　(e) 200℃

图 8-7　不同水热反应温度下制备的 TiO$_2$/SiC 纤维的放大倍数 SEM 照片

8.4.2　反应时间的影响

图 8-8 是 180℃下反应不同时间制备的 TiO$_2$/SiC 纤维的 SEM 照片。反应时间仅为 5 min 时,在 SiC 超细纤维上只能看到少许的 TiO$_2$颗粒[图 8-8(a)],这应该是纳米 TiO$_2$成核以后还来不及长大的原因所致。水热反应时间为 1 h 时,纤维表面已有大量棒状的 TiO$_2$,但长度较短,也不能完全包覆于 SiC 纤维,并且此时纳米 TiO$_2$在纤维上分布极不均匀[图 8-8(b)]。如图 8-8(c)所示,经过 2 h 的水热反应,SiC 纤维上可得到分布均匀的 TiO$_2$纳米棒阵列,只是还有部分 TiO$_2$纳米棒簇残留在纤维上。当反应时间继续延长至 10 h,TiO$_2$纳米棒同样可以完全包覆在 SiC 纤维上形成阵列,但纳米棒长度比反应时间为 2 h 时的更长

[图 8-8(d)]。随着反应时间进一步延长(24 h 和 48 h),虽然 TiO$_2$ 纳米棒也可以完全包覆 SiC 超细纤维,但此时 TiO$_2$ 纳米棒渐渐堆积在一起[图 8-8(e) 和 (f)]。所以,比较合适的反应时间为 2~10 h。

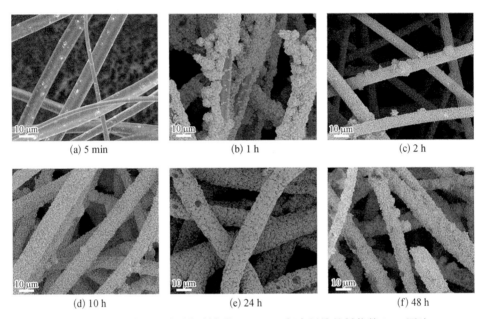

(a) 5 min	(b) 1 h	(c) 2 h
(d) 10 h	(e) 24 h	(f) 48 h

图 8-8　不同水热反应时间制备的 TiO$_2$/SiC 复合纤维的低倍数 SEM 图片

由放大倍数下的 SEM 照片可以进一步观察 TiO$_2$ 形貌和尺寸的变化,如图 8-9 所示。当反应时间仅为 5 min 时,TiO$_2$ 为几十纳米大小的颗粒状,但已有向两端生长成为棒状的趋势[图 8-9(a)]。反应时间为延长为 1 h 时,TiO$_2$ 为纳米棒状,但也可以观察到少量的颗粒状 TiO$_2$。继续延长反应时间至 2 h 以上,纳米棒的长度逐渐增大,观察不到颗粒状的存在。

图 8-10 是 SiC 纤维上 TiO$_2$ 纳米棒的长度随反应时间的变化曲线。反应时

(a) 5 min	(b) 1 h	(c) 2 h

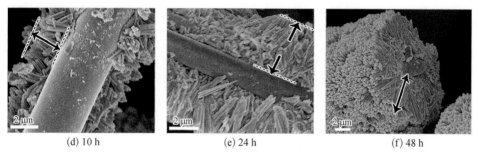

(d) 10 h　　　　　　　　(e) 24 h　　　　　　　　(f) 48 h

图 8-9　不同水热反应时间制备的 TiO_2/SiC 复合纤维的截面 SEM 图片

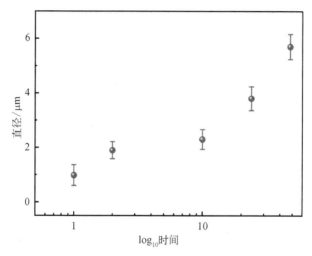

图 8-10　TiO_2 纳米棒的长度随反应时间的变化曲线

间在 10 h 内,纳米棒的长度随时间变化较小。反应 1 h 时纳米棒的长度最短,平均长度为 0.98 ± 0.38 μm。从 10 h 到 48 h,纳米棒的长度迅速从 2.3 ± 0.31 μm 增大至 5.7 ± 0.46 μm。同时,从图 8-9 可以看出,虽然纳米棒的长度随反应时间的延长而逐渐增大,但纳米棒的宽度变化较小,这是因为水热溶液中的 Ti(Ⅳ)离子是过量的,反应时间的延长,使纳米棒有足够的时间沿着择优晶向生长,同时不影响纳米棒宽度。

8.4.3　溶液中 HCl 的浓度的影响

水热反应溶液中浓 HCl(质量百分数为 37%)的浓度对晶体的形核和生长有巨大的影响,进而影响晶体的形貌。本书通过改变水热反应溶液中浓 HCl 与 H_2O 的体积比,研究了 HCl 浓度对 TiO_2 形貌的影响。图 8-11 是不同 HCl/H_2O 体积比

制备的 TiO_2/SiC 纤维的 SEM 照片。由图可见,水热溶液中浓 HCl(质量百分数 37%)与 H_2O 的体积比为 5∶25 时,TiO_2 为纳米颗粒状堆积在 SiC 纤维上。体积 比为 10∶20 时,可观察到纳米针状的 TiO_2 有序地沉积在 SiC 纤维上形成阵列。 HCl 的体积比为 50% 时,TiO_2 的形貌变为纳米棒状,并规则地排列在 SiC 上,纳 米棒的宽度约为 400 nm。随 HCl 的体积比进一步增大,TiO_2 纳米棒的宽度迅速 减小,大小约为 200 nm,这也可被称为 TiO_2 纳米线(nanowires,NWs)。Guo 等[3] 也报道了 TiO_2 纳米棒在碳纤维上的生长在很大程度上受到 HCl 浓度的影响。

水热反应生成 TiO_2 的过程可由式(8-1)至(8-3)表示[41]:

$$Ti(OC_4H_9)_4 + HCl \longrightarrow Ti^{4+} + Cl^- + C_4H_9OH \qquad (8-1)$$

$$Ti^{4+} + H_2O \longrightarrow TiOH^{3+} + H^+ \qquad (8-2)$$

$$TiOH^{3+} + O_2 \longrightarrow Ti(Ⅳ) - oxo\ species + O_2 \rightarrow TiO_2 \qquad (8-3)$$

由此反应历程可知,水热溶液中的 HCl 不仅作为反应物酸解 TBT,而且溶液的 H^+ 浓度还可以调控 Ti^{4+} 的水解平衡。当 HCl 含量较少时,TBT 与 HCl 之间的酸碱 反应会消耗大量 HCl,使溶液中 H^+ 浓度进一步减小,溶液 pH 上升。此时,H^+ 对 Ti^{4+} 的水解抑制作用较弱。也就是说,溶液中 Ti^{4+} 的水解平衡会迅速向正方向进 行,生成大量的 $TiOH^{3+}$。溶液中 Ti(Ⅳ) 会迅速过饱和而在 SiC 纤维上快速形 核。这种形核是突发式的形核,即均相形核,晶体沿各个晶向生长的概率相同, 所以在 SiC 纤维上观察到紧密堆积的 TiO_2 纳米颗粒[图 8-11(a)]。而随着 HCl 浓度上升,溶液中 H^+ 浓度增大,对 Ti^{4+} 水解的抑制作用越来越明显,此时,溶 液中 Ti(Ⅳ)-oxo species 的浓度受到 H^+ 浓度的调控,在 SiC 纤维上的形核表现

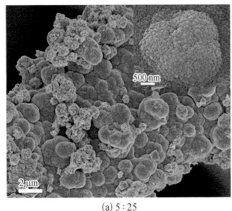

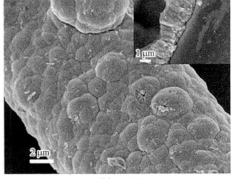

(a) 5∶25　　　　　　　　　　　　　　　　(b) 10∶20

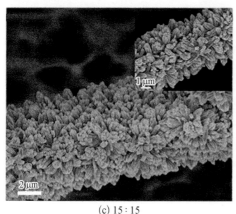
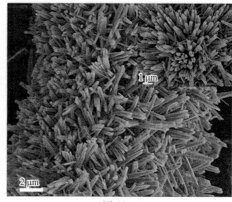

(c) 15∶15　　　　　　　　　　　　　　　　(d) 20∶20

图 8-11　不同 HCl/H$_2$O 体积比制备的 TiO$_2$/SiC 纤维的 SEM 照片

为异相形核,TiO$_2$ 的长大也是按表面能最小的方向生长,在 SiC 纤维上得到图 8-11(b)~(d)所示的 TiO$_2$ 纳米棒。其详细的生长机制将在 8.6.2 节分析讨论。

8.4.4　TBT 添加量的影响

实验还考察了 TBT 添加量对 TiO$_2$ NRs 在 SiC 纤维上生长情况的影响。固定 SiC 纤维的质量为 0.035 g,并保证 SiC 纤维的直径和纤维毡的面积不变,在配制水热反应溶液时,分别添加 0.5 mL、1.0 mL、1.5 mL 和 2.0 mL TBT,所制备的 TiO$_2$/SiC 复合纤维的 SEM 照片如图 8-12 所示。当 TBT 添加量为 0.5 mL 时,在 SiC 纤维上仅观察到少量针状的纳米 TiO$_2$。TBT 添加量为 1.0 mL 时,有 TiO$_2$ NRs 生成,纳米棒的长度约为 2 μm,但 TiO$_2$ NRs 不能完全覆盖 SiC 纤维。TBT 添加量继续增大至 1.5 mL 时,可清晰看到 SiC 纤维上生成了 TiO$_2$ NRs 阵列,纳米棒的长度同样约为 2 μm。TBT 添加量继续增大至 2.0 mL 时,TiO$_2$ NRs 的纳米棒长度没有发生明显改变,但密堆积在 SiC 纤维上。TiO$_2$ NRs 的密堆积会降低复合纤维的比表面积,使单位质量复合纤维的性能下降。所以,较为合适的 TBT 添加量为 1.5 mL。

综上所述,本小节通过控制水热反应温度和反应时间、溶液中 HCl 的浓度以及 TBT 的添加量等条件,在 SiC 超细纤维表面生长了不同形貌和大小的 TiO$_2$ 纳米结构。为了使 TiO$_2$ NRs 有序地在排列在 SiC 纤维表面形成阵列,得到结构规整的分级结构 TiO$_2$ NRs/SiC 复合纤维,合适的反应温度为 180℃,反应时间为 10 h,溶液中 HCl 与 H$_2$O 的体积比为 15∶15,TBT 的添加量为 1.5 mL。

(a) 0.5 mL

(b) 1.0 mL

(c) 1.5 mL

(d) 2.0 mL

图 8 - 12　TBT 添加量对 TiO_2 生长的影响

8.5　分级结构 TiO_2 纳米片/ SiC 复合纤维的制备

　　理论计算表明,锐钛矿相 TiO_2 的(001)面可以快速地解离吸附在其表面的水分子,同时还可以牢牢锁定附着在其表面的染敏分子,这两个性质使高比例暴露(001)面的 TiO_2 在气体传感器、光催化分解水制氢气和染敏太阳能电池等领域都有广阔的应用前景。但 TiO_2 的(001)晶面具有很高的表面能($0.9\ J\cdot m^{-2}$),在制备过程中极不稳定,难以得到高质量的高比例暴露(001)面的 TiO_2 纳米结构。

　　采用诱导剂调控纳米材料的生长过程是湿化学法制备具有特定结构纳米材料的常用手段。氟离子(F^-)是一种常用的诱导剂,同时也可以用于稳定 TiO_2 的

(001)晶面。本节采用水热法,以 TBT 为原料,HF 作为形貌诱导剂,在 SiC 超细纤维上成功制备了高比例暴露(001)晶面的 TiO_2 纳米片(TiO_2 NSs)阵列。

8.5.1　HF 质量分数对纳米 TiO_2 形貌的影响

首先,我们考察了 HF 添加量对 TiO_2 NSs 在 SiC 超细纤维上生长情况的影响。

实验表明,水热溶液中 HF 的质量分数为 0.33% 时,SiC 纤维上可观察到分散的少量针状 TiO_2[图 8-13(a)和(b)]。HF 浓度为 0.67% 时,可以观察到 SiC 纤维上基本长满了纳米 TiO_2[图 8-13(c)],而且此时的纳米 TiO_2 介于 NRs 和 NSs 之间,呈三棱柱状[图 8-13(d)]。HF 浓度为 1.0% 时,在 SiC 纤维上可以得到高质量的 TiO_2 NSs,纳米片的排列整齐,垂直于纤维表面[图 8-13(e)和(f)]。很明显,此时得到的 TiO_2 NSs 只在 SiC 纤维表面存在,在 SiC 纤维与纤维之间没有 TiO_2 NSs 生成[图 8-13(e)]。HF 浓度为 1.3% 时,虽然还是能得到

(a) 0.33%,低倍数

(b) 0.33%,高倍数

(c) 0.67%,低倍数

(d) 0.67%,高倍数

(e) 1.0%，低倍数　　　　　　　　　　(f) 1.0%，高倍数

(g) 1.3%，低倍数　　　　　　　　　　(h) 1.3%，高倍数

(i) 1.7%，低倍数　　　　　　　　　　(j) 1.7%，高倍数

图 8 - 13　HF 质量分数对 TiO$_2$在 SiC 超细纤维上生长情况的影响

TiO$_2$ NSs,但纳米片的厚度明显增大[图 8-13(g)],且 TiO$_2$ NSs 不能很好地分布在 SiC 纤维表面形成阵列[图 8-13(h)]。当 HF 浓度进一步增大为 1.7%时,SiC 纤维表面只有少量颗粒状物,没有 TiO$_2$ NSs 生成[图 8-13(i)和(j)]。所以,合适的 HF 浓度为 1.0%。

8.5.2 TBT 与 SiC 纤维的质量比对 TiO$_2$ NSs 分布密集度的影响

实验通过控制 TBT 与 SiC 超细纤维的质量比(W_{TBT}/W_{SiC}),制备了不同密集程度的 TiO$_2$ NSs/SiC 复合纤维。图 8-14(a)和(b)是 W_{TBT}/W_{SiC} 为 30 时得到的 TiO$_2$ NSs/SiC 复合纤维的 SEM 照片。从图 8-14(a)可看出,TiO$_2$ NSs 在 SiC 纤维上均匀生长,但纳米片与纳米片之间存在较大的间隙,部分 SiC 纤维也裸露出来,纤维与纤维之间没有 TiO$_2$ NSs。从图 8-14(b)可知,TiO$_2$ NSs 呈正方体形,纳米片厚度约为 250 nm,长度约为 2.3 μm。纤维从 TiO$_2$ NSs 中贯穿而过,表明 SiC 与 TiO$_2$ NSs 之间具有十分良好的接触,形成了 SiC-TiO$_2$ 异质结结构。图 8-14(c)

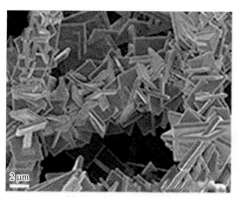

(a) W_{TBT}/W_{SiC}=30,低倍数

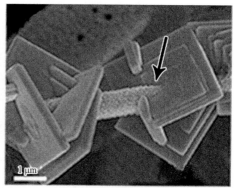

(b) W_{TBT}/W_{SiC}=30,高倍数

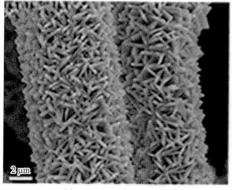

(c) W_{TBT}/W_{SiC}=50,低倍数

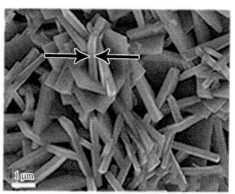

(d) W_{TBT}/W_{SiC}=50,高倍数

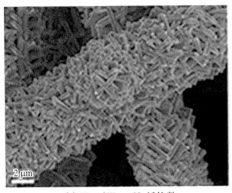 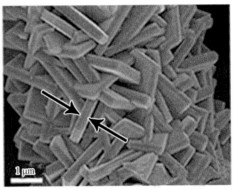

(e) W_{TBT}/W_{SiC}=65,低倍数　　　　　　　(f) W_{TBT}/W_{SiC}=65,高倍数

图 8 - 14　三种 W_{TBT}/W_{SiC} 制备的不同密集度的 TiO$_2$ NSs/SiC 复合纤维的 SEM 照片

和(d)是 W_{TBT}/W_{SiC} 为 50 时得到的 TiO$_2$ NSs/SiC 复合纤维的 SEM 照片。此时, TiO$_2$ NSs 均匀生长在 SiC 纤维表面形成纳米片阵列,实现对纤维的全包覆。纳 米片厚度约为 280 nm,长度在 1.5~2 μm。当 W_{TBT}/W_{SiC} 为升为 65 时,TiO$_2$ NSs 的 厚度增大至 330 nm 左右,在 SiC 纤维上也表现出密堆积状态,纳米片与纳米片 之间几乎没有间隙[图 8 - 14(e)和(f)]。在实际应用中,由于 TiO$_2$ NSs 的遮挡, 不能很好地发挥 SiC 纤维的作用。

8.5.3　超薄 TiO$_2$ NSs/SiC 复合纤维的制备

通过改变水热介质和诱导剂,可在 SiC 纤维上制备超薄的 TiO$_2$ NSs。采用 异丙醇代替水作为反应介质(溶剂热反应),以二乙烯三胺(DETA)代替 HF 作为 诱导剂,可制备如图 8 - 15 所示的超薄 TiO$_2$ NSs/SiC 复合纤维。在低倍数 SEM 照片中可观察到纤维的总直径为 2~3 μm[图 8 - 15(a)],超薄 TiO$_2$ NSs 在 SiC 纤维上的生长十分规整有序[图 8 - 15(b)]。高倍数 SEM 照片[图 8 - 15(c)] 更清楚地显示,所得的 TiO$_2$ 为纳米片状,纳米片的厚度<5 nm,其大小仅为几十 纳米。超薄 TiO$_2$ NSs 有利于使 TiO$_2$ 充分暴露在材料表面,最大限度提高 TiO$_2$ 原 子的利用率。例如,在应用于气体传感材料时,超薄 TiO$_2$ NSs 可以更充分地与目 标气体分子接触,提高材料的响应值和响应/恢复性能。

本节以钛酸丁酯和常规 SiC 超细纤维为原料,采用水热法,以 HF 为诱导剂, 在 SiC 超细纤维上生长了均匀排列的 TiO$_2$ 纳米片(TiO$_2$ NSs),制备了分级结构 TiO$_2$ NSs/SiC 复合纤维。TiO$_2$ NSs 厚度为 280 nm,大小约 2 μm。较为合适的 HF 浓度为 1.0%,TBT 与 SiC 的合适质量比为 50∶1。此外,采用异丙醇为反应介

图 8 - 15　不同放大倍数下超薄 TiO$_2$ NSs/SiC 复合纤维的 SEM 照片

质,DETA 为诱导剂,还可以在 SiC 纤维上制备出大小约 100 nm、厚度<5 nm 的超薄 TiO$_2$ NSs。

8.6　分级结构纳米 TiO$_2$ @ MMM-SFs 复合纤维

在 8.5 节中,采用水热法在常规 SiC 超细纤维上生长了不同形貌和尺寸大小的 TiO$_2$ NRs 和 TiO$_2$ NSs,探索出在 SiC 超细纤维上可控生长形貌规整、分布均匀的 TiO$_2$ NRs 和 TiO$_2$ NSs 的技术路线。但常规 SiC 超细纤维的比表面积小,不利于气敏传感和光催化等性能的提高。本节借鉴上述技术路线,在具有更大比表面积的大孔-介孔-微孔结构 SiC 超细纤维(MMM-SFs)生长了 TiO$_2$ NRs 和 TiO$_2$ NSs,分别制备了分级结构 TiO$_2$ NRs@ MMM-SFs 和 TiO$_2$ NSs@ MMM-SFs 复合纤维,并对其组成和结构进行系统表征,分析了 TiO$_2$ NRs 和 TiO$_2$ NSs 的生长机制。

8.6.1　分级结构纳米 TiO$_2$/MMM-SFs 的组成结构表征

1. 微观形貌分析

对合成的分级结构 TiO$_2$ NRs@ MMM-SFs 和 TiO$_2$ NSs@ MMM-SFs 复合纤维的形貌进行了表征。图 8 - 16 给出了 TiO$_2$ NRs@ MMM-SFs 和 TiO$_2$ NSs@ MMM-SFs 复合纤维的 SEM 照片。由图可见,TiO$_2$ NRs 和 TiO$_2$ NSs 都能均匀规整地分布在 MMM-SFs 上形成阵列,纤维与纤维之间没有发现 TiO$_2$ NRs 或 TiO$_2$ NSs 堆积,这与在常规 SiC 纤维表面观察到的现象相同。这也表明纤维表面的孔结构并不影响 TiO$_2$ 的形核与生长,甚至相比于常规 SiC 纤维的光滑表面,MMM-SFs 表面的孔结构更有利于纳米 TiO$_2$ 的形核,形成规整排列的结构。所得 TiO$_2$ NRs 的长度为 2 μm,宽度约为 210 nm;TiO$_2$ NSs 的长度为 3.8 μm,厚度约 260 nm。从图中还可以发现,TiO₂ NRs 或 TiO₂ NSs 之间存在一定的缝隙,这也便于光、气体分子和溶液中小分子的进入,从而提高材料的气体传感性能和光催化性能。

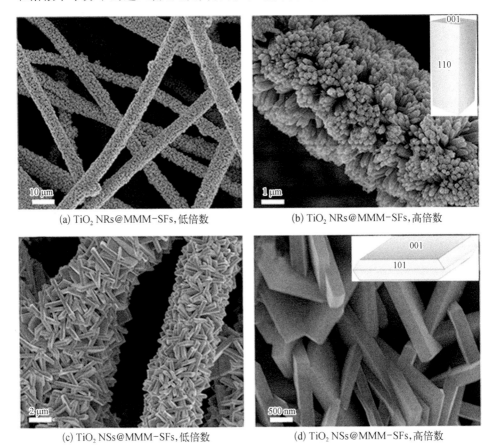

(a) TiO₂ NRs@MMM-SFs,低倍数　　　　(b) TiO₂ NRs@MMM-SFs,高倍数

(c) TiO₂ NSs@MMM-SFs,低倍数　　　　(d) TiO₂ NSs@MMM-SFs,高倍数

图 8-16　分级结构 TiO₂ NRs@ MMM-SFs 和 TiO₂ NSs@ MMM-SFs 复合纤维的 SEM 照片

2. 晶体结构分析

通过 XRD 分析表征了所制备 TiO₂ NRs@ MMM-SFs 和 TiO₂ NSs@ MMM-SFs 复合纤维的相结构。图 8-17 对比了纯 MMM-SFs 及在 400℃煅烧后的 TiO₂ NRs@ MMM-SFs 和 TiO₂ NSs@ MMM-SFs 的相结构。在 MMM-SFs 的 XRD 谱图中,处于 2θ 为 35.6°、60.2°和 71.9°处的衍射峰分别归属于 β-SiC 晶体的(111)、(220)和(311)晶面。对于 TiO₂ NRs@ MMM-SFs,所有的特征衍射峰都归属于金红石结构的 TiO₂ 和 β-SiC。特别是在 2θ 为 27.4°、36.1°、41.2°和 54.3°处的衍射峰分别对应于 TiO₂ 的(110)、(101)、(111)和(211)晶面。并且可以观察到属于

（110）晶面的衍射峰强度明显高于其他晶面的衍射峰，表明 TiO₂ NRs 中主要暴露的是（110）晶面。而对于 TiO₂ NSs@ MMM-SFs，在 2θ 为 25.3°、35.5°、37.8°、38.6°、48.0°、53.9°、55.1°、62.7°、68.8°、70.3°和 75.1°处的特征衍射峰分别为锐钛矿结构 T 的（101）、（103）、（004）、（112）、（200）、（105）、（211）、（204）、（116）、（220）和（215）晶面。两个样品的 XRD 谱图中都没有发现其他杂质的特征衍射峰，表明合成的 TiO₂ NRs@ MMM-SFs 和 TiO₂ NSs@ MMM-SFs 都具有很高的纯度。同时，衍射峰都十分尖锐，表明所得 TiO₂ NRs 和 TiO₂ NSs 都具有较高的结晶度。

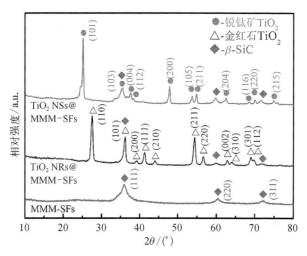

图 8 - 17　MMM-SFs，TiO₂ NRs@ MMM-SFs 和 TiO₂ NSs@ MMM-SFs 的 XRD 谱图

考察了退火温度对 TiO₂ NRs@ MMM-SFs 和 TiO₂ NSs@ MMM-SFs 相结构的影响。将得到的 TiO₂ NRs@ MMM-SFs 在马弗炉中分别加热至 300℃、400℃ 和 500℃，并保温 2 h，所得产物的 XRD 谱图如图 8 - 18 所示。由图可知，不同温度退火的样品与未退火的样品相比，相结构没有发生变化，其中的衍射峰均属于金红石结构的 TiO₂ 和 β 相的 SiC，没有观察到其他杂质的衍射峰，表明合成的 TiO₂ NRs@ MMM-SFs 具有高的纯度。随着煅烧温度的升高，归属于 TiO₂ 的衍射峰强度明显增大，这表明结晶度提高，晶体中的缺陷减少。但煅烧温度过高会导致晶体的晶粒尺寸迅速增大。而在 TiO₂ 晶体中保留一定量的氧缺陷，可以提高 TiO₂的气敏性能和光催化性能。

同样地，将 TiO₂ NSs@ MMM-SFs 在马弗炉中分别加热至 300℃、400℃ 和 500℃，并保温 2 h，所得产物的 XRD 谱图如图 8 - 19 所示。由图可知，四种样品的 XRD 谱图中所有的衍射峰都十分尖锐，分别归属于锐钛矿结构的 TiO₂和 β 相

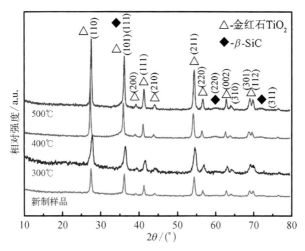

图 8-18 不同温度煅烧得到的 TiO₂ NRs@ MMM-SFs 的 XRD 谱图

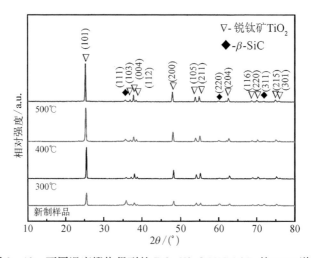

图 8-19 不同温度煅烧得到的 TiO₂ NSs@ MMM-SFs 的 XRD 谱图

的 SiC,这表明制备的 TiO₂ NSs@ MMM-SFs 具有高的结晶度纯度。四种样品的相结构没有发生变化,即直至退火温度达到 500℃,锐钛矿结构的 TiO₂ NSs 也没有向金红石相转变,说明样品具有较高的高温稳定性,这也为其高温气敏应用奠定了基础。相比于新制的样品,随退火温度的升高,TiO₂ NSs 的峰强度越高,结晶性越好。

3. 微观结构分析

通过 TEM 测试,对 TiO₂ NRs 和 TiO₂ NSs 的微观结构进行了进一步表征。

图 8 - 20 是 TiO₂ NRs 的 TEM 和 HRTEM 照片。从图 8 - 20(a)可以看出,TiO₂ NRs 的直径约为 150 nm,整个 NRs 可以被看成是由一定数量的大小为几十纳米 的纳米线组成,这也可以由 TiO₂ NRs 的顶部横截面的 SEM 照片[图 8 - 20(a)中 的插图]得以验证,从图中可知,组成 TiO₂ NRs 的纳米线直径约为 10～30 nm。 图 8 - 20(b)给出了 TiO₂ NRs 的 HRTEM 照片。由图可以计算出晶面间距大小 分别为 0.32 nm 和 0.29 nm,分别对应于金红石结构 TiO₂的(110)和(001)晶面, 这表明 TiO₂ NRs 的生长是沿[001]晶向进行的,与图 8 - 18 的 XRD 测试结果相 符合。从 FFT 图样[图 8 - 20(b)中的插图]可以看出,TiO₂ NRs 是单晶结构,同 时也进一步证明合成的 NRs 为金红石结构的 TiO₂。

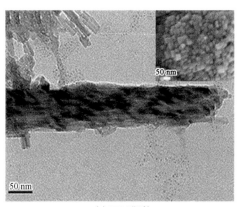

|(a) TEM照片|(b) HRTEM照片|

图 8 - 20　TiO₂ NRs 的(a)TEM 和(b)HRTEM 照片:图(b)中的插图为 NR 的 FFT 衍射图样

　　图 8 - 21 是 TiO₂ NSs@ MMM-SFs 的 TEM 和 HRTEM 照片。由图 8 - 21(a) 和(b)可以看出 TiO₂ NSs@ MMM-SFs 的宏观形貌,TiO₂ NSs 均匀地生长在 MMM-SFs 表面。TiO₂ NSs 的长和宽相近,完整的 NSs 大小为 2.5～3.2 μm[图 8 - 21(b)], 而暴露在外的 NSs 大小为 1～1.5 μm[图 8 - 21(a)],纳米片的厚度为 300 nm。 从图 8 - 21(b)中还可以清楚看到 MMM-SFs 上的大孔结构,孔径大小为几十纳 米。图 8 - 21(c)是 MMM-SFs 的高倍数 TEM 照片,从图中可以清晰地观察到 MMM-SFs 中除了含有直径为 80 nm 左右的大孔,还存在介孔和微孔,佐证了 MMM-SFs 的大孔-介孔-微孔分级孔结构。图 8 - 21(d)是样品的 SAED 衍射图 案,该衍射图案反映出 NSs 的四方形平面为单晶的纳米片结构,并可以归属于{001} 晶面族,这表明 TiO₂ NSs 的上下两面均为{001}晶面族。从 TiO₂ NSs 的 HRTEM 照 片[图 8 - 21(e)和(f)]可以看出,在 TiO₂ NSs 的中心晶体的晶面间距为 0.235 nm,

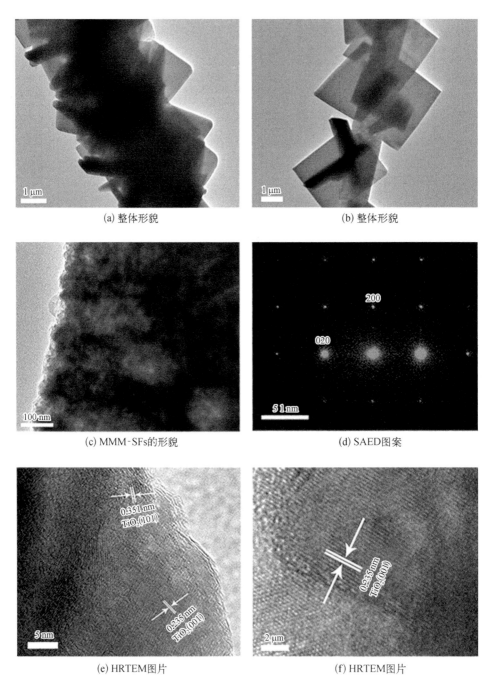

(a) 整体形貌

(b) 整体形貌

(c) MMM-SFs的形貌

(d) SAED图案

(e) HRTEM图片

(f) HRTEM图片

图 8-21 TiO$_2$ NSs@ MMM-SFs 的 TEM 和 HRTEM 照片

这对应于锐钛矿结构 TiO$_2$ 的（001）晶面。在 TiO$_2$ NSs 的边沿上，晶面间距为 0.351 nm，对应的是锐钛矿结构 TiO$_2$ 的（101）晶面，这也符合 TiO$_2$ NSs 的结构。

4. 表面化学组成与键合状态分析

利用 XPS 测试进一步表征了 TiO$_2$ NRs@ MMM-SFs 和 TiO$_2$ NSs@ MMM-SFs 的化学组成和成键状态，结果如图 8 - 22 所示。由图可知，两个样品的元素组成和价键结构都非常相似。从图 8 - 22(a) 中可以看出，两个样品中都含有 Si，C，Ti 和 O 四种元素，没有观察到其他杂质元素，表明两个样品中主要含有 TiO$_2$ 和 SiC 两种物质。从 Si2p 的高分辨谱图中可知，Si2p 峰可以分为三个分峰，其位置分布在 100.7 eV、101.7 eV 和 102.9 eV 处，这三个峰应分别归属于 Si—C、Si—O 和 Si—O$_2$ 键的特征峰[图 8 - 20(b)]，这表明在 SiC 纤维中主要是 SiC 相，但纤维表面仍然存在部分 SiOC 和 SiO$_2$ 相。在 Ti2p 的去卷积谱图中可以清楚地看到在 464.6 eV 和 458.9 eV 处分别属于 Ti^{4+} 中 Ti2p$_{1/2}$ 和 Ti2p$_{3/2}$ 的特征峰[图 8 - 22

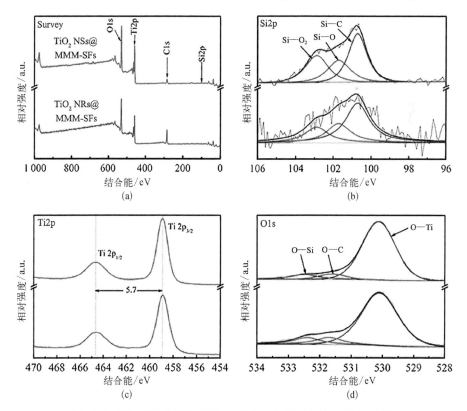

图 8 - 22　TiO$_2$ NRs@ MMM-SFs 和 TiO$_2$ NSs@ MMM-SFs 的 XPS 谱图

（c）]，两个分峰之间的结合能只差为 5.7 eV，这也表明样品的 Ti^{4+} 来源于 TiO_2。TiO_2 NRs@ MMM-SFs 和 TiO_2 NSs@ MMM-SFs 的样品组成也可以通过 O1s 的价键状态予以验证。在图 8-22（d）中，O1s 可以分为三个特征峰，位置分别位于 530.1 eV、531.6 eV 和 532.5 eV，这三个峰分别属于 O—Ti、O—C 和 O—Si 键的特征峰，表明两个样品中都存在 TiO_2、SiOC 和 SiO_2 相。综合来看，无论是 TiO_2 NRs@ MMM-SFs 还是 TiO_2 NSs@ MMM-SFs，样品都主要由 TiO_2 和 SiC 组成，但 SiC 纤维上也存在极少量的 SiOC 和 SiO_2 相。

5. 光学性质分析

材料对光[包括紫外光（ultraviolet，UV）和可见光（visible light，Vis）]的响应性在很大程度上影响其光催化性能。为了考察 TiO_2 NRs@ MMM-SFs 和 TiO_2 NSs@ MMM-SFs 的光学性质，对样品进行了 UV-DRS 测试，结果如图 8-23 所示。图 8-23（a）是两个样品在 UV 和 Vis 范围内的响应性。相比于体相的 TiO_2，两个样品的吸收边都出现了明显的红移（向高波长方向移动），这表明合成的两个样品中有带隙收缩现象。其原因可能有两个方面：一是由样品尺寸的纳米化引起的量子尺寸效应，二是 TiO_2 与 SiC 之间存在异质结相互作用。虽然在 UV 范围内，TiO_2 NRs@ MMM-SFs 的吸收强度略高于 TiO_2 NSs@ MMM-SFs，但很明显，TiO_2 NSs@ MMM-SFs 在 Vis 范围内的吸光性远高于 TiO_2 NRs@ MMM-SFs。在太阳光中，紫外光的比例只占约 4%，而可见光约占 43%，所以可以推测，TiO_2 NSs@ MMM-SFs 可能会表现出更好的光催化性能。为了更准确地比较两个样品的带隙收缩程度，对图 8-23（a）中的曲线进行了 Kubelka-Munk 函数转换，得到

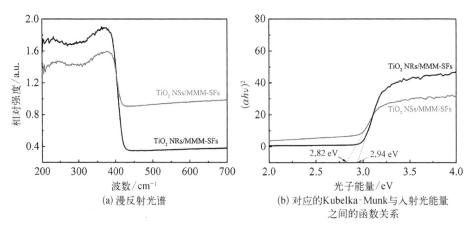

（a）漫反射光谱　　　　　　（b）对应的Kubelka-Munk与入射光能量
　　　　　　　　　　　　　　　　之间的函数关系

图 8-23　TiO_2 NRs@ MMM-SFs 和 TiO_2 NSs@ MMM-SFs 的

如图 8 - 23(b)中的曲线。根据切线在 x 轴上的截距,可以知道所制备的 TiO$_2$ NSs@ MMM-SFs 的带隙收缩幅度远大于 TiO$_2$ NRs@ MMM-SFs,也进一步表明 TiO$_2$ NSs@ MMM-SFs 可能具有更佳的光催化性能。

8.6.2　TiO$_2$纳米棒和纳米片的水热生长机制分析

晶体的生长过程主要由组成晶体的不同晶面的生长决定,而晶体各个晶面的生长则主要受到晶体内部结构和外部环境因素,例如反应温度、反应时间、晶体前驱体浓度、水热反应溶液的 pH 值等的影响。从原理上,我们可以通过控制反应条件使水热反应向合成条件下的最小表面能方向进行,即使反应向热动力学稳定方向进行。对于 TiO$_2$,其主要有两种晶型:金红石结构和锐钛矿结构,两种晶型结构都是由 1 个 Ti 原子与 6 个 O 原子组成的 TiO$_6$ 八面体构成。由上述的结构和组成表征可知,在 MMM-SFs 上合成的 TiO$_2$ NRs 为金红石结构,主要暴露晶体的(110)晶面。首先,对于特别小的 TiO$_2$ 晶粒,在酸性越高的环境中,金红石结构比锐钛矿结构更稳定,而锐钛矿结构在相对碱性的环境中比金红石/板钛矿结构更稳定[42]。也就是说,在酸性环境中,金红石结构的 TiO$_2$ 比锐钛矿结构的 TiO$_2$ 更容易形核和长大。本书所采用的水热溶液中,HCl 与 H$_2$O 的体积比为 1 : 1,是一种强酸性环境,若没有其他条件干预,则更容易得到金红石结构的 TiO$_2$。其次,对于锐钛矿结构的 TiO$_2$,Ramamoorthy 等[43]曾根据 Wulff 构型对不同晶面的晶面能计算后表明,平衡条件下可观测到的晶面主要有(110)、(100)、(011)和(001)晶面。这些晶面的表面能分别为 15.6 meV · au^{-2}、19.6 meV · au^{-2}、24.4 meV · au^{-2} 和 28.9 meV · au^{-2},所以各晶面生长速率大小顺序为 (110)<(100)<(101)<(001)[44]。由于(110)具有最小的表面能,因此,在得到的 TiO$_2$ NRs 中主要暴露(110)晶面。此外,由于溶液中存在高浓度的 Cl$^-$,在 TiO$_2$晶粒长大过程中,Cl$^-$ 会选择性吸附在(110)晶面上,从而限制了(110)面的生长[45],使晶粒更趋向于向[001]晶向生长,这与 TEM 测试结果中观测到的结果一致。从晶体的对称性和表面能之和最小的原则考虑,晶粒的异向生长得到的 TiO$_2$ 应为针状和扁平的,即本书得到的方形截面的纳米棒。Cl$^-$ 浓度越高,对(110)面的生长限制越大,从而得到的纳米棒的尺寸也会减小,这也可以解释图 8 - 6 中的 SEM 测试结果。总的来讲,HCl 在合成 TiO$_2$ NRs 过程中有三个作用: ① 使 Ti(OC$_4$H$_9$)$_4$水解,并调控水解平衡;② 提供一个酸性环境,有利于金红石结构 TiO$_2$的形核和生长;③ 提供大量的 Cl$^-$,促进 TiO$_2$[001]晶向的异向生长,从而能得到主要暴露(110)晶面的纳米棒。

　　上文中提到,水热溶液中晶粒的相结构稳定性与晶粒尺寸有关。实际上,在空气中,当晶粒尺寸小于 11 nm 时,锐钛矿结构最稳定,而晶粒尺寸大于 35 nm 时,金红石结构最稳定[46]。相结构稳定性的差异也使得在晶体的形核和生长过程具有可调性。即使在酸性环境中,在形成 TiO_2 晶种之前,若不能形成稳定的 Ti(Ⅳ)-oxo species[反应式(5-3)]中间体,也不能形成金红石结构的晶种。本书合成的 TiO_2 NSs 为锐钛矿结构,主要暴露晶体的(001)晶面。这主要是由于 F^- 的加入的原因。F^- 的加入对锐钛矿结构(001)晶面的生成有两个方面的影响。一是使水热系统中不能形成稳定的 Ti(Ⅳ)-oxo species 中间体,从而不能形成金红石结构的晶种。另一方面,适量的 F^- 可大大降低(001)晶面的表面能。对于锐钛矿结构 TiO_2 而言,其各个晶面的表面能大小分别为(110)(1.09 J·m^{-2})>(001)(0.90 J·m^{-2})>(010)(0.53 J·m^{-2})>(101)(0.44 J·m^{-2})[47,48]。由此可以看出,(101)晶面具有最小的表面能,也即是说,一般情况下得到的锐钛矿结构应主要暴露(101)晶面。Yang 等经过密度泛函理论(DFT)计算了(101)晶面和(001)晶面分别吸附 F^- 后的表面能,发现 F^- 的引入会大大降低(001)晶面的表面能,甚至比 F^- 吸附的(101)晶面的表面能更小[21]。所以,在溶液中加入适量的 F^-,可以大大限制(101)晶面的生长,促进(001)晶面的生长,从而得到暴露(001)晶面的锐钛矿结构 TiO_2。但当 F^- 浓度过小时,(001)晶面的表面能降幅还不够明显,所以得到的仍然是针状的 TiO_2[图 8-8(a)和(b)];当 F^- 浓度过高时,可能会使生成(001)晶面在动力学不稳定,从而一生成(001)晶面,随即就消失,从而在 SiC 纤维上不能得到 TiO_2 NSs[图 8-8(i)和(j)]。而 DETA 的加入代替 F^- 后,得到超薄的 TiO_2 NSs,则是因为一方面,DETA 与 F^- 具有相近的作用,即降低(001)晶面的表面能,促进 TiO_2 向垂直于[001]晶向的方向生长,得到暴露(001)晶面的 TiO_2。但另一方面,F^- 的空间位阻很小,TiO_2 晶粒的长大不受空间限制。DETA 是与 TiO_2 晶粒形成三配位体系[49],DETA 分子本身较大,形成三配位体系后,TiO_2 晶粒的长大会受到较大的空间位阻,从而只能形成尺寸为几十纳米,厚度为几纳米的薄片。

　　总之,TiO_2 NSs 和 TiO_2 NRs 的形成是不同晶体结构不同晶面的热力学稳定性及水热溶液中的形貌诱导剂共同作用的结果。TiO_2 NRs 的形成是主要由于酸性的水热反应环境有利于金红石结构 TiO_2 的稳定,其(110)晶面具有最小的晶面能,热力学上最稳定,加上大量 Cl^- 的形貌诱导,最终得到纳米棒状的 TiO_2。TiO_2 NSs 的生成则是由于 F^- 的加入,不仅提高了锐钛矿结构 TiO_2 的稳定性,同时使(001)晶面的晶面能降至最低,热力学上最稳定。

8.7　分级结构纳米 TiO$_2$ @ MMM-SFs 复合纤维的性能

8.7.1　气敏性能

将制备的样品(TiO$_2$ NRs@ MMM-SFs、TiO$_2$ NSs@ MMM-SFs、纯 TiO$_2$ NSs 和纯 TiO$_2$ NRs)涂覆在商业的金叉指电极上,通过 CGS - 1TP 智能气敏测试仪,考察了样品对不同种类不同浓度气体的气敏性能,主要包括传感器的响应值、响应值与气体浓度相关性、响应/恢复时间、气敏重现性和气敏选择性等。

1. 温度对传感器响应值的影响

图 8 - 24 给出了样品 TiO$_2$ NRs@ MMM-SFs、TiO$_2$ NSs@ MMM-SFs、纯 TiO$_2$ NSs 和纯 TiO$_2$ NRs 在不同温度下对 1×10^{-4} 丙酮气体的响应值。结果表明:四个样品的响应值都随温度上升先上升后下降,在 450℃ 时响应值最高。这是由于在低温度下,气敏材料的活性不够,目标气体与气敏材料之间相互作用不强;而温度太高,会导致目标气体在未与气敏材料反应前就已经解吸附,造成响应值降低。但即使在 500℃ 的高温下,具有分级结构的 TiO$_2$ NRs@ MMM-SFs 和 TiO$_2$ NSs@ MMM-SFs 也具有很高的响应值,表明两个样品可应用于高温气体传感器。

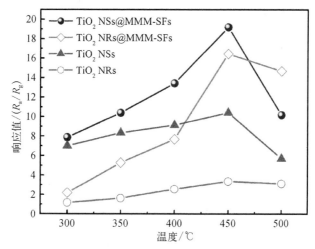

图 8 - 24　TiO$_2$ NSs@ MMM-SFs,TiO$_2$ NRs@ MMM-SFs,TiO$_2$ NSs 和
TiO$_2$ NRs 在不同温度下对 1×10^{-4} 丙酮的响应值

在 450℃时,四个样品对丙酮的响应值顺序为 TiO₂ NSs@ MMM-SFs＞TiO₂ NRs@ MMM-SFs＞TiO₂ NSs＞TiO₂ NRs。TiO₂ NSs@ MMM-SFs 对丙酮的响应值最高,为 19.2,是 TiO₂ NRs@ MMM-SFs(S＝16.45)的 1.2 倍,是纯 TiO₂ NSs(S＝10.42)的 1.8 倍。这表明具有分级结构异质结的复合纤维的响应值高于单一纳米金属氧化物半导体,即分级结构异质结的构建可以有效提高传感器的响应值。同时,纳米片状的 TiO₂ 响应值高于纳米棒状的 TiO₂。不同形貌(暴露不同晶面)的 TiO₂ 之所以表现出不同的气敏活性,主要有三方面的原因:一是不同晶面的 TiO₂ 具有不同的氧化-还原性能。Tachikawa[50] 和 Murakami[51] 等通过单分子荧光探针和光化学沉积的方式证明,锐钛矿结构 TiO₂ NSs 的(001)晶面具有很多氧化性活性位点[52]。而 Ohno 等[53] 的实验结果表明,金红石结构 TiO₂ 的(110)晶面具有很多还原性活性位点。对还原性气体丙酮而言,必然与拥有更多氧化性活性位点的 TiO₂ NSs(001)晶面具有更强的相互作用,使 TiO₂ NSs 表现出更高的响应值;二是 TiO₂ NSs 中除了(001)晶面以外,还有少量的(101)晶面。Yu 等曾报道锐钛矿结构的(001)晶面与(101)晶面之间会形成晶面异质结,这种晶面异质结的形成也有利于提高材料的气敏性能;三是锐钛矿 TiO₂ 的(001)晶面表面仅含有五配位的 Ti 原子,即(Ti_{5c}),而金红石 TiO₂ 的(110)晶面表面除了含有 50% 的 Ti_{5c} 以外,还含有 50% 的六配位 Ti 原子(Ti_{6c})[54]。这些晶体表面缺陷类型和浓度的不同也可能是造成 TiO₂ NSs 和 TiO₂ NRs 气敏性能差异的原因之一。

2. TiO₂ NSs@ MMM-SFs 的响应值与浓度的相关性

图 8 - 25 给出了 TiO₂ NSs@ MMM-SFs 传感器在 450℃时对不同浓度丙酮的

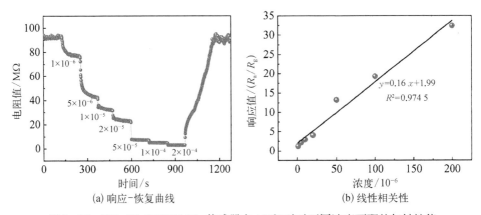

(a) 响应-恢复曲线　　　　　　　　(b) 线性相关性

图 8 - 25　TiO₂ NSs@ MMM-SFs 传感器在 450℃时对不同浓度丙酮的气敏性能

响应-恢复曲线及线性相关性。从图中可看到,传感器的响应值随丙酮的浓度变化而迅速变化[图 8 - 25(a)],这表明制备的传感器对丙酮浓度具有很高的响应值,同时对不同浓度的丙酮可以实现连续响应,这也是传感器在使用过程中必须具备的性能。从响应值与丙酮浓度的相关性上看,在丙酮浓度为 $1 \times 10^{-6} \sim 2 \times 10^{-4}$ 范围内二者基本呈现线性关系,其函数关系为 $y = 0.16x + 1.99$,其中 y 是传感器的响应值,而 x 是丙酮的浓度[图 8 - 25(b)]。当丙酮浓度为 1×10^{-6}、5×10^{-6}、1×10^{-5}、2×10^{-5}、5×10^{-5}、1×10^{-4} 和 2×10^{-4} 时,传感器的响应值依次为 1.21、2.17、2.92、4.05、13.2、19.25 和 32.4。很明显,传感器的检出限甚至可以达到 10^{-9} 级别。我们认为传感器低的检出限和良好线性关系是由 TiO$_2$ NSs@ MMM-SFs 特殊的分级结构和异质结协同作用引起的。

3. TiO$_2$ NSs@ MMM-SFs 的响应/恢复速率

传感器的响应和恢复时间长短是关系到传感器能否对气体进行及时监测的两个参数。按通常的定义,响应时间(τ_{res})和恢复时间(τ_{recov})为传感器的阻值变化达到在吸附(传感器达到最大的响应)和解吸附(传感器电阻回到处于空气中时的初始阻值)总电阻值变化的 90% 所需要的时间。图 8 - 26 是 TiO$_2$ NSs@ MMM-SFs 和 TiO$_2$ NSs 气体传感器对 1×10^{-4} 丙酮的响应/恢复曲线。从图中可以看出,TiO$_2$ NSs@ MMM-SFs 对丙酮的 τ_{res} 仅为 3 s,τ_{recov} 为 22 s,而纯的 TiO$_2$ NSs 在相同条件下对丙酮的 τ_{res} 为 12 s,τ_{recov} 为 8 s。也就是说,TiO$_2$ NSs@ MMM-SFs 的 τ_{res} 比纯的 TiO$_2$ NSs 快 4 倍。虽然 TiO$_2$ NSs 的 τ_{recov} 比 TiO$_2$ NSs@ MMM-SFs 的 τ_{recov} 短,但很明显纯 TiO$_2$ NSs 发生了基线漂移现象,解吸附过程中电阻未恢复至初始程度。而纯 TiO$_2$ NSs 的响应时间长可能是由于纳米 TiO$_2$ NSs 发生了团聚而堆积在一起,阻止了气体的吸附。而具有分级结构的 TiO$_2$ NSs@ MMM-SFs 中,TiO$_2$ NSs 均匀地分布在 MMM-SFs 纤维表面,不会发生团聚现象,丙酮气体可以自由地吸附,所以具有快速的响应速率。

4. TiO$_2$ NSs@ MMM-SFs 的气敏重现性

气体传感器除了具有高响应值,还需要拥有好的气敏重现性,确保传感器的重复使用。保持测试温度和丙酮浓度等条件不变,在 450℃时测定了 TiO$_2$ NSs@ MMM-SFs 对 1×10^{-4} 丙酮的气敏重现性,结果如图 8 - 27 所示。从图中可以看出,在 4 次循环实验中,传感器的电阻能基本恢复至初始电阻值,传感器的响应值没有发生巨大变化。同时,经过几次重复实验,传感器的基线没有发生明显的

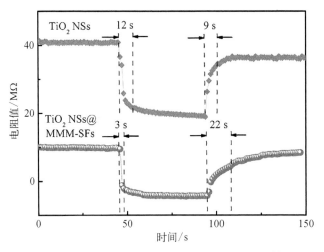

图 8－26 TiO₂ NSs@ MMM-SFs 和 TiO₂ NSs 气体
传感器对丙酮的响应/恢复曲线

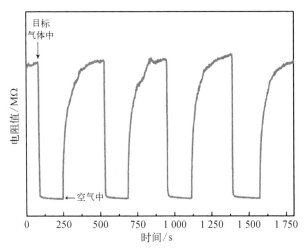

图 8－27 TiO₂ NSs@ MMM-SFs 气体传感器在 450℃ 时
对 1×10^{-4} 丙酮的气敏重现性

漂移现象,这些结果都表明传感器具有很好的气敏重现性。TiO₂ NSs@ MMM-SFs
传感器的优异重现性,与传感器电阻受到三重势垒的调控有关,即 TiO₂ NSs 之间
的同质结势垒、TiO₂ NSs 中的晶面异质结势垒和 TiO₂－SiC 之间的异质结势垒。

5. TiO₂ NSs@ MMM-SFs 的气敏选择性

气敏选择性是气体传感器非常重要的参数。图 8－28 给出了 TiO₂ NSs@

MMM-SFs 传感器在 450℃时对几种不同气体的响应值,气体浓度均为 1×10^{-4}。相同条件下 TiO$_2$ NSs@ MMM-SFs 对苯、丙酮、甲苯、甲醇、乙醇和异丙醇的响应值分别为 2.73、19.2、4.32、4.08、8.46 和 6.64。很明显,TiO$_2$ NSs@ MMM-SFs 对丙酮的响应性最高,比灵敏性第二高的乙醇的响应值还高出 2.3 倍。也就是说 TiO$_2$ NSs@ MMM-SFs 对丙酮表现出很好的气敏选择性。优异的气敏选择性为传感器在复杂气氛中实现单一气体目标识别提供了基础。

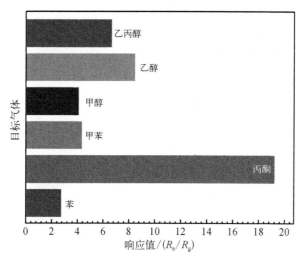

图 8 - 28　TiO$_2$ NSs@ MMM-SFs 传感器在 450℃时
对几种不同气体的响应值对比

　　综上所述,通过 CGS‐1TP 智能气敏测试仪,考察了 TiO$_2$ NRs@ MMM-SFs、TiO$_2$ NSs@ MMM-SFs、纯 TiO$_2$ NSs 和纯 TiO$_2$ NRs 的气敏性能。结果表明,四个样品对丙酮的灵敏性顺序为 TiO$_2$ NSs@ MMM-SFs>TiO$_2$ NRs@ MMM-SFs>TiO$_2$ NSs> TiO$_2$ NRs。TiO$_2$ NSs@ MMM-SFs 在 450℃时对丙酮的响应值最高为 19.2,是 TiO$_2$ NRs@ MMM-SFs($S = 16.45$)的 1.2 倍,是纯 TiO$_2$ NSs($S = 10.42$)的 1.8 倍。即具有分级结构异质结的复合纤维的响应值比单一纳米金属氧化物的响应值更高,纳米片状 TiO$_2$ 的气敏性能优于纳米棒状的 TiO$_2$。同时,TiO$_2$ NRs@ MMM-SFs 还具有超快的响应时间(3 s)、优异的气敏重现性和气敏选择性(对丙酮气体),其响应值与丙酮浓度呈线性相关。

8.7.2　光催化性能

　　实验通过光催化分解水产氢测试,考察了 TiO$_2$ NRs@ MMM-SFs、TiO$_2$ NSs@

MMM-SFs、TiO$_2$ NSs 和 TiO$_2$ NRs 的光催化性能,并与商业 P25 光催化剂的性能进行了比较。采用的催化剂用量为 50 mg,去离子水为 50 mL,以 0.35 mol/L Na$_2$S 和 0.25 mol/L Na$_2$SO$_3$ 作为牺牲剂,光源选用 300 W Xe 灯光照模拟太阳光。

图 8 – 29 给出了不同样品在模拟太阳光下的光催化产氢量随时间的变化关系及产氢速率的比较。可见,各样品的产氢量随时间呈线性增长,这表明 5 种样品都具有十分稳定的产氢活性,没有发生光腐蚀等现象。从产氢速率上讲 [图 8 – 29(b)],制备的样品产氢速率都比商业的 P25 催化剂高,这是由于 P25 中,较低的比表面积使光生电子和空穴的复合概率大大增加,降低了其光催化活性。同时,分级结构 TiO$_2$ NRs@ MMM-SFs 和 TiO$_2$ NSs@ MMM-SFs 复合纤维的产氢速率高于纯的 TiO$_2$ NRs 和 TiO$_2$ NSs,这是由于特殊的分级结构和 TiO$_2$ 与 SiC 之间的异质结协同作用引起的。TiO$_2$ NSs@ MMM-SFs 的产氢速率为 1 206.1 μmol · g^{-1} · h^{-1},高于 TiO$_2$ NRs@ MMM-SFs 的 1 008.7 μmol · g^{-1} · h^{-1},这表明纳米片状的 TiO$_2$ 比纳米棒状的 TiO$_2$ 具有更高的光催化活性。

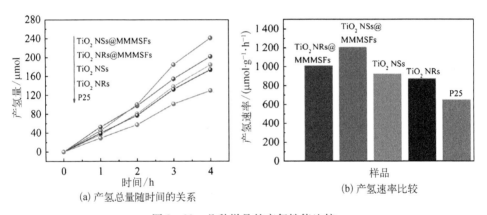

(a) 产氢总量随时间的关系 (b) 产氢速率比较

图 8 – 29 几种样品的产氢性能比较

退火温度对 TiO$_2$ NSs@ MMM-SFs 催化活性也有很大的影响。图 8 – 30 为未退火及在 300~500℃退火的 TiO$_2$ NSs@ MMM-SFs 的产氢速率。可见,随退火温度的升高,四种催化剂的产氢速率呈先升高后降低的趋势。退火温度为 400℃时,TiO$_2$ NSs@ MMM-SFs 的产氢速率达到最高为 1 206.1 μmol · g^{-1} · h^{-1}。未退火的 TiO$_2$ NSs@ MMM-SFs 产氢速率最低为 754 μmol · g^{-1} · h^{-1}。这是由于 TiO$_2$ 中的氧空位缺陷对催化剂的光催化活性起着至关重要的作用[55]。催化剂中氧空位缺陷含量太高,则空位缺陷会作为光生电子和空穴的复合点,降低样品的光催化活性;催化剂中的氧空位缺陷含量过低,则催化剂对光的响应会降低,同样导致较低的光催化活性。因此,可推测 400℃ 退火的 TiO₂ NSs@ MMM-SFs 具有最高的光催化活性是由于含有适量的氧空位缺陷。四种样品的光催化活性差异也可能是由于晶粒尺寸的变化引起的,详细的影响机制还有待进一步论证。

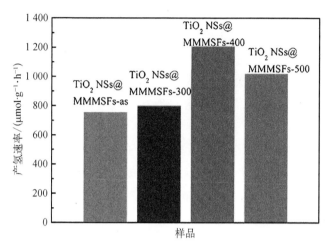

图 8－30　不同退火温度得到的 TiO₂ NSs@ MMM-SFs 的
光催化产氢速率比较

催化活性的循环稳定性是光催化剂在实际应用过程中十分重要的参数。实验通过同一样品的三次光催化实验表征了 TiO₂ NSs@ MMM-SFs 的光催化循环稳定性。如图 8－31 所示,第一个循环的产氢总量略比第二和第三个循环的产氢总量高,这可能是由于搅拌过程中 TiO₂ NSs@ MMM-SFs 的分级结构受到轻微

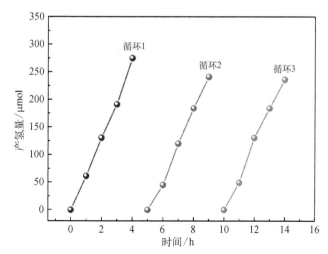

图 8－31　三次循环光催化实验中 TiO₂ NSs@ MMM-SFs 的产氢活性

破坏的原因。但整体而言,三次循环过程中 TiO_2 NSs@ MMM-SFs 的光催化产氢总量及各时间段内的产氢量比较一致,表明 TiO_2 NSs@ MMM-SFs 具有较好的循环稳定性能。

图 8-32 给出了在光催化实验后 TiO_2 NSs@ MMM-SFs 和 TiO_2 NRs@ MMM-SFs 的 SEM 照片。从图中可以看出,TiO_2 NSs@ MMM-SFs 和 TiO_2 NRs@ MMM-SFs 的整体形貌与产氢实验之前并没有发生大的改变,复合纤维的分级结构并没有被破坏,只是复合纤维的长度由几百微米减小为 $10 \sim 20 \ \mu m$,这主要是由于 TiO_2 NSs 嵌入了 MMM-SFs 内部[图 8-32(c)],二者结合牢固,而 TiO_2 NRs 靠近 MMM-SFs 表面一端紧紧沿 MMM-SFs 表面生长形成连锁机制[图 8-32(f)],从而不容易从 MMM-SFs 上脱落。但从高倍数下的 SEM 照片[图 8-32(c)和(f)]可以看出,有小部分 TiO_2 NSs 和 TiO_2 NRs 变成了不完整的片状和棒状。这也是造成循环实验过程中光催化性能略微降低的原因。

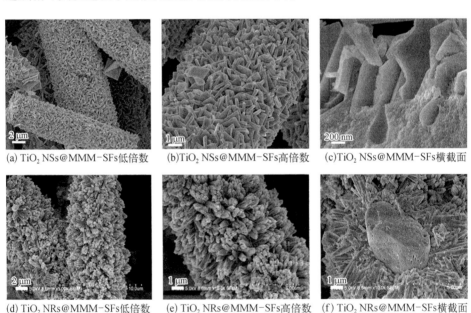

(a) TiO_2 NSs@MMM-SFs低倍数   (b)TiO_2 NSs@MMM-SFs高倍数   (c)TiO_2 NSs@MMM-SFs横截面

(d) TiO_2 NRs@MMM-SFs低倍数   (e) TiO_2 NRs@MMM-SFs高倍数   (f) TiO_2 NRs@MMM-SFs横截面

图 8-32   光催化实验后不同倍数下(a)、(b)、(c)TiO_2 NSs@ MMM-SFs 和 (d)、(e)、(f)TiO_2 NRs@ MMM-SFs 的 SEM 照片

光催化降解有机污染物同样是考察光催化剂催化性能的重要方法。为了进一步验证 TiO_2 NRs@ MMM-SFs 和 TiO_2 NSs@ MMM-SFs 的光催化活性,通过在 UV 光照下降解亚甲基蓝来评估两种光催化剂的催化活性。图 8-33 给出了 TiO_2 NRs@ MMM-SFs 和 TiO_2 NSs@ MMM-SFs 在紫外光条件下对 1×10^{-5} 亚甲基

蓝溶液的光降解性能。从图中可以看出,在无光照条件下 TiO_2 NRs@ MMM-SFs 和 TiO_2 NSs@ MMM-SFs 对亚甲基蓝分别吸附了 30% 和 26%,表明两种光催化剂的吸附能力基本相当,也进一步表明两种催化剂的比表面积大体相同。经过 UV 光照射 5.5 h 后,TiO_2 NRs@ MMM-SFs 对亚甲基蓝的降解率只有 82.4%,而 TiO_2 NSs@ MMM-SFs 对亚甲基蓝的降解率达到了 98.5%,表明在比表面积大体相当的条件下,TiO_2 NSs@ MMM-SFs 的光催化活性高于 TiO_2 NRs@ MMM-SFs,也验证了暴露(001)晶面的锐钛矿结构 TiO_2 NSs 具有比暴露(110)晶面的金红石结构 TiO_2 NRs 更高的光催化活性,这与光催化产氢实验所得结论一致。图 8 – 33(b) 是两个样品的一级反应速率常数比较。其中,一级反应速率常数 k 是由公式 $\ln(C_0/C) = kt$ 拟合得到,C_0 和 C 分别为时间为 0 和 t 时的溶液浓度。由图可知,TiO_2 NSs@ MMM-SFs 光降解亚甲基蓝的一级反应速率常数 k 为 0.642 h^{-1},是 TiO_2 NRs@ MMM-SFs 一级反应速率常数(0.25 h^{-1})的 2.57 倍,也反映出 TiO_2 NSs@ MMM-SFs 对亚甲基蓝具有更快的光降解速率。

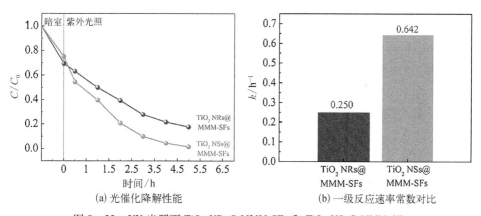

图 8 – 33　UV 光照下 TiO_2 NRs@ MMM-SFs 和 TiO_2 NSs@ MMM-SFs
对亚甲基蓝溶液的光降解性能

　　图 8 – 34 是样品 MMM-SFs,TiO_2 NRs@ MMM-SFs 和 TiO_2 NSs@ MMM-SFs 的在 300 W Xe 灯间歇式(间隔时间为 60 s)照射下的瞬态光电流测试结果。样品的瞬态光电流密度与光生电子和空穴的分离效率有关,瞬态光电流密度越高,则样品中光生电子和空穴分离效率越高。由图可见,样品 TiO_2 NSs@ MMM-SFs 上产生的光电流密度最高,TiO_2 NRs@ MMM-SFs 次之,而纯的 MMM-SFs 的光电流密度最小,这一结果与样品的光催化产氢速率大小相吻合,也验证了 TiO_2 NSs@ MMM-SFs 的光催化活性高于 TiO_2 NRs@ MMM-SFs。

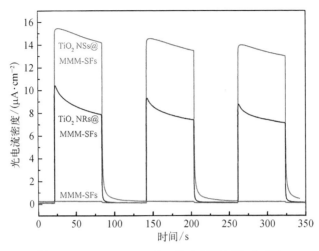

图 8-34　MMM-SFs,TiO₂ NRs@ MMM-SFs 和 TiO₂
NSs@ MMM-SFs 的瞬态光电流响应

　　根据以上分析,分级结构 TiO₂ NRs@ MMM-SFs 和 TiO₂ NSs@ MMM-SFs 异质结复合纤维都具有高的光催化活性,这主要是由四个方面的原因引起的:第一,得益于 TiO₂ NRs@ MMM-SFs 和 TiO₂ NSs@ MMM-SFs 的分级结构,TiO₂ NSs 和 TiO₂ NRs 在 MMM-SFs 上形成有序排列的阵列,且 TiO₂ 与 TiO₂ 之间存在缝隙(见图 8-16),当入射光照射在催化剂上时,入射光可在 TiO₂ 之间反复折射,从而提高了光的利用率[如图 8-35(a)所示];第二,TiO₂ NSs 或 TiO₂ NRs 均匀分布在 MMM-SF 上,可以有效避免纳米 TiO₂ 的团聚;第三,产物具有高长径比的纤维形貌,可提供长程的载流子输运通道,一定程度上提高了光生电子和空穴的分离效率;第四,SiC 与 TiO₂ 之间紧密结合形成异质结结构[如图 8-35(b)所示],当受到模拟太阳光照射时,SiC 上的电子会由于具有较高的价带(VB)电势而向 TiO₂

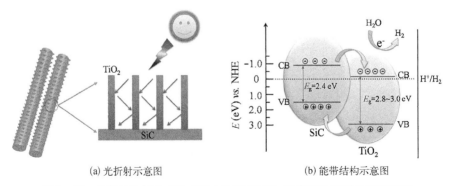

(a) 光折射示意图　　　　　　　(b) 能带结构示意图

图 8-35　分级结构 TiO₂ NRs(NSs)@ MMM-SFs 的光催化产氢机制示意图

的 VB 上迁移,同时,TiO_2导带(CB)上的空穴会向 SiC 的 CB 上移动,进一步有效提高 TiO_2 上光生电子和空穴的分离效率,从而提高了 TiO_2 NRs@ MMM-SFs 和 TiO_2 NSs@ MMM-SFs 的光催化产氢效率。

从以上结果还发现,TiO_2 NSs@ MMM-SFs 表现出比 TiO_2 NRs@ MMM-SFs 更高的光催化活性。这主要是因为,首先,锐钛矿结构的 TiO_2暴露的高能面(001)晶面,具有更加优异的吸附和解离水分子的能力。其次,从图 8 - 23 可知,TiO_2 NSs@ MMM-SFs 在可见光范围内,具有更高的光响应活性,且带隙宽度也更窄,在较低能量的光照射下就可以激发 TiO_2价带中的电子产生光生电子和空穴。事实上,关于锐钛矿结构 TiO_2 NSs 的(001)晶面与金红石结构 TiO_2 NRs 的(110)晶面间催化活性高低的讨论一直是学者们争论的焦点。

8.8　分级结构 SnO_2 NPCs@ MMM-SFs 的制备与性能

近年来,随着便携式电子器件,如可穿戴式器件等受到越来越多的关注以及柔性器件的不断发展,开发具有高柔性的元器件材料就显得尤为迫切。因此,柔性的 SiC 纤维就成为一种更为理想的载体。

另一方面,纳米材料的规模化制备也是目前研究者们面临的一个挑战。溶胶-凝胶法是制备纳米颗粒的较为普适的方法,但通常制备出的纳米颗粒仍需要经过较长时间的退火处理。火焰法是将需要退火处理的溶胶或凝胶在火焰中直接退火,可以通过调控火焰中燃料与氧气的比例实现退火环境(氧化/还原性气氛)的调控。目前,通过溶胶-火焰法已成功地制备了多种氧化物纳米颗粒,包括 Co_3O_4、TiO_2、ZnO 和 NiO 等。这种方法显示了其简单、低成本、可控以及便于规模化的特点。而且,源于这种快速的制备方式、可以在氧化物中引入更多的缺陷,这也可提高其功能性。但并未见用此法制备 SnO_2纳米颗粒的报道,也更未有将纳米 SnO_2生长在 SiC 纤维上制备成柔性的 SnO_2/SiC 复合物的报道。

本节通过溶胶-凝胶-燃烧法成功地在 MMM-SFs 上生长了 SnO_2纳米颗粒链(SnO_2 NPCs),制备出分级结构的 SnO_2 NPCs@ MMM-SFs,主要研究 SnO_2 NPCs@ MMM-SFs 和 SnO_2 NSs@ SiC NFs 的制备工艺、组成和结构及其电学和荧光性能。

8.8.1　分级结构 SnO_2 NPCs@ MMM-SFs 的制备与表征

将 $SnCl_2$・$2H_2O$(5 mmol)和乙醇(10 mL)的混合物加热到80℃并保温4 h

可得到锡溶胶。自然冷却以后,将 MMM-SFs 浸没到锡溶胶中 1 min,然后在 30℃保温 12 h,使溶胶老化成凝胶。然后将得到的复合纤维在酒精灯焰火上烧 20 s,即得到 SnO_2 NPCs@ MMM-SFs。浸渍-老化过程重复的次数为 1、2 和 3 次,得到的相应产物标记为 SS - 1、SS - 2 和 SS - 3。作为对比,也将老化的复合纤维在普通的管式炉中加热到 800℃并保温 1 h。溶胶-凝胶-燃烧法制备 SnO_2 NPCs@ MMM-SFs 的过程示意图见图 8 - 36(a)。图 8 - 36(b)是所得纤维毡的光学照片,SnO_2 NPCs 均匀地覆盖于 MMM-SFs 上,而且这种毡还具有很好的柔性,这对于制备柔性器件非常重要。

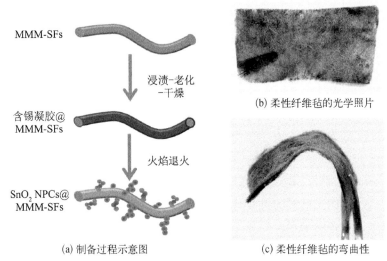

(a) 制备过程示意图　　　　　　(c) 柔性纤维毡的弯曲性

图 8 - 36　SnO_2 NPCs@ MMM-SFs 的制备过程示意图及光学照片

　　图 8 - 37 是溶胶-凝胶-燃烧法和传统马弗炉中退火处理制备的 SnO_2@ MMM-SFs 的 SEM 图片。采用溶胶-凝胶-燃烧法制备的样品中可以观察到 SnO_2 NPCs[图 8 - 37(a)、(b)和(c)],SnO_2 NPCs 与 MMM-SFs 之间的结合非常紧密,这有利于 SnO_2 和 MMM-SFs 之间的电子转移。随着浸渍-老化的循环次数增多,SnO_2 NPCs 链的长度越长而且越来越密集。当浸渍-老化的次数为 3 次时,在 MMM-SFs 缝隙中出现了 SnO_2 块体[图 8 - 37(c)]。样品 SS - 1、SS - 2 和 SS - 3 中,SnO_2 纳米颗粒的平均尺寸分别为 88 nm、95 nm 和 113 nm,颗粒链长 0.5 ~ 1 μm。SnO_2 NPCs 形成的机制是:在高温和快速升温速率下,锡盐壳层和残余的溶剂快速分解,并产生大量气体,如 H_2O 和 CO_2,产生的气体驱动含锡先驱体离开 MMM-SFs 表面,并逐渐形成链状。与此同时,快速的升温速率也导致快速的形核,导致形成的是 SnO_2 纳米颗粒而不是 SnO_2 块体。另一方面,如图 8 - 37

(a) SS-1

(b) SS-2

(c) SS-3

(d) 传统马弗炉中退火得到的样品

图 8-37　溶胶-凝胶-燃烧法制备 SnO$_2$ NPCs@ MMM-SFs 的 SEM 图片

(d)所示,在马弗炉中退火制备的样品中没有观察到 SnO$_2$ 纳米颗粒,而是 MMM-SFs 嵌入在体相的 SnO$_2$ 基体中,这也反映了溶胶-凝胶-燃烧法可用于快速制备纳米 SnO$_2$,而传统的煅烧方法只能得到体相的 SnO$_2$。

　　图 8-38 是样品 MMM-SFs、SS-1、SS-2 和 SS-3 的 FTIR 谱图。在样品 MMM-SFs 的 FTIR 谱图中,800 cm^{-1} 附近出现了强的 Si—C 键特征峰,同时在 1 015 cm^{-1} 附近发现很弱的 Si—O 键特征峰,表明样品中主要为 SiC 相,还含有少量的 SiO$_2$ 或者 SiO$_x$C$_y$ 相。对于样品 SS-1、SS-2 和 SS-3,在 3 419 cm^{-1} 附近的宽而广的吸收峰主要是由于 SnO$_2$ 表面吸附的水分子的伸缩振动,而在 1 626 cm^{-1} 附近观察到的—OH 弯曲振动峰也同样证明了吸附水分子的存在。在 650 cm^{-1} 附近的强吸收峰主要则是 SnO$_2$ 中 Sn—O 键的振动峰。随 SnO$_2$ 含量的增多,这个吸收峰的强度也越来越高。

　　为了进一步考察样品的相结构和微观结构,对典型的样品 SS-2 进行了

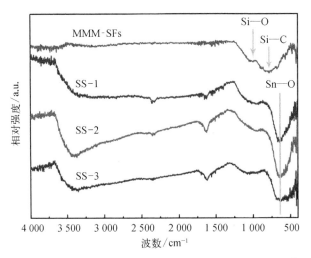

图 8-38 样品 MMM-SFs,SS-1,SS-2 和 SS-3 的 FTIR 谱图

XRD 和 TEM 分析。

图 8-39(a)是样品 SS-2 的 XRD 谱图,所有的衍射峰都可以归于金红石结构的 SnO_2,没有发现其他杂质的衍射峰,表明所得到的 SnO_2 纳米颗粒具有很高的纯度。由 TEM 测试结果可知,所得到的 SnO_2 纳米颗粒尺寸 84 nm[图 8-39(b)],这与 SEM 测试结果一致。高倍数透射电镜[图 8-39(c)]表明,得到的 SnO_2 纳米颗粒为单晶结构,晶面间距为 0.26 nm,与 SnO_2 的(101)面的晶面间距相符。傅里叶转换(FFT)图谱表明 SnO_2 单晶主要沿[101]方向生长。在放大的高分辨率谱图[图 8-39(d)]中还可以观察到大量属于 SnO_2 的晶格缺陷,这些晶格缺陷将对样品的光学性质产生较大的影响。

采用 XPS 测试考察了样品 SS-2 的化学组成和成键情况,结果如图 8-40 所示。从 XPS 全谱分析[图 8-40(a)]中可以看出样品 SS-2 主要由 Si、C、O 和 Sn 四种元素组成。由于 XPS 是一种表面分析技术,而 SiC 纤维被 SnO_2 NPCs 包裹,所以 Si 和 C 的含量相对较少。Si2p 谱图[图 8-40(b)]可以拟合为结合能在 100.6 eV、101.4 eV 和 102.8 eV 处的三个特征峰,这三个特征峰分别归属于 SiC、SiO_xC_y 和 SiO_2。从 C1s 的高分辨拟合谱图中也可以验证 SiC 的存在[图 8-40(c)]。图 8-40(d)是 Sn3d 的高分辨拟合谱图,可以看出,峰中心在 486.8 eV 和 495.3 eV 处应归属于 SnO_2 中 $Sn3d_{5/2}$ 和 $Sn3d_{3/2}$ 的特征峰。而结合能在 486.2 eV 和 494.8 eV 处的特征峰是由于 SnO_2 中存在大量的氧空位而产生的 SnO_{2-x} 相的特征峰。测试结果也表明通过火焰法燃烧得到的 SnO_2 NPCs 中存在大量的氧空位缺陷,这与 TEM 测试结果相同。

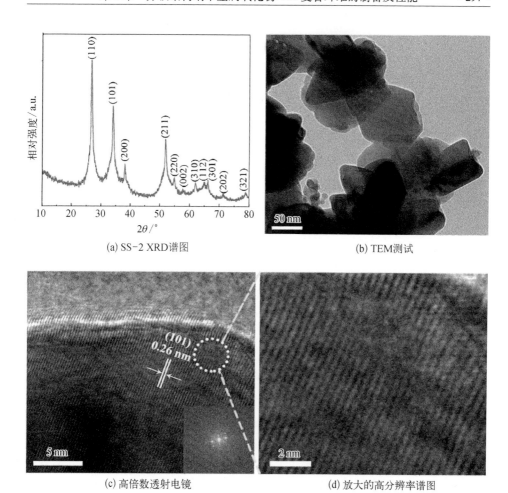

(a) SS-2 XRD谱图

(b) TEM测试

(c) 高倍数透射电镜

(d) 放大的高分辨率谱图

图 8 - 39　典型样品 SS - 2 的(a)XRD 谱图;(b)低倍数和(c)以及(d)HRTEM 照片

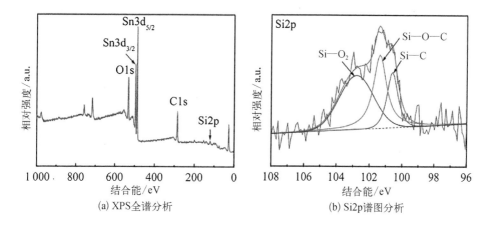

(a) XPS全谱分析

(b) Si2p谱图分析

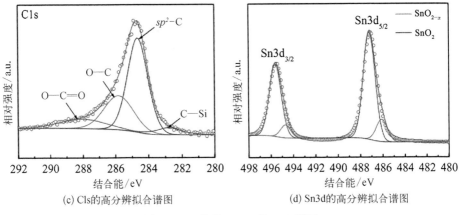

(c) Cls的高分辨拟合谱图   (d) Sn3d的高分辨拟合谱图

图 8 - 40   样品 SS - 2 的 XPS 谱图

8.8.2 分级结构 SnO₂ NPCs@MMM-SFs 的性能

首先考察了 SnO₂ NPCs@ MMM-SFs 的电学性能。图 8 - 41(a)是 SnO₂ NPCs @ MMM-SFs 的 I-V 曲线测试器件及对应等效电路图的示意图。将制备的 SS - 2 复合纤维毡固定在绝缘玻璃上,两端以导电银胶链接,形成简单的 I-V 曲线测试器件,而后在室温环境中采用电化学工作站对样品进行 I-V 曲线测试。基于此测试方法,样品 SS - 2 在室温下的 I-V 曲线如图 8 - 41(b)所示。从图 8 - 41(b)中可以看出 SS - 2 呈现出非线性、S -形的 I-V 曲线,这表明在 Ag-SnO₂/MMM-SFs-Ag 系统中形成了背靠背(back to back)的肖特基型异质结。与典型的肖特基异质结的 I-V 曲线相比,SS - 2 的 I-V 曲线更对称,整流性特性相对较弱,具有部分欧姆接触的特征。从文献可知,SnO₂ 的功函数(4.5 ~ 4.7 eV)介于 Ag (4.26 eV)和 SiC(4.53~5.2 eV)之间,这使电子在 Ag/SnO₂ 及 SnO₂/MMM-SFs 之间传递会变得更容易,因此,SS - 2 的 I-V 曲线表现出类似欧姆接触特征。

氧空位缺陷对半导体的荧光性质有巨大的影响。因此,本书对制备的 SS - 1、SS - 2 和 SS - 3 进行了荧光测试(图 8 - 42)。从测试结果可以看出,三个样品在 400~650 nm 范围内有强而宽的发射峰带,这与文献报道的结果类似。这个宽峰可拟合为中心波长在 445 nm 和 500.8 nm 处的两个特征峰。我们认为 445 nm 处的峰是主要是由于 SnO₂ 纳米颗粒中存在大量结构缺陷和由于量子限域效应使 SiC 的特征峰蓝移的结果。SiC 和 SnO₂ 的禁带宽度分别是 2.4 eV 和 3.6 eV。SiC 的导带和价带相对于标准氢电极分别位于-0.9 V 和 E_{VB} = 1.5 V(pH 7),而 SnO₂ 的导带和价带位置分别为 0 和 3.6 V。由于 SnO₂ 是在 MMM-SFs 上原位生长,

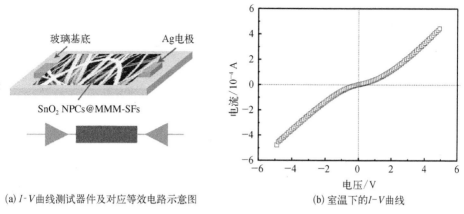

(a) *I-V* 曲线测试器件及对应等效电路示意图　　　(b) 室温下的 *I-V* 曲线

图 8-41　SS-2 的 *I-V* 曲线测试

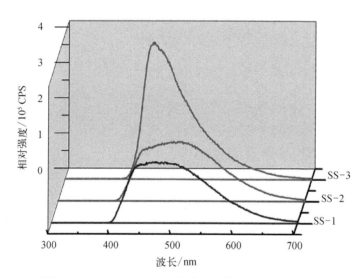

图 8-42　样品 SS-1,SS-2 和 SS-3 的荧光发射光谱,测试激发波长为 350 nm

SnO_2 与 SiC 之间的接触紧密,电子可以从 SiC 的导带迁移到 SnO_2 的导带,而 SnO_2 上的空穴可以从 SnO_2 迁移到 SiC 的价带上。价带上的电子可以通过非辐射的跃迁回到晶体缺陷产生的捕获能级。因此,我们认为位于 445 nm 处的发射峰主要是由于载流子在结构缺陷处的复合。也正是因此,SS-3 表现出了更高的衍射峰强度,这是由于 SS-3 中 SnO_2 含量更高,产生的缺陷数量也增多。而 500.8 nm 处的吸附峰带则是由于 SnO_2 NPCs 中的氧空位造成的。因此,所制备的 SnO_2 NPCs@ MMM-SFs 的性能可以通过调控 SnO_2 与 SiC 之间的比例得到控制,而这个比例又可以通过简单的改变浸渍次数与锡溶胶的浓度而得到调控。

　　综上所述,本小节采用溶胶-凝胶-火焰法成功在 MMM-SFs 上生长了 SnO₂ NPCs。采用 FTIR、XRD、SEM、TEM 和 XPS 等技术对所制备的 SnO₂ NPCs@ MMM-SFs 的形貌和结构都仔细地表征。考察了样品的电学性能,非线性的 *I-V* 曲线表明形成了肖特基型的异质结。研究了浸渍次数对样品形貌、结构和荧光性能的影响。荧光测试结果表明,SnO₂ NPCs@ MMM-SFs 在 400~650 nm 范围内显示了强而宽的特征发射峰,这要是由于 SnO₂ 中含有大量的缺陷。这种 SnO₂ NPCs@ MMM-SFs 在纳米器件,例如气体传感器和发光二极管等领域都有较大的应用前景。

8.9　分级结构 SnO₂ NSs@ SiC NFs 的制备与组成结构表征

8.9.1　分级结构 SnO₂ NSs@ SiC NFs 的制备

　　水热法是制备分级结构材料的一种重要方法。在水热法反应过程中,水热釜中的高温高压环境可改变氧化还原电势,从而使复杂离子间的反应加速,加剧金属离子的水解反应,制得晶粒完整、粒度分布均匀、尺寸可控的纳米晶体。本小节以第 4 章制备的 SiC 纳米纤维(SiC NFs)为基础,采用 SnCl₂·2H₂O 为锡源,通过水热法在 SiC NFs 上原位生长了垂直于纤维表面的 SnO₂ NSs。

　　图 8-43 所示为分级结构 SnO₂ NSs@ SiC NFs 的制备过程示意图。为了使 SnO₂ 更好地在 SiC NFs 上形核,在水热反应之前,需将得到的 SiC NFs 预先在 5 mol/L 的 NaOH 溶液中处理 5 h。该处理的主要目的是在除去 SiC NFs 表面少量的 SiO₂ 的同时,在纤维表面引入大量的羟基(—OH)。当 SiC NFs 浸没到含有 SnCl₂、尿素和 MA 的水热溶液中后,由于静电相互作用,带正电的 Sn²⁺ 会迅速地吸附在带负电的 SiC NFs—OH 表面,这样,在水热反应过程中,锡氧化物(SnOₓ)会更容易在 SiC NFs 表面均匀成核,进而经过 Ostwald 熟化过程而长大成 SnO₂ NSs。其中,尿素可以有效促进溶液中 Sn²⁺ 的形核及形成纳米晶,而 MA 对于控制晶体的异向生长形成纳米片形貌起着至关重要的作用。从上述的制备过程可以看出,SiC NFs 表面的—OH 和溶液中的 MA 不仅可以保证形貌纳米片状的 SnO₂,还可以使 SnO₂ NSs 与 SiC NFs 之间紧密结合,从而减少 SnO₂ NSs 与 SiC NFs 的界面,有利于电子在 SnO₂ NSs 与 SiC NFs 之间的快速转移。

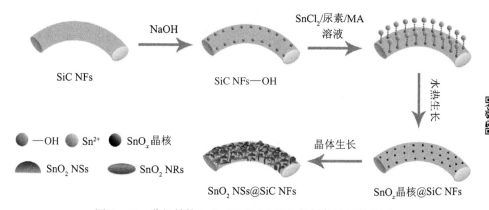

图 8 – 43　分级结构 SnO₂ NSs@SiC NFs 的制备过程示意图

首先研究了反应温度对 SnO₂ 在 SiC NFs 上生长情况的影响。图 8 – 44 给出了纯 SiC NFs 和不同温度制备的 SnO₂/SiC 纳米纤维的 SEM 照片。对于纯的 SiC NFs,纤维平均直径为 200 nm,纤维表面粗糙,这有利于 SnO$_x$ 在纤维表面的形核。在较低水热反应温度下(100℃),在 SiC NFs 上观察到颗粒状的 SnO₂,而没有 SnO₂ NSs 生成[图 8 – 44(b)]。如图 8 – 44(c)所示,当反应温度升高至 120℃ 时,在 SiC NFs 表面可以明显观察到形貌规整、厚度小于 5 nm 的超薄 SnO₂ NSs,这些 SnO₂ NSs 直立地生长在 SiC NFs 表面,有助于气体和其他小分子等的扩散和传质。纤维总的直径为 400 nm,相比于纯 SiC NFs 的 200 nm 直径,可以推测所得到的 SnO₂ NSs 的高度应约为 100 nm。而当反应温度升高至 140℃ 时,在 SiC NFs 上同样也能得到纳米片状的 SnO₂,但纳米片的厚度迅速地增大为 15 nm 左右[图 8 – 44(d)]。随反应温度的进一步升高至 160℃ 和 180℃[图 8 – 44(e)和(f)],在 SiC NFs 上生成了 SnO₂ 纳米棒(SnO₂ NRs),这可能是由于当过高的反应温度会导致晶粒的快速成核和长大,不利于晶体的异向生长,因而得到对称性更好的纳米棒状 SnO₂。从形态学角度考虑,由于纳米片具有超高的表面积/体积比,在纳米片状的 SnO₂ 中,更多的 SnO₂ 暴露于超薄纳米片的表面,可以使 SnO₂ 得到最大限度的利用。也就是说,对于 SnO₂ NSs,在气敏测试时,目标气体分子可以与更多的 SnO₂ 接触,提高材料的响应值。相反,在 SnO₂ 纳米颗粒和纳米棒中,SnO₂ 大多分布于材料内部,不利于 SnO₂ 与气体分子接触,降低了 SnO₂ 的利用率,进而降低了材料的气敏性能。由此也可以推测,当水热反应温度为 120℃ 时合成的 SnO₂ NSs@SiC NFs 将展现较高的气敏性能。

(a) 纯SiC NFs　　　　　　　　(b) 100℃　　　　　　　　(c) 120℃

(d) 140℃　　　　　　　　(e) 160℃　　　　　　　　(f) 180℃

图 8-44　纯 SiC NFs 和不同温度制备的 SnO_2/SiC 纳米纤维的 SEM 照片

　　图 8-45 是当水热溶液中 $SnCl_2$ 的浓度变为上述反应的 2 倍(26 mmol/L)时制备的 SnO_2@SiC NFs 的 SEM 照片。虽然 SnO_2 仍然能均匀地分布于 SiC NFs 上 [图 8-45(a)],但 SnO_2 的形貌从纳米片状变成了类似圆柱形的纳米棒状[图 8-45(b)]。我们推测其原因可能是由于 Sn^{2+} 的浓度过高,使溶液中 Sn^{2+} 很快达到过饱和而迅速地在 SiC NFs 上形核,在晶体的生长过程中,虽然由于 MA 的形貌控制作用而优先向某个方向生长,但在其他方向上的生长速率也会随 Sn^{2+}

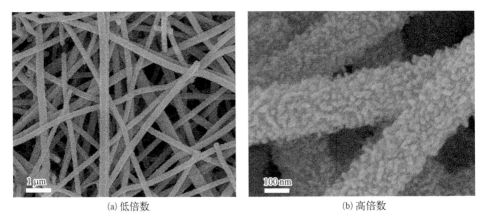

(a) 低倍数　　　　　　　　　　　　　(b) 高倍数

图 8-45　水热溶液中 $SnCl_2$ 的浓度加倍(26 mmol/L)时制备的 SnO_2@SiC NFs 的 SEM 照片

浓度的大大增加而加快,最终得到的 SnO_2 表现出的形状类似于圆柱形的棒状。

8.9.2　分级结构 SnO₂ NSs@SiC NFs 的组成结构表征

本节主要通过 SEM、EDS、TEM、XRD、XPS、TGA 和 N_2 吸附测试等手段对制备的分级结构 SnO₂ NSs@SiC NFs 的组成和结构进行了系统表征。

（1）微观形貌和元素组成分析

图 8‐46 是 SnO₂ NSs@SiC NFs 的高倍数 SEM 照片和对应的 EDS 谱图。从图中可以更清楚地看出 SnO₂ NSs 的厚度仅为 4 nm 左右[图 8‐46(a)]。SnO₂ NSs 之间互相连接[图 8‐46(a)],这不仅可以提供一个多路径的电子传输通道,在晶粒与晶粒之间还会产生势垒,在气体分子接触 SnO₂ NSs 时,该势垒对氧化锡的电阻变化具有较大的调节作用。从 SnO₂ NSs@SiC NFs 的 EDS 谱图中可以证实,所制备的产物中含有 Si、C、O 和 Sn 四种元素[图 8‐46(b)]。而检测到的 Au 元素是进行 SEM 测试时,为了观察到更清晰的图片而溅射的 Au 纳米颗粒。

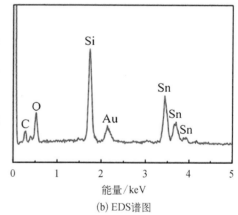

(a) 高倍数SEM照片　　　　　　　　　(b) EDS谱图

图 8‐46　SnO₂ NSs@SiC NFs 的高倍数 SEM 照片和对应的 EDS 谱图

（2）晶体结构分析

采用 XRD 表征了样品经不同温度煅烧后的相结构。如图 8‐47 所示,新制的样品中衍射峰除了对应于立方相的 SiC 以外,主要归属于 SnO 和 $Sn_6O_4(OH)_4$ 两相。将新制的样品在马弗炉中分别退火至 400℃、500℃ 和 600℃,从 XRD 谱图中可知,马弗炉退火以后,所有的衍射峰都归属于六方金红石结构的 SnO₂ 和 SiC。其中,在 2θ 为 26.6°、33.8°、38.0°、42.6°、51.8°、54.8°、57.9°、62.0°、64.8°、66.0°、71.3° 和 78.7° 处的衍射峰分别为（110）、（101）、（200）、（210）、（211）、

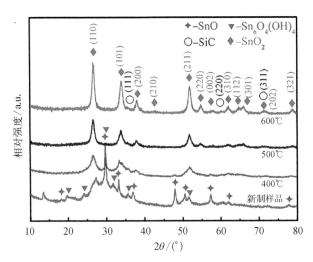

图 8-47　不同温度退火得到的 SnO_2 NSs@ SiC NFs 的 XRD 平谱图

(220)、(002)、(310)、(112)、(301)、(202)和(321)晶面。随着退火温度的升高,SnO_2的衍射峰强度逐渐提高,表明 SnO_2 的结晶度越来越高。由生成产物的组成可以推导制备 SnO_2 的简单过程。如式(8-4)~式(8-10)所示。首先尿素缓慢水解,生成 NH_3 和 CO_2,进而生成 NH_4^+ 和 CO_3^{2-}[式(8-4)]。加入 Sn^{2+} 后,Sn^{2+} 发生水解反应生成 $Sn(OH)_3^-$[式(8-5)],$Sn(OH)_3^-$ 极不稳定,会立即继续反应生成 $Sn_6O_4(OH)_4$ 沉淀[式(8-6)]。当在溶液中加入浓 HCl(总摩尔量为 0.006 mol)后,一方面,HCl 可与 NH_3 可逆的反应生成 NH_4Cl[式(8-7)],使溶液成为碱性的缓冲溶液;另一方面 HCl 会立即与 $Sn_6O_4(OH)_4$ 沉淀反应生成可溶的 $Sn_6O_4(OH)_{(4-x)}^{x+}$,使溶液变澄清[式(8-8)]。当水热反应开始,温度逐渐升高,加速尿素的水解,而尿素的总摩尔量为 0.008 mol,高于 HCl 总量,所以溶液会重新呈碱性。由式(8-5)可知,溶液中会重新形核生成 $Sn_6O_4(OH)_4$ 沉淀,在较高反应温度下,$Sn_6O_4(OH)_4$ 沉淀大部分分解生成 SnO[式(8-9)]。从而在新制的产物中同时存在 $Sn_6O_4(OH)_4$ 和 SnO 相。在退火过程中,$Sn_6O_4(OH)_4$ 和 SnO 相会与空气中 O_2 反应[式(8-10)和式(8-11)],最终生成 SnO_2。

$$H_2NCONH_2 + H_2O \longrightarrow 2NH_3 + CO_2 + H_2O \longrightarrow 2NH_4^+ + CO_3^{2-} \quad (8-4)$$

$$Sn^{2+} + 3OH^- \longrightarrow Sn(OH)_3^- \quad (8-5)$$

$$6Sn(OH)_3^- \longrightarrow Sn_6O_4(OH)_4 + 4H_2O + 6OH^- \quad (8-6)$$

$$NH_3 + HCl \longrightarrow NH_4Cl \qquad (8-7)$$

$$Sn_6O_4(OH)_4 \underset{xOH^-}{\overset{xH^+}{\rightleftharpoons}} Sn_6O_4(OH)_{(4-x)}^{x+} + xH_2O \qquad (8-8)$$

$$Sn_6O_4(OH)_4 \longrightarrow 6SnO + 2H_2O \qquad (8-9)$$

$$Sn_6O_4(OH)_4 + 3O_2 \longrightarrow 6SnO + 2H_2O \qquad (8-10)$$

$$2SnO + O_2 \longrightarrow 2SnO_2 \qquad (8-11)$$

从 XRD 谱图中还可以看出,样品中没有其他杂质相的衍射峰,表明合成的 SnO_2 NSs@ SiC NFs 具有高的纯度。根据 Scherrer 公式: $d = 0.9\lambda/B\cos\theta$, d 为晶粒尺寸, λ 为 X -射线波长, θ 为衍射角,可以计算出 SnO_2 的晶粒尺寸大小约为 10 nm[根据(110)晶面计算]。

（3）热稳定性分析(TGA)

热稳定性是气体传感器在高温环境中的应用所必须参考的重要参数。为了考察 SnO_2 NSs@ SiC NFs 的热稳定性,对样品进行了空气气氛的 TGA 测试,结果如图 8 - 48 所示。从图中可以看出, SnO_2 NSs@ SiC NFs 在空气气氛下从室温升至 800℃,总的失重率仅为 5.2%。而且失重主要分为两段：在 100℃之前的失重主要是由于样品中的水分子蒸发,失重率为 2%;在 100~800℃之间基本没有明显的失重。因此,制备的 SnO_2 NSs@ SiC NFs 具有非常优异的热稳定性,这为传感器在高温环境中的应用奠定了基础。

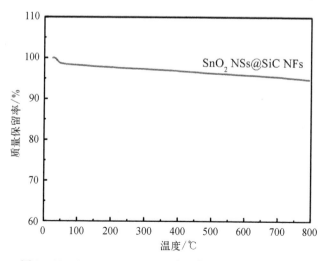

图 8 - 48　SnO_2 NSs@ SiC NFs 在空气气氛下的 TGA 曲线

（4）微观结构分析

通过 TEM 表征了纯 SiC NFs 和 SnO_2 NSs@ SiC NFs 的微观结构，如图 8 - 49 所示。在纯 SiC NFs 中存在多孔结构，表面粗糙，纤维的直径为 200 nm[图 8 - 49（a）]，这与 SEM 的测试结果一致。图 8 - 49(b)是纯 SiC NFs 的 HRTEM 测试结

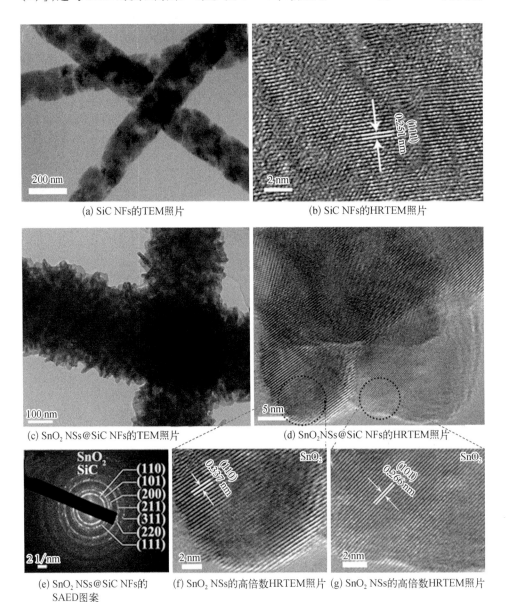

(a) SiC NFs的TEM照片　　　　　　　　(b) SiC NFs的HRTEM照片

(c) SnO_2 NSs@SiC NFs的TEM照片　　　　(d) SnO_2NSs@SiC NFs的HRTEM照片

(e) SnO_2 NSs@SiC NFs的　　(f) SnO_2 NSs的高倍数HRTEM照片　(g) SnO_2 NSs的高倍数HRTEM照片
　　SAED图案

图 8 - 49　纯 SiC NFs 和 SnO_2 NSs@ SiC NFs 的微观结构

果,由图可以计算出晶体的晶格间距为 0.251 nm,这与立方相 SiC 的(111)晶面的晶面间距相符。对于 SnO_2 NSs@ SiC NFs,从样品整体的 TEM 照片可以看出,制备的 SnO_2 NSs 均匀地包覆在 SiC NFs 表面,形成核-壳型的分级结构,SnO_2 NSs 厚度仅为几个纳米。复合纤维的直径为 400 nm,也与 SEM 测试结果相符合[图 8 - 49(c)]。对比纯 SiC NFs 的直径,可以推测出制备的 SnO_2 NSs 高度约为 100 nm。图 8 - 49(e)给出了 SnO_2 NSs@ SiC NFs 的 SAED 图案,该图案显示出环状的衍射条纹,这表明合成的 SiC NFs 和 SnO_2 NSs 为多晶的结构。衍射环由两个部分组成,标示为绿色的一部分,从内到外分别为金红石结构 SnO_2 的(110)、(101)、(200)和(211)晶面。而标示为白色的部分为立方相结构 SiC 的(111)、(220)和(311)晶面。如图 8 - 49(d)所示,从高倍数的 TEM 照片中可以看出,具有半圆形形状的 SnO_2 NSs 的直径为几十至上百纳米。由此还可以计算出两个晶面间距分别为 0.337 nm 和 0.266 nm[图 8 - 49(f)和(g)],这应归属于金红石结构 SnO_2 的(110)和(101)晶面,与 SAED 的测试结果相同。从上述的分析可以确认,通过水热法在 SiC NFs 生长了厚度为 5 nm 以下的超薄 SnO_2 NSs,产物具有核-壳型的分级结构,制备的 SnO_2 NSs 为金红石结构,而 SiC NFs 为立方相结构,与 XRD 测试结果吻合(图 8 - 47)。

图 8 - 50 给出了纯的 SnO_2 NSs 的 SEM 和 TEM 照片。从图中可知,在没有 SiC NFs 作为载体的情况下,同样可以得到纳米片状的 SnO_2,但由于没有 SiC NFs 作为载体,SnO_2 NSs 会自动堆叠成球状,这是由系统中表面能最小原理所决定的。从 TEM 中也可以看出,即使经过 1 h 的超声处理,球状 SnO_2 NSs 还是会团聚在一起。也正是因为无载体时的堆叠和严重团聚现象,会阻碍气体分子在

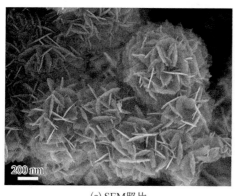

(a) SEM照片　　　　　　　　　　　　　　　(b) TEM照片

图 8 - 50　纯 SnO_2 NSs 的(a)SEM 和(b)TEM 照片

SnO_2 NSs 中的吸附和解吸附行为,并且 SnO_2 NSs 与气体分子之间也不能充分接触,降低了 SnO_2 NSs 的利用率。

(5) 表面化学组成与键合状态分析

为了进一步了解 SnO_2 NSs@SiC NFs 的化学组成和价键结构,对样品进行了 XPS 分析,测试结果如图 8-51 所示。图 8-51(a) 为样品的 SnO_2 NSs@SiC NFs 的全谱分析,从谱图中可以肯定样品中含有 Si、C、Sn 和 O 四种元素,相应的原子百分比分别为 6.4%、41.6%、12.0% 和 40%。在 Sn 3d 的高分辨 XPS 谱图中可以看到两个典型的峰[图 8-51(b)],分别位于 495.1 eV 和 486.7 eV 处,这应是属于 Sn^{4+} 中 Sn $3d_{3/2}$ 和 Sn $3d_{5/2}$ 态的峰,两个峰之间的结合能差为 8.4 eV,说明样品中确实存在 SnO_2。O1s 峰可以拟合为四个分峰,其结合能分别位于 530.4 eV、531.0 eV、532.0 eV 和 532.9 eV 处,这四个分峰分别属于 SnO_2 上的 O^{2-} 或 O—Sn 键的特征峰以及 O^-、O_2^- 和 —OH 的特征峰。氧负离子(O^{2-}、O^- 和 O_2^-)的存在主

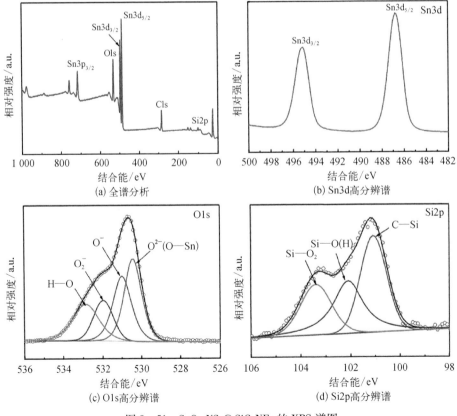

(a) 全谱分析　　　　　　　　　　(b) Sn3d高分辨谱

(c) O1s高分辨谱　　　　　　　　　(d) Si2p高分辨谱

图 8-51　SnO_2 NSs@SiC NFs 的 XPS 谱图

要是由于吸附在 SnO_2 表面的氧气可以从 SnO_2 的导带中得到电子而生成的。而对于气体传感器而言,传感材料表面的氧负离子含量越高,则更容易提高传感器的响应值。处于更高结合能的 O1s 峰(532.9 eV)可能是吸附在 SnO_2 表面的水分子所引起的。图 8 − 51(d)是 Si2p 的高分辨 XPS 谱,其中,处于结合能位置为 101.0 eV 的分峰为 Si—C 键的特征峰,说明样品中有 SiC 存在。其他两个处于结合能为 102.1 eV 和 103.4 eV 处的分峰则是属于 Si—O(H)和 Si—O_2 键的峰,这两个峰的形成可能是 SiC NFs 在水热处理过程中表面被氧化或碱处理后的 SiC 表面自带的—OH 引起的。

图 8 − 52 是纯的 SnO_2 NSs 的 XPS 谱图。从 XPS 全谱中可以看到,纯 SnO_2 NSs 中含有 Sn 和 O 两种元素,其原子百分比为之比为 1∶2,符合 SnO_2 的原子计量比。同时,从 Sn3d 的高分辨谱也可以看出在结合能为 495.4 eV 和 487.0 eV 处属于 Sn^{4+} 中 Sn $3d_{3/2}$ 和 Sn $3d_{5/2}$ 态的峰,两个峰之间的结合能之差同样为 8.4 eV。这两个结果都表明合成了 SnO_2。图 8 − 52(b)是 O1s 的高分辨谱,与 SnO_2 NSs@ SiC NFs 的 O1s 谱类似,在谱图中可以看到属于 SnO_2 上的 O^{2-} 或 O—Sn 键的特征峰以及 O^-、O_2^- 和—OH 的特征峰,表明在纯 SnO_2 NSs 上吸附了大量的氧负离子。

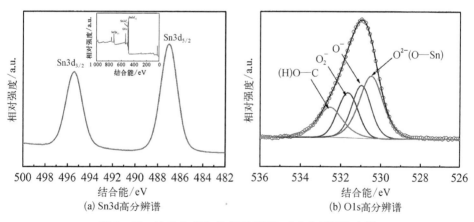

(a) Sn3d高分辨谱　　　　(b) O1s高分辨谱

图 8 − 52　纯 SnO_2 NSs 的 XPS 谱图:(a)中插图为全谱

(6) 比表面积分析

通过 N_2 吸附-脱附实验考察了 SnO_2 NSs@ SiC NFs 和纯 SnO_2 NSs 的孔结构和比表面积。图 8 − 53 给出了 SnO_2 NSs@ SiC NFs 和纯 SnO_2 NSs 的 N_2 吸附等温线及对应的孔径分布曲线。可以看出,根据 IUPAC 定义,两个样品的 N_2 吸附等温线都是典型的 Ⅳ 型吸附曲线,并表现出 H3 型的滞后环,这表明在两个样品中都存在狭缝型的介孔结构,这些狭缝型的介孔应该是由超薄的 SnO_2 NSs 之间堆叠而成的。通过 N_2 吸附等温线以及 Brunauer-Emmett-Teller 方程,还可以计算出 SnO_2 NSs@ SiC NFs 和纯 SnO_2 NSs 的比表面积分别为 28.6 $m^2 \cdot g^{-1}$ 和 14.1 $m^2 \cdot g^{-1}$,对应的总孔容大小为 0.04 $cm^3 \cdot g^{-1}$ 和 0.02 $cm^3 \cdot g^{-1}$。分级结构 SnO_2 NSs@ SiC NFs 比纯 SnO_2 NSs 具有较高的比表面积和总孔容,这可能是由于 SnO_2 NSs @ SiC NFs 中分级结构有效阻止了纳米 SnO_2 的团聚,而纯 SnO_2 NSs 的生长是自由生长,纳米颗粒之间容易团聚在一起,降低了纯 SnO_2 NSs 的有效比表面积。

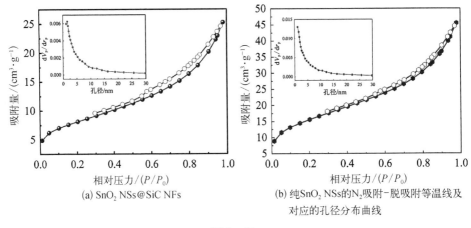

(a) SnO_2 NSs@ SiC NFs

(b) 纯SnO_2 NSs的N_2吸附−脱吸附等温线及对应的孔径分布曲线

图 8−53

8.10　分级结构 SnO_2 NSs@ SiC NFs 的气敏性能

在上一节中,通过水热法制备了具有核-壳型分级结构的准一维 SnO_2 NSs@ SiC NFs 纳米纤维,该纤维具有好的热稳定性,并结合了 SnO_2 的高活性和 SiC 的耐腐蚀性等特性,有望表现出突出的气敏性能。

将 10 mg 制备的 SnO_2 NSs@ SiC NFs 超声分散在 1 mL 去离子水中,用移液枪准确移取 30 μL 配制好的溶液滴加在金叉指电极上,叉指电极的大小为 10 mm×5 mm×0.25 mm,待在室温下自然风干后,在 CGS − 1TP 型智能气敏分析仪上进行气敏测试。定义响应值 $S = R_a/R_g$(还原性气体)或 R_g/R_a(氧化性气体),其中,R_a 为传感器在空气中平衡时的电阻值,R_g 为传感器在目标气体中吸附达到稳定后电阻值。响应时间和恢复时间分别是在引入目标气体(吸附)或暴露于空气(脱吸附)过程中达到最大电阻值变化的 90% 时所需要的时间。

8.10.1　温度对传感器响应值的影响

温度一般会对传感器对气体的响应值产生较大的影响。为了考察温度对传感器响应值的影响,首先测试了商业 SnO_2 粉末、纯 SnO_2 NSs 和 SnO_2 NSs@ SiC NFs 在不同温度($200 \sim 500$℃)下对于 1×10^{-4} 乙醇的响应值。如图 8 - 54 所示,商业 SnO_2 粉末、纯 SnO_2 NSs 和 SnO_2 NSs@ SiC NFs 的响应值都随着温度的升高呈现先升高后降低的趋势,对于商业 SnO_2 粉末,响应最高的传感温度为 300℃,而对于纯 SnO_2 NSs 和 SnO_2 NSs@ SiC NFs,其响应值最高的温度为 350℃。在低于响应值最高温度时,气敏材料与目标气体间化学反应的活性低,反应不够充分,从而得到较低的响应值响应。当高于响应值最高点的温度时,传感器响应值的减小则是由于难于进行的放热型吸附反应。即乙醇在 SnO_2 NSs 上的吸附和反应都是放热的,在高温下,大量的热能积聚在 SnO_2 NSs 表面,导致目标气体分子在 SnO_2 NSs 表面还未来得及反应就快速地解吸附,从而降低了传感器的响应值。

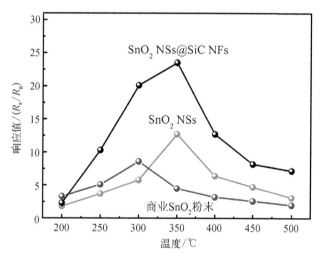

图 8 - 54　商业 SnO_2、纯 SnO_2 NSs 和 SnO_2 NSs@ SiC NFs
在不同温度下对于 1×10^{-4} 乙醇的响应值

从响应值上看,SnO_2 NSs@ SiC NFs 在 350℃时对乙醇气体的响应值最高为 23.5。即使是在 500℃的高温环境中,其响应值大小也达到了 7.2,是同温度下纯 SnO_2 NSs 响应值(3 - 1)的 2.3 倍,这表明 SnO_2 NSs@ SiC NFs 在高温气体传感器领域具有较大的应用潜力。纯的 SnO_2 NSs 对乙醇的响应值比商业的 SnO_2 粉末响应值高,这说明超薄纳米片状 SnO_2 NSs 比粉末状的 SnO_2 具有更高的气敏活性。而分级结构 SnO_2 NSs@ SiC NFs 纳米纤维对乙醇的响应值又高于纯 SnO_2 NSs,这是由于超薄 SnO_2 NSs 在 SiC NFs 上的直立生长、特殊的核-壳型分级结构、SnO_2-SiC 的异质结相互作用和 SiC 高的热导率四方面原因决定的。

首先,超薄的 SnO_2 NSs 直立生长在 SiC NFs 上,具有高表面积/体积比,为目标气体分子提供了一个三维的接触机会。即目标气体分子可以从任意方向吸附在 SnO_2 NSs 上,并与 SnO_2 NSs 上的 O_2^-、O^-、O^{2-} 等发生反应。

其次,得益于 SnO_2 NSs@ SiC NFs 的核-壳型分级结构,有效阻止了 SnO_2 NSs 的团聚,每一片 SnO_2 NSs 上的敏感位点都可以得到最大限度的利用。相反地,球形的纯 SnO_2 NSs 由于团聚而互相堆叠(图 8-50),降低了有效传感面积(图 8-53)。

再次,从 SnO_2 NSs@ SiC NFs 的制备过程和 TEM 测试结果可知,SiC NFs 与 SnO_2 NSs 之间是紧密相连的,二者之间形成异质结结构,于是在两个半导体之间会形成内建的电场势垒。同时,SnO_2 NSs 之间紧密连接,也形成同质结势垒。所以,电子在系统内的转移受到异质结和同质结的共同调控。根据文献报道,传感器的电阻与势垒高度之间的关系为 $R = R_0 \exp(qV/kT)$,其中 R 和 R_0 分别为传感器的实时电阻和初始电阻,qV 为势垒高度[56]。很明显,目标气体与敏感材料之间的反应会导致异质结和同质结势垒高度的变化,进而引起传感器电阻的明显变化。具体而言,两个势垒的调制使更多的电子会从 SiC/SnO_2 的界面转移到 SnO_2 表面,SnO_2 表面可以吸附更多的 O_2,生成更多 O_2^-、O^-、O^{2-} 等。对还原性气体(记为 R),意味着更多的气体分子将会被氧化($R + O^- \rightarrow RO + e^-$),释放的电子回到半导体,传感器电阻值降幅更大,即传感器的响应值更高。对氧化性气体,更多目标分子可以夺取氧负粒子上的电子,进一步耗尽 SnO_2 中的电子,传感器的电阻进一步降低,也就意味着响应值上升。所以,与仅含有同质结的纯 SnO_2 NSs 相比,分级结构 SnO_2 NSs@ SiC NFs 具有更高的响应值。

最后,SnO_2 NSs@ SiC NFs 在高温下表现出高的响应值还得益于 SiC 高的导热系数。在高温下,SiC 可以迅速地转移积聚在 SnO_2 NSs 表面的热量,使 SnO_2 NSs 上的气敏反应可以持续进行。分级结构 SnO_2 NSs@ SiC NFs 纳米纤维的气敏反应机制如图 8-55 表示。

本节研究了温度对分级结构 SnO_2 NSs@ SiC NFs 纳米纤维、纯 SnO_2 NSs 和商业 SnO_2 粉末的响应值的影响。发现在 350℃ 时,SnO_2 NSs@ SiC NFs 对乙醇气体的响应值最高为 23.5。在 500℃ 的高温下,其响应值大小也达到了 7.2,是同温度下纯 SnO_2 NSs 响应值的 2.3 倍,这表明 SnO_2 NSs@ SiC NFs 在高温气体传感

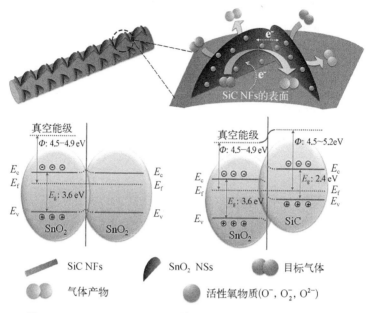

图 8-55　SnO$_2$ NSs@ SiC NFs 传感器的可能的气敏机制示意图

器领域具有较大的应用潜力。SnO$_2$ NSs@ SiC NFs 高的响应值主要是由 SnO$_2$
NSs 在 SiC NFs 上的直立生长、特殊的核-壳型分级结构、SnO$_2$-SiC 的异质结相
互作用和 SiC 高的热导率四方面原因所致。

8.10.2　响应值与乙醇浓度的相关性

传感器对于不同浓度的响应值反映了传感器对于不同浓度气体的分辨能
力,也是实际应用时非常重要的物理参数。图 8-56 给出了 350℃ 和 500℃ 时
SnO$_2$ NSs 和 SnO$_2$ NSs@ SiC NFs 对于 $1×10^{-5}$ ~ $5×10^{-4}$ 乙醇的响应特性。从图中
可知,在响应值取得最高的 350℃ 条件下[图 8-56(a)],SnO$_2$ NSs 和 SnO$_2$
NSs@ SiC NFs 对乙醇的响应值都随浓度的升高而增大,也就是说,两个传感器对
乙醇响应值都与乙醇浓度呈一定的相关性。传感器对于不同浓度乙醇具有连续
的响应显示出传感器在测试温度范围内具有连续检测目标气体分子的能力。此
外,在连续测试的过程中,当目标气体的浓度再次回到 $1×10^{-5}$ 时,传感器的电阻
同样回到与第一次浓度为 $1×10^{-5}$ 时相同的值,这表明传感器对目标气体的浓度
感应具有重现性。不仅是在 350℃ 时,在更高温度下(500℃),两个传感器同样
具有相似的规律[图 8-56(b)],表明传感器在高温下依然具有很好的传感性能

以及对浓度表现出高灵敏性。不管是在 350℃，还是在 500℃条件下，SnO_2 NSs@SiC NFs 在相同目标气体浓度下的响应值都比 SnO_2 NSs 的响应值高，也再次证明了 SnO_2 NSs@SiC NFs 具有更加优异的传感性能。

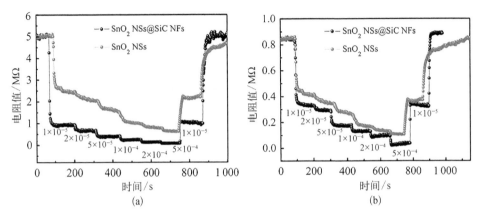

图 8-56　(a) 350 和 (b) 500℃时 SnO_2 NSs 和 SnO_2 NSs@SiC
NFs 对于 $1×10^{-5}$ ～ $5×10^{-4}$ 乙醇的响应特性

为进一步研究响应值与浓度之间的相互关系，以不同乙醇浓度的响应值对浓度作图，结果如图 8-57 所示。可以发现，SnO_2 NSs 和 SnO_2 NSs@SiC NFs 的响应值几乎都是线性地随浓度升高而增大。特别是在浓度小于 $1×10^{-4}$ 范围内，传感器响应值与乙醇浓度间呈线性相关(图 8-57 中的插图)。而随着乙醇浓度

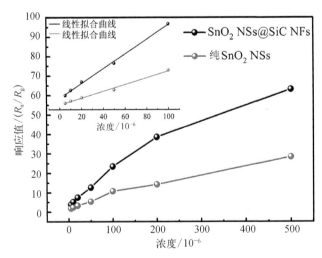

图 8-57　SnO_2 NSs 和 SnO_2 NSs@SiC NFs 的
响应值与乙醇浓度的函数曲线

的继续升高,传感器的响应值升高趋势放缓,表明传感器的响应值趋于饱和,这可能是由于随乙醇浓度增大,敏感材料上的活性位点逐渐吸附饱和的原因。当乙醇的浓度从 5×10^{-6} 上升至 5×10^{-4} 时,SnO_2 NSs@ SiC NFs 的响应值从 3.9 增大至 63.2,远远高于同浓度下纯 SnO_2 NSs 的响应值(1.8～28.4),印证了 SnO_2 NSs@ SiC NFs 的对乙醇的高传感性能。

本节主要研究了 SnO_2 NSs@ SiC NFs 的响应值与乙醇气体浓度的相关性。结果表明,SnO_2 NSs@ SiC NFs 对 5×10^{-6} ～ 5×10^{-4} 的乙醇具有连续响应性,乙醇浓度从 5×10^{-6} 上升至 5×10^{-4} 时,SnO_2 NSs@ SiC NFs 的响应值从 3.9 增大至 63.2,远远高于同浓度下纯 SnO_2 NSs 的响应值(1.8～28.4)。特别是当乙醇浓度小于 1×10^{-4} 时,传感器响应值与乙醇浓度间呈线性相关。

8.10.3 SnO_2 NSs@ SiC NFs 的响应/恢复性能

传感器的响应和恢复时间同样是气体传感器非常重要的两个参数。本书中,定义响应时间(τ_{res})和恢复时间(τ_{recov})分别是指传感器的阻值变化达到在吸附(传感器达到最大的响应)和解吸附(传感器电阻回到处于空气中时的初始阻值)过程中总电阻值变化的 90% 所需要的时间。图 8-58 给出了商业 SnO_2 粉末在 500℃ 时对 1×10^{-4} 乙醇的响应和恢复特性。由图可知,商业 SnO_2 粉末对乙醇的 τ_{res} 和 τ_{recov} 分别为 11 s 和 29 s,响应和恢复时间都较慢。此外,从图中还可以观察到明显的基线漂移现象,也再一次反映出 SnO_2 NSs@ SiC NFs 具有十分优异的敏感重现性。

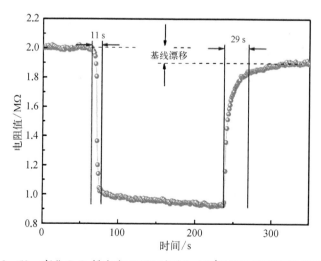

图 8-58 商业 SnO_2 粉末在 500℃ 时对 1×10^{-4} 乙醇的响应和恢复特性

　　SnO_2 NSs 和 SnO_2 NSs@ SiC NFs 传感器对 $1×10^{-4}$ 乙醇的响应和恢复特性如图 8 - 59 所示。SnO_2 NSs@ SiC NFs 在 350℃对 $1×10^{-4}$ 乙醇的 τ_{res} 和 τ_{recov} 分别为 6 s 和 35 s,比纯的 SnO_2 NSs 的响应和恢复时间分别快了 1.6 倍和 5 倍[图 8 - 59 (a)],也比大多数报道的 SnO_2 NSs@ SiC NFs 传感器快,其原因也可能是由于颗粒状 SnO_2 存在团聚的现象,阻滞了气体分子的扩散。而在 500℃时 SnO_2 NSs@ SiC NFs 传感器对乙醇的 τ_{res} 和 τ_{recov} 分别为 4 s 和 6 s,远快于纯 SnO_2 NSs 传感器的 τ_{res} 和 τ_{recov}(分别为 7 s 和 30 s)和上述商业 SnO_2 粉末传感器的 τ_{res} 和 τ_{recov}。如此快的响应和恢复速度主要是由于样品特殊的核-壳型分级结构和高活性的直立生长的 SnO_2 NSs 的原因。直立生长的 SnO_2 NSs 均匀分布在 SiC NFs 上,互相之间没有堆积的现象,还存在一些狭缝型的孔结构(已由图图 8 - 53 所示的 N_2 吸附-脱吸附测试证明),这样既可以最大效率地利用每一片 SnO_2 NSs,而且保证了目标气体分子在样品中的扩散(包括吸附和脱吸附)。而对于球状的纯 SnO_2 NSs,如前图 8 - 50 所示,纳米片之间以及球与球之间都存在堆积的情况,一方面降低了 SnO_2 NSs 的利用率,另一方面也不利于目标气体分子在其中的扩散,所以响应和恢复时间都相对较慢。

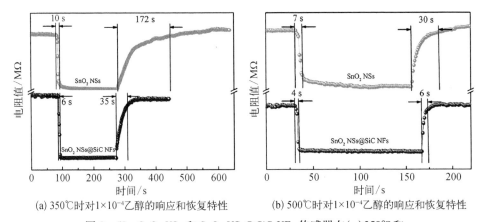

(a) 350℃时对 $1×10^{-4}$ 乙醇的响应和恢复特性　　　(b) 500℃时对 $1×10^{-4}$ 乙醇的响应和恢复特性

图 8 - 59　SnO_2 NSs 和 SnO_2 NSs@ SiC NFs 传感器在(a)350℃和(b)500℃时对 $1×10^{-4}$ 乙醇的响应和恢复特性

　　上述的快速响应和恢复特性仅是针对乙醇一种气体,为了更好地验证 SnO_2 NSs@ SiC NFs 传感器的快速响应和恢复特性,以证明制备样品核-壳型分级结构对加速目标气体分子吸附和脱吸附的优越性,实验还测试了传感器对其他还原性气体(包括甲醇、异丙醇、丙酮、氢气和二甲苯)和氧化性气体(一氧化氮)的响应和恢复特性,结果如图 8 - 60 所示。从图中可以看出,对于所有的还原性气

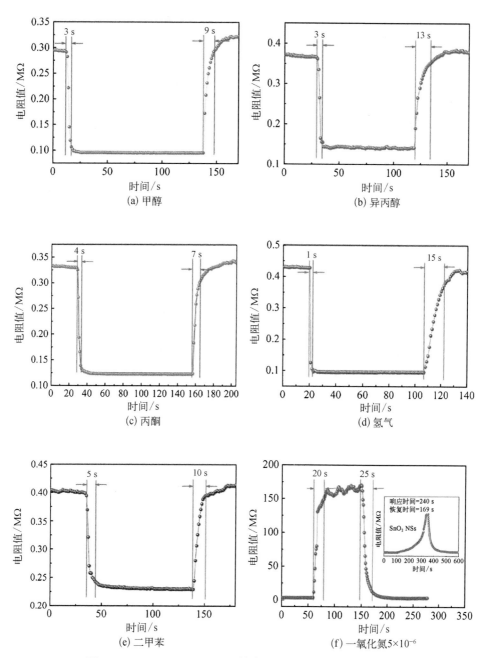

图 8-60　SnO₂ NSs@SiC NFs 传感器在 500℃时对不同气体的
响应和恢复时间（一氧化氮：200℃）

体,SnO_2 NSs@ SiC NFs 传感器的响应时间都少于 5 s(甲醇:τ_{res} = 3 s;异丙醇:τ_{res} = 3 s;丙酮:τ_{res} = 4 s;氢气:τ_{res} = 1 s;二甲苯:τ_{res} = 5 s),相应的恢复时间在 9~15 s 之间(甲醇:τ_{recov} = 9;异丙醇:τ_{recov} = 13;丙酮:τ_{recov} = 7;氢气:τ_{recov} = 15 s;二甲苯:τ_{recov} = 10 s)。而对于氧化性气体一氧化氮而言,SnO_2 NSs@ SiC NFs 传感器的 τ_{res} 为 20 s,其 τ_{recov} 为 25 s,也远远快于纯 SnO_2 NSs 传感器的 τ_{res}(240 s)和 τ_{recov}(169 s)。从上述结果可以看出,不论是对还原性气体还是对氧化性气体,本章中的 SnO_2 NSs@ SiC NFs 传感器都具有快速的响应和恢复特性。

一般而言,温度的升高可适当地提高传感器的响应和恢复速率,这是由于温度的升高一定程度上可以提供更多反应能,加快目标气体分子与敏感材料之间的反应和气体分子的脱吸附。但从气敏测试结果可见,在相同温度下,SnO_2 NSs@ SiC NFs 的响应/恢复速率比纯 SnO_2 NSs 和商业 SnO_2 粉末都快。因此,我们认为温度升高不是 SnO_2 NSs@ SiC NFs 具有快速响应/恢复速率的主要原因。SnO_2 NSs@ SiC NFs 具有快速响应/恢复速率可能是由以下几方面原因所致:首先,3C-SiC 的晶体缺陷中存在大量的氧浓度积聚,使 SiC 具有高的饱和电子迁移速率。因此,具有高长径比的 SiC NFs 可以为载流子的迁移提供长程的快速的输运通道,这有利于提高传感器整体电阻变化速率,即响应速率;其次,由前文所述,在 SnO_2 NSs 同质结和 SnO_2-SiC 异质结之间的电子迁移比较容易,加快了响应速率。第三,由于 SnO_2 NSs@ SiC NFs 具有核-壳型分级结构,脱吸附过程中,气体的脱吸附几乎没有任何阻碍(图 8-55)。对于纯 SnO_2 NSs,由于存在团聚现象而阻滞了气体分子的扩散,因而具有较低的响应和恢复速率。

8.10.4　SnO_2 NSs@ SiC NFs 的气敏选择性

图 8-61 给出了 SnO_2 NSs@ SiC NFs 传感器对还原性气体(甲醇、乙醇、异丙醇、丙酮、氢气和二甲苯)的敏感选择性。通过对比传感器对几种气体的响应值,可以发现在被考察的几种气体中,SnO_2 NSs@ SiC NFs 传感器对乙醇表现出最高的响应值,是氢气响应值的 1.6 倍,是其他气体的 2~4 倍,也就是说传感器对乙醇的气敏检测具有最高的选择性,可以作为乙醇传感器。SnO_2 NSs@ SiC NFs 表现出如此高的敏感选择性可能是由于 SnO_2-SiC 异质结势垒的调控作用和在给定温度下 SnO_2 NSs@ SiC NFs 对于不同目标气体表现出不同的吸附能力和活性所致。

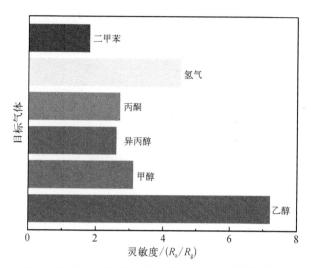

图 8－61　SnO$_2$ NSs@SiC NFs 传感器对 1×10^{-4}不同气体的响应值

8.10.5　SnO$_2$ NSs@SiC NFs 的气敏重现性和长期稳定性

传感器的重现性是传感器实际应用的重要参数。为了考察 SnO$_2$ NSs@SiC NFs 的对乙醇的敏感重现性能,在同一温度,同一乙醇浓度条件下进行了 5 次循环气敏性能测试,结果如图 8－62 所示。从图中很明显可以看出,5 次循环后 SnO$_2$ NSs@SiC NFs 对乙醇的响应值没有发生明显变化。而且也没用观察到明显的基线漂移现象。这都表明 SnO$_2$ NSs@SiC NFs 传感器具有非常优异的敏感

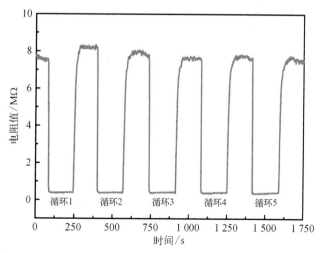

图 8－62　SnO$_2$ NSs@SiC NFs 在 350℃时对 1×10^{-4}乙醇的气敏响应的重现性

重现性能。而文献已证实,对于纯 SnO_2 传感器而言,明显的基线漂移是非常常见的现象。可以推测,SnO_2 NSs@ SiC NFs 之所以具有优异的敏感重现性其原因主要是 SnO_2 NSs 与 SnO_2 NSs 之间的同质结势垒(在图 8 - 45 所示的 SEM 测试结果中可知,SnO_2 NSs 之间紧密连接形成同质结)以及 SnO_2 NSs 与 SiC NFs 之间的异质结势垒对传感器电阻的调控作用。

　　传感器在使用过程中除了具有好的重现性以外,还必须具有优异的长期稳定性,以保证传感器的使用寿命。本书利用同一传感器在第一次测试后,继续在第三十天和第六十天对传感器进行了气敏测试,乙醇浓度保持 $1×10^{-4}$ 不变,测试结果如图 8 - 63 所示。传感器在三次测试过程中表现出基本相同的响应/恢复特性,响应值未发生明显改变,这表明制备的 SnO_2 NSs@ SiC NFs 传感器具有很好的长期稳定性。

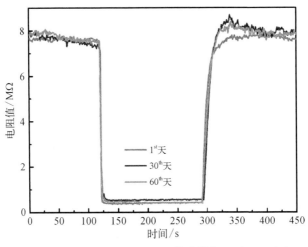

图 8 - 63　SnO_2 NSs@ SiC NFs 传感器在 30 和 60 天后
对 $1×10^{-4}$ 乙醇的响应/恢复特性曲线

　　综上,分级结构 SnO_2 NSs@ SiC NFs 复合纳米纤维具有高响应值、超快的响应和恢复速率、优异的气敏重现性、很好的气敏选择性和好的长期稳定性。在 350℃时,SnO_2 NSs@ SiC NFs 对 $1×10^{-4}$ 乙醇的响应值最高为 23.5;在 500℃高温下,其响应值也为 7.2,是 SnO_2 NSs 的 2.3 倍,表明纤维具有很好的高温传感性能。SnO_2 NSs@ SiC NFs 还具有超快的响应/恢复速率:对还原性气体,响应时间少于 5 s,恢复时间少于 15 s;对氧化性气体(一氧化氮)的响应和恢复时间分别为 20 s 和 25 s,仅为纯 SnO_2 NSs 的 8% 和 15%。SnO_2 NSs@ SiC NFs 之所以具有

比纯 SnO_2 NSs 具有更高的响应值和更快的响应/恢复速率,是由于其特殊的核-壳型分级结构、SnO_2-SiC 异质结的共同调制作用所致,也与 SnO_2 NSs@ SiC NFs 的准一维纤维形貌和直立生长的 SnO_2 超薄纳米片状结构有关。

8.11　分级结构 SnO_2 NSs@ SiC NFs 的光催化性能

在第 4 章中,详细介绍了利用原位嵌入自由碳和在催化溶液中加入 OH^- 的方法提高 SiC NFs 的光催化分解水制氢性能。而促进光生电子和空穴分离的另一个有效办法是将 SiC 与其他半导体复合制备纳米异质结。SnO_2 是一种宽带隙半导体(E_g = 3.6 eV),具有很好的耐酸碱腐蚀性能和高稳定性。因此,非常适合于酸碱及其他极端环境中的光催化应用。本小节考察了所制备的 SnO_2 NSs@ SiC NFs 的光催化制氢性能,并对其光催化制氢机制进行了详细的讨论。

图 8-64 给出了 SnO_2 NSs、SiC NFs 和 SnO_2 NSs@ SiC NFs 的光催化制氢性能,其中催化剂用量为 25 mg,牺牲剂为 0.1 mol/L 的 Na_2S 和 0.1 mol/L 的 Na_2SO_3。从图 8-64(a)可看出,三个样品的产氢量与光照时间呈非常好的线性增长关系,这说明三个样品的产氢活性非常稳定,没有发生光腐蚀现象。从产氢速率上看[图 8-64(b)],SnO_2 NSs@ SiC NFs 的产氢速率最高为 471.82 $\mu mol \cdot g^{-1} \cdot h^{-1}$,分别是 SiC NFs 的 1.25 倍和纯 SnO_2 NSs 的 3.03 倍。在光照 4 h 以内,以单位质量的产氢量来看,SiC NFs 和 SnO_2 NSs 的产氢量之和为 1 064.8 $\mu mol \cdot g^{-1}$,低于 SnO_2 NSs@ SiC NFs 的 1 887.2 $\mu mol \cdot g^{-1}$。也就是说,单位质量的 SnO_2 NSs@ SiC

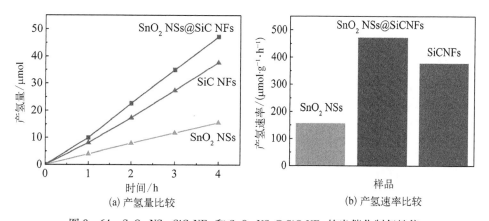

(a) 产氢量比较　　　　　　　　　(b) 产氢速率比较

图 8-64　SnO_2 NSs、SiC NFs 和 SnO_2 NSs@ SiC NFs 的光催化制氢性能

NFs 的产氢效率高于 SiC NFs 和 SnO$_2$ NSs 各自的产氢量之和,这表明 SiC NFs 和 SnO$_2$ NSs 之间存在异质结效应,体现了两个半导体之间的协同作用。

　　催化活性的稳定性是考察催化剂光催化性能的又一重要参数。图 8 - 65 给出了 SnO$_2$ NSs@ SiC NFs 催化剂在三次循环光催化实验过程中光催化产氢总量随时间的变化曲线。很明显,经过三个循环以后,催化剂的总产氢量和单位时间的产氢量都没有发生明显变化,这也进一步表明合成的 SnO$_2$ NSs@ SiC NFs 光催化剂具有十分稳定的结构和催化活性,在长时间光照后没有被光腐蚀,为催化剂的实际应用提供了基础。

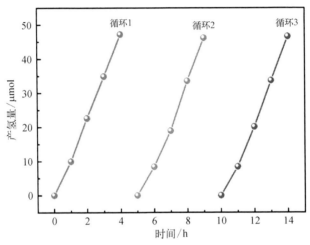

图 8 - 65　三次循环光催化实验中 SnO$_2$ NSs@ SiC
NFs 的产氢量随时间的变化曲线

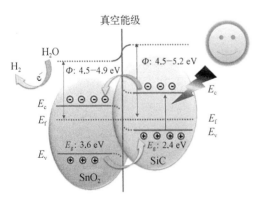

图 8 - 66　SnO$_2$ NSs@ SiC NFs 中光生
电子和空穴分离示意图

如前所述,SnO$_2$ NSs@ SiC NFs 之所以比 SiC NFs 和 SnO$_2$ NSs 具有更高的光催化活性,是由于 SiC NFs 和 SnO$_2$ NSs 之间的存在异质结效应。图 8 - 66 给出了 SnO$_2$ NSs@ SiC NFs 中光生电子和空穴分离示意图。SnO$_2$ 是一种宽带隙半导体(E_g = 3.6 eV),只对光源中少部分的紫外光有响应,而从第 4 章中可知,SiC NFs 对可见光也有较高的响应,因此 SiC NFs 的产氢速率高于纯 SnO_2 NSs 的光催化产氢速率。在 SnO_2 NSs @ SiC NFs 中,SnO_2 的功函数为 4.5~4.9 eV,略小于 SiC 的功函数(4.5~5.2 eV),这使得电子在二者之间的转移变得十分容易。而 SiC 的导带电势略高于 SnO_2 的导带电势,所以 SiC 导带上的电子会转移至 SnO_2 的导带上,而 SnO_2 价带上的空穴会转移至 SiC 的价带上,从而有效地分离了光生电子和空穴,大大提高了 SnO_2 NSs@ SiC NFs 的光催化产氢速率。

综上可见,在模拟太阳光下,分级结构 SnO_2 NSs@ SiC NFs 纳米纤维的光催化分解水制氢速率为 471.82 $\mu mol \cdot g^{-1} \cdot h^{-1}$,分别是 SiC NFs 的 1.25 倍和纯 SnO_2 NSs 的 3.03 倍。SnO_2 NSs@ SiC NFs 高的光催化制氢性能,主要是由于其分级结构和 SnO_2 NSs-SiC NFs 异质结协同作用。三次光催化循环后,SnO_2 NSs@ SiC NFs 的产氢速率没有明显变化,表明样品的光催化活性具有很好的稳定性。

参 考 文 献

[1] Marschall R. Semiconductor composites: strategies for enhanc-ing charge carrier separation to improve photocatalytic activity. Advanced Functional Materials, 2014, 24(17): 2421 – 2440.

[2] Han C, Lei Y, Wang Y. Recent progress on nano-heterostructure photocatalysts for solar fuels generation. Journal of Inorganic Materials, 2015, 30(11): 1121 – 1130.

[3] Guo W, Xu C, Wang X, et al. Rectangular bunched rutile TiO_2 nanorod arrays grown on carbon fiber for dye-sensitized solar cells. Journal of the American Chemical Society, 2012, 134(9): 4437 – 4441.

[4] Guo W, Zhang F, Lin C, et al. Direct growth of TiO_2 nanosheet arrays on carbon fibers for gighly efficient photocatalytic degradation of methyl orange. Advanced Materials, 2012, 24(35): 4761 – 4764.

[5] Li X, Gao C, Duan H, et al. High-performance photoelectrochemical-type Self-powered UV photodetector using epitaxial TiO_2/SnO_2 branched heterojunction nanostructure. Small, 2013, 9(11): 2005 – 2011.

[6] Wang C, Shao C, Zhang X, et al. SnO_2 nanostructures-TiO_2 nanofibers heterostructures: controlled fabrication and high photocatalytic properties. Inorgic Chemistry, 2009, 48(15): 7261 – 7268.

[7] Lou Z, Li F, Deng J, et al. Branch-like hierarchical heterostructure (α-Fe_2O_3/TiO_2): a novel sensing material for trimethylamine gas sensor. ACS Applied Materials & Interfaces, 2013, 5(23): 12310 – 12316.

[8] Seiyama T, Kato A, Fulishi K, et al. A new detector for gaseous components using semiconductive thin films. Analytical Chemistry, 1962, 34(11): 1502 – 1503.

[9] Ma Y, Wang X, Jia Y, et al. Titanium dioxide-based nanomaterials for photocatalytic fuel generations. Chemical Review, 2014, 114(19): 9987 - 10043.

[10] Chen X, Mao S S. Titanium dioxide nanomaterials: synthesis, properties, modifications, and applications. Chemical Review, 2007, 107(7): 2891 - 2959.

[11] Esmaeilzadeh J, Marzbanrad E, Zamani C, et al. Fabrication of undoped-TiO$_2$ nanostructure-based NO$_2$ high temperature gas sensor using low frequency AC electrophoretic deposition method. Sensors and Actuators B, 2012, 161(1): 401 - 405.

[12] Maneraa M G, Taurino A, Catalano M, et al. Enhancement of the optically activated NO$_2$ gas sensing response of brookite TiO$_2$ nanorods/nanoparticles thin films deposited by matrix-assisted pulsed-laser evaporation. Sensors and Actuators B, 2012, 161(1): 869 - 879.

[13] Perillo P M, Rodriguez D F. A room temperature chloroform sensor using TiO$_2$ nanotubes, Sensors and Actuators B: Chemical, 2014, 193: 263 - 266.

[14] Saruhan B, Yücel A, Gönüllü Y, et al. Effect of Al doping on NO$_2$ gas sensing of TiO$_2$ at elevated temperatures. Sensors and Actuators B, 2013, 187(1): 586 - 597.

[15] Han Z, Wang J, Liao L, et al. Phosphorus doped TiO$_2$ as oxygen sensor with low operating temperature and sensing mechanism. Applied Surface Science, 2013, 273(19): 349 - 356.

[16] Meng D, Yamazaki T, Kikuta T. Preparation and gas sensing properties of undoped and Pd-doped TiO$_2$ nanowires. Sensors and Actuators B, 2014, 190(1): 838 - 843.

[17] Li Z, Zhang H, Zheng W, et al. Highly sensitive and stable humidity nanosensors based on LiCl doped TiO$_2$ electrospun nanofibers. Journal of the American Chemical Society, 2008, 130: 5036 - 5037.

[18] Zanetti S M, Rocha K O, Rodrigues J A J, et al. Soft-chemical synthesis, characterization and humidity sensing behavior of WO$_3$/TiO$_2$ nanopowders. Sensors and Actuators B, 2014, 190(1): 40 - 47.

[19] Zampetti E, Pantalei S, Muzyczuk A, et al. A high sensitive NO$_2$ gas sensor based on PEDOT-PSS/TiO$_2$ nanofibres. Sensors and Actuators B, 2013, 176(6): 390 - 398.

[20] Khan S U M, Al-Shahry M, Ingler Jr W B. Efficient photochemical water splitting by a chemically modified n-TiO$_2$. Science, 2002, 297(2): 2243 - 2245.

[21] Yang H G, Sun C H, Qiao S Z, et al. Anatase TiO$_2$ single crystals with a large percentage of reactive facets. Nature, 2008, 453(7195): 638 - 641.

[22] Han X G, Kuang Q, Jin M S, et al. Synthesis of titania nanosheets with a high percentage of exposed (001) facets and related photocatalytic properties. Journal of the American Chemical Society, 2009, 131(9): 3152 - 3153.

[23] Anpo M, Shima T, Kubodawa Y. ESR and photoluminescence evidence for the photocatalytic formation of hydroxyl radicals on small TiO$_2$ particles. Chemistry Letters, 1985, 14(12): 1799 - 1802.

[24] Li L, Yan J, Wang T, et al. Sub - 10 nm rutile titanium dioxide nanoparticles for efficient visible-light-driven photocatalytic hydrogen production. Nature Communications, 2015, 6: 5881 - 5881.

[25] Andio M A, Browning P N, Morris P A, et al. Comparison of gas sensor performance of SnO$_2$

nano-structures on microhotplate platforms. Sensors and Actuators B, 2012, 165(1): 13 - 18.

[26] Suematsu K, ShinY, Ma N, et al. Pulse-driven micro gas sensor fitted with clustered Pd/ SnO_2 nanoparticles. Analytical Chemistry, 2015, 87(16): 8407 - 8415.

[27] Dong K, Choi J, Hwang I, et al. Enhanced H_2S sensing characteristics of Pt doped SnO_2 nanofibers sensors with micro heater. Sensors and Actuators B, 2011, 157(1): 154 - 161.

[28] Zhang Y, Du Z, Li K, et al. High-performance visible-light-driven SnS_2/SnO_2 nanocomposite photocatalyst prepared via In situ hydrothermal oxidation of SnS_2 nanoparticles. ACS Applied Materials & Interfaces, 2011, 3(5): 1528 - 1537.

[29] Cojocaru L, Olivier C, Toupance T, et al. Size and shape fine-tuning of SnO_2 nanoparticles for highly efficient and stable dye-sensitized solar cells. Journal of Materials Chemistry A, 2013, 1(44): 13789 - 13799.

[30] Guan C, Wang X, Zhang Q, et al. Highly stable and reversible lithium storage in SnO_2 nanowires surface coated with a uniform hollow shell by atomic layer deposition. Nano Letters, 2014, 14(8): 4852 - 4858.

[31] Kouamé A N, Masson R, Robert D, et al. β-SiC foams as a promising structured photocatalytic support for water and air detoxification. Catalysis Today, 2013, 209: 13 - 20.

[32] Hao D, Yang Z, Jiang C, et al. Photocatalytic effect of TiO_2 coatings and p-typesemiconductive SiC foam supports for degradation of organiccontaminant. Applied Catalysis B: Environmental, 2014, 144(1): 196 - 202.

[33] Liu Y, Tymowski B, Vigneron F, et al. Titania-decorated silicon carbide-containing cobalt catalyst for fischer-tropsch synthesis. ACS Catalysis, 2013, 3(3): 393 - 404.

[34] Liu Y, Florea I, Ersen O, et al. Silicon carbide coated with TiO_2 with enhancing cobalt active phase dispersion for Fischer-Tropsch synthesis. Chemical Communications, 2015, 51(1): 145 - 148.

[35] Kandasamy S, Trinchi A, Ghantasala M K, et al. Characterization and testing of Pt/TiO_2/SiC thin film layered structure for gas sensing. Thin Solid Films, 2013, 542(9): 404 - 408.

[36] Shafiei M, Sadek A Z, Yu J, et al. Pt/anodized TiO_2/SiC-based MOS device for hydrocarbon sensing. (in Proceedings of Smart Structures, Devices, and Systems IV; SPIE-The International Society for Optical Engineering) Melbourne, Australia, 2008, 7268(4): 72680K.

[37] Chen Z, Zhou M, Cao Y, et al. In situ generation of few-layer graphene coatings on SnO_2-SiC core-shell nanoparticles for high-performance lithium-ion storage. Advanced Energy Materials, 2012, 2(1): 95 - 102.

[38] Zhou X, Liu Y, Li X, et al. Topological morphology conversion towards SnO_2/SiC hollow sphere nanochains with efficient photocatalytic hydrogen evolution. Chemical Communications, 2014, 50(9): 1070 - 1073.

[39] Hunter G W, Neudeck P G, Chen L Y, et al. SiC-based schottky diode gas sensors. Materials Science Forum, 1998, (264 - 268): 1093 - 1096.

[40] Karakuscu A, Ponzoni A, Comini E, et al. SiC foams decorated with SnO_2 nanostructures for

room temperature gas sensing. International Journal of Applied Ceramic Technology, 2014, 11(5): 851 - 857.

[41] Hosono E, Fujihara S, Kakiuchi K, et al. Growth of submicrometer-scale rectangular parallelepiped rutile TiO$_2$ films in aqueous TiCl$_3$ solutions under hydrothermal conditions. Journal of the American Chemical Society, 2004, 126(25): 7790 - 7791.

[42] Finnegan M P, Zhang H Z, Banfield J F. Phase stability and transformation in titania nanoparticles in aqueous solutions dominated by surface energy. Journal of Physical Chemistry C, 2007, 111(5): 1962 - 1968.

[43] Ramamoorthy M, Vanderbilt D, Kingsmith R D. First-principles calculations of the energetics of stoichiometric TiO$_2$ surfaces. Physical Review B, 1994, 49(23): 16721 - 16727.

[44] Oh J, Lee J, Kim H, et al. TiO$_2$ branched nanostructure electrodes synthesized by seeding method for dye-sensitized solar cells. Chemistry of Materials, 2010, 22(3): 1114 - 1118.

[45] Adachi M, Murata Y, Takao J, et al. Highly efficient dye-sensitized solar cells with a titania thin-film electrode composed of a network structure of single-crystal-like TiO$_2$ nanowires made by the "oriented attachment" mechanism. Journal of the American Chemical Society, 2004, 126(45): 14943 - 14949.

[46] Zhang H Z, Banfield J F. Understanding polymorphic phase transformation behavior during growth of nanocrystalline aggregates: insights from TiO$_2$. Journal of Physical Chemistry B, 2000, 104(15): 3481 - 3487.

[47] Lazzeri M, Vittadini A, Selloni A. Structure and energetics of stoichiometric TiO$_2$ anatase surfaces. Physical Review B, 2001, 63(15), 155409.

[48] Lazzeri M, Vittadini A, Selloni A. Structure and energetics of stoichiometric TiO$_2$ anatase surfaces. Physical Review B, 2002, 65(15): 119901.

[49] Chen J S, Tan Y L, Li C M, et al. Constructing hierarchical spheres from large ultrathin anatase TiO$_2$ nanosheets with nearly 100% exposed (001) facets for fast reversible lithium storage. Journal of the American Chemical Society, 2010, 132(17): 6124 - 6130.

[50] Tachikawa T, Yamashita S, Majima T. EVidence for crystal-face-dependent TiO$_2$ photocatalysis from single-molecule imaging and kinetic analysis. Journal of American Chemistry Society, 2011, 133(18): 7197 - 7204.

[51] Murakami N, Kurihara Y, Tsubota T, et al. Shape-controlled anatase titanium(IV) oxide particles prepared by hydrothermal treatment of peroxo titanic acid in the presence of polyvinyl alcohol. The Journal of Physicals Chemisty C, 2009, 113(8): 3062 - 3069.

[52] Roy N, Sohn Y, Pradhan D. Synergy of low-energy {101} and high-energy {001} TiO$_2$ crystal facets for enhanced photocatalysis. ACS Nano, 2013, 7(3): 2532 - 2540.

[53] Ohno T, Sarukawa K, Matsumura M. Crystal faces of rutile and anatase TiO$_2$ particles and their roles in photocatalytic reactions. New Journal of Chemistry, 2002, 26(9): 1167 - 1170.

[54] Liu G, Yang H G, Pan J, et al. Titanium dioxide crystals with tailored facets. Chemical Reviews, 2014, 114(19): 9559 - 9612.

[55] Xu H, Ouyang S, Li P, et al. High-active anatase TiO$_2$ nanosheets exposed with 95% {100} facets toward efficient H$_2$ eVolution and CO$_2$ photoreduction. ACS Applied Materials &

Interfaces, 2013, 5(4): 1348 - 1354.

[56] Liu J, Gong S, Fu Q, et al. Time-dependent oxygen vacancy distribution and gas sensing characteristics of tin oxide gas sensitive thin films. Sensors and Actuators B, 2010, 150(1): 330 - 338.